DAS BUCH DER UNENDLICHKEIT

WISSENSCHAFT ∞ PHILOSOPHIE ∞ KUNST

Librero

Die spanische Originalausgabe erschien 2012 unter dem Titel *Los secretos del infinito*

Hambakenwetering 8B
5231 DC 's-Hertogenbosch
Niederlande
www.librero-ibp.com

Artdirektorin: Mireia Casanovas Soley
Design: Yolanda G. Román, Kseniya Palvinskaya

Übersetzung und Redaktion
der deutschsprachigen Ausgabe:
Klaus Kramp, Köln
Satz der deutschsprachigen Ausgabe:
Ute Conin, Köln

Printed in Guangzhou, China GGDP062026

ISBN 978-94-6359-588-9

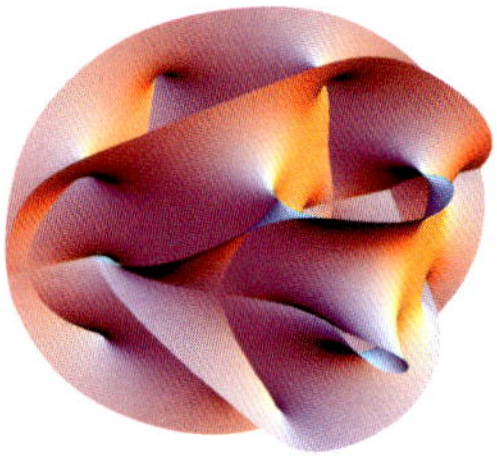

EINLEITUNG

Das Konzept der Unendlichkeit, seine Bedeutung in den verschiedenen Untersuchungsbereichen und seine tatsächliche Anwendung, hat sich im Laufe der Geschichte zu einem echten Mysterium entwickelt, das für jeden, der sich damit eingehend befasst und es zu verstehen versucht, umso geheimnisvoller wird. Die übliche Bedeutung des Begriffs, die im Allgemeinen mit Disziplinen wie der Physik, der Mathematik, der Astronomie oder der Chemie assoziiert wird, hat jedoch nur weitere Hürden für diejenigen aufgerichtet, die mit Neugier und Interesse den wahren Umfang des Unendlichen erfassen wollen.

Die Vorstellung von Unendlichkeit als etwas Großem, Überwältigendem, ja Ewigem, das sich nicht durch eine Zahl ausdrücken lässt und vor allem eine Idee ist, möglicherweise auch eine Kombination aus all dem, macht deutlich, dass es zum Verständnis des Unendlichen unabdingbar ist, es als etwas ohne Ende zu begreifen.

Seit der Antike haben sich bedeutende Philosophen wie Zenon von Elea, Parmenides, Archimedes, Epikur oder Pythagoras mit dem Thema auseinandergesetzt. Allen voran aber war es Aristoteles, der im vierten Jahrhundert vor Christus mit seiner Unterscheidung zwischen aktualer und potentieller Unendlichkeit das Fundament für eine Theorie des Unendlichen legte, die von zahlreichen Philosophen und Gelehrten weiterentwickelt wurde und vor allem in der Mathematik eine wesentliche Rolle spielte.

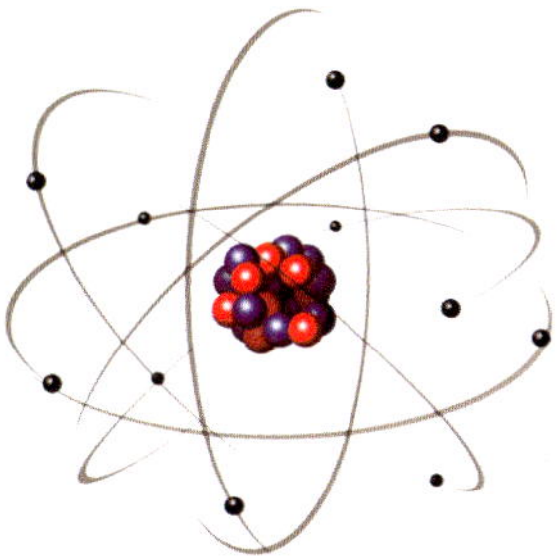

Einer der revolutionärsten Beiträge zur Unendlichkeit stammt dann auch von einem Mathematiker, dem Deutschen Georg Cantor (1845–1918). Er begründete die zu seiner Zeit äußerst umstrittene moderne Mengenlehre und führte das verblüffende Konzept der transfiniten Zahlen ein, die zur Unterscheidung der jeweiligen „Größen" unendlicher Ansammlungen von Objekten dienen und so ein System der verschiedenen Grade von Unendlichkeiten bilden.

Das Ziel der Artikel und Darstellungen dieses Buchs ist es, das Konzept der Unendlichkeit aus unterschiedlichen Perspektiven zu betrachten, um es dem Leser näher zu bringen und es zu entmystifizieren. Die insgesamt 150 Texte aus so verschiedenen Gebieten wie der Mathematik, der Physik, der Biologie, der Chemie, der Technik, der Kunst oder der Philosophie zeigen auf unterhaltsame und anschauliche Weise, wie der Begriff des Unendlichen sich über die Jahrhunderte wandelte und stets neu interpretiert wurde. Geheime Codes, die entschlüsselt werden konnten, Antworten auf für Generationen scheinbar unlösbare Probleme und Prozesse oder bahnbrechende Entdeckungen, die die Welt veränderten, machen diesen Band zu einer spannenden Expedition in den rätselhaften Kosmos des Unendlichen.

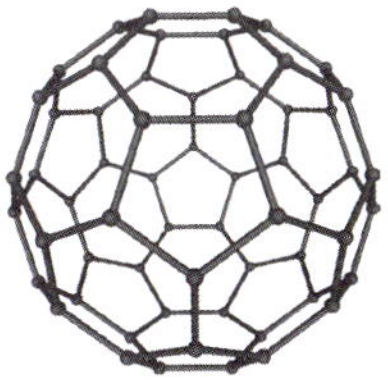

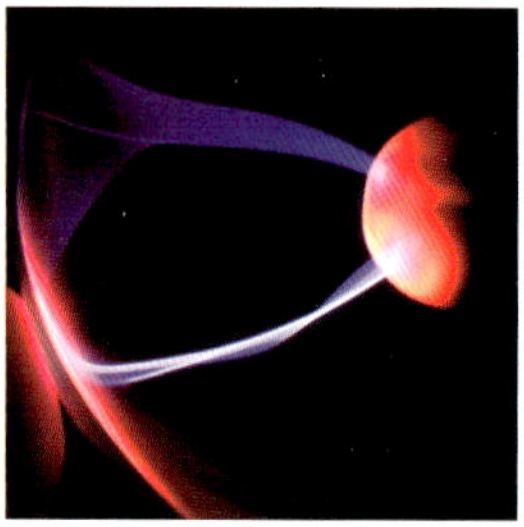
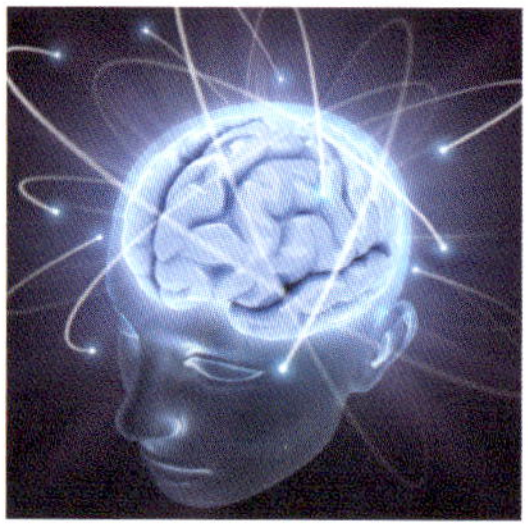

NATURWISSENSCHAFTEN

STAMMEN DIE BAUSTEINE DES LEBENS AUF DER ERDE AUS DEM UNENDLICHEN?

Im Januar 2004 fing die NASA-Sonde Stardust mikroskopisch kleine Spuren von Glycin ein, die vom Schweif des Kometen Wild 2 aus den Tiefen des Sonnensystems stammten, rund 390 Millionen Kilometer von der Erde entfernt. Es war das erste Mal, dass in einem Kometen Glycin gefunden wurde, die kleinste und einfachste proteinogene (eiweißbildende) Aminosäure, was die Theorie untermauerte, dass die Bausteine des Lebens aus dem Weltall auf die Erde gelangt waren.

Untersuchungen über den Ursprung des Lebens gingen anfangs davon aus, dass der Aufbau von Aminosäuren aus organischen Materialien erfolgte, die bereits auf der Erde vorhanden waren. Weitere Forschungen zeigten jedoch, dass die Umweltbedingungen in der Frühzeit der Erde äußerst begrenzt waren. Die Atmosphäre bestand hauptsächlich aus Kohlendioxid, Stickstoff und Wasser. Zahlreiche Experimente und Berechnungen legten den Schluss nahe, dass die Synthese organischer Moleküle, die für die Bildung von Aminosäuren notwendig sind, unter diesen Bedingungen nicht möglich war.

Gas- und Staubproben, die von der Sonde in einem mit hochporösem sogenanntem Aerogel gefüllten Behälter eingesammelt wurden, erreichten zwei Jahre später in einem von der Sonde abgekoppelten Kanister die Erde und landeten in der Wüste des US-Bundesstaats Utah. Man nimmt an, dass Kometen wie Wild 2, der nach dem Schweizer Astronomen Paul Wild benannt wurde, gut erhaltene Bestandteile von Materie aufweisen, die so alt wie das Sonnensystem ist, das Tausende von Millionen Jahren zurückdatiert, und die Aufschluss über die Entstehung der Sonne und der Planeten geben könnte.

Glycin ist die auf der Erde am weitesten verbreitete der zwanzig proteinogenen Aminosäuren. Ketten von Aminosäuren werden miteinander verbunden, um Eiweißmoleküle zu bilden, die für die Form und den Aufbau der Zellen sowie für die biochemischen Prozesse in lebenden Organismen verantwortlich sind. Wissenschaftler haben lange herauszufinden versucht, ob diese komplexen organischen Verbindungen auf der Erde oder im Weltraum ihren Ursprung hatten. Die Erkenntnisse der letzten Jahre haben die These bekräftigt, dass diese Grundsubstanzen für alles Leben irgendwo aus dem Kosmos durch extraterrestrische Objekte wie Kometen oder Meteoriten auf die Erde und andere Planeten transportiert wurden.

Die Stardust-Mission war der erste Versuch, Weltraumstaub jenseits des Monds einzusammeln. Das geschätzte Alter dieser Partikel datiert zurück bis zur Entstehung des Sonnensystems.

EINSTEIN UND PARALLELUNIVERSEN

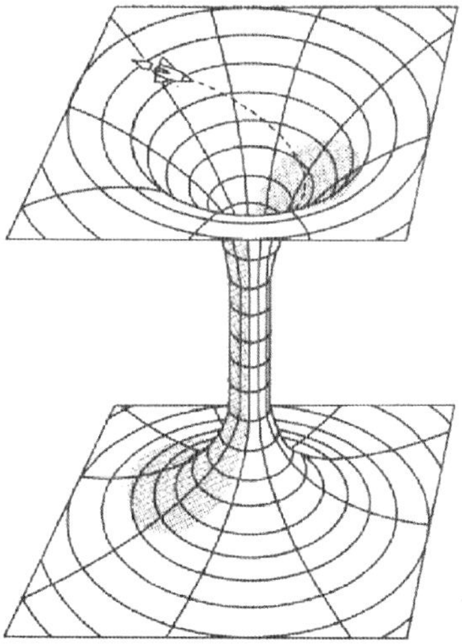

Albert Einstein (1879–1955) gilt als einer der größten Physiker aller Zeiten. 1915 veröffentlichte er seine allgemeine Relativitätstheorie, die das gesamte Konzept der Schwerkraft neu formulierte. Eine der Folgen daraus war der Beginn wissenschaftlicher Studien zum Ursprung und zur Evolution des Universums durch einen Zweig der Physik, der Kosmologie genannt wird.

In der modernen Physik gibt es zwei zentrale Theorien: die eine ist die allgemeine Relativitätstheorie, die das Verhalten von Objekten wie Planeten, Sternen und Materie im Allgemeinen und die Mechanismen der Schwerkraft beschreibt, die andere die Quantenphysik, die sich mit mikroskopisch kleinen Teilchen wie den Quarks, Atomen, Photonen und Neutronen befasst, aber auch mit den Wirkungen der anderen Grundkräfte, der elektromagnetischen und der starken und der schwachen Kernkraft. Versuche, diese beiden Theorien miteinander zu vereinbaren, sind bisher nicht gelungen, und so erklären sie jeweils einen Teil des Universums, ohne den jeweils anderen einbeziehen zu können.

Einsteins Relativitätstheorie sagte als erste die Existenz der vierdimensionalen Raumzeit und von Schwarzen Löchern vorher. 1935 präsentierten Einstein und sein Kollege an der Princetoner Universität Nathan Rosen (1909–1995) allerdings eine neue Theorie hinsichtlich der Bedeutung von Schwarzen Löchern. Entgegen der ursprünglichen Annahme, dass es sich bei einem Schwarzen Loch um einen Riss in der Raumzeit handle, gingen die beiden Wissenschaftler nun davon aus, dass es vielmehr eine Brücke darstelle, die ein Universum mit einem anderen verbinde. Einstein und Rosen waren der Ansicht, dass Schwarze Löcher Brücken seien, die jederzeit an jeden beliebigen Ort führen würden. Ihre Vermutung ist heute als Einstein-Rosen-Brücke (Wurmlöcher) bekannt.

Die Einstein-Rosen-Brücke war die erste weithin akzeptierte wissenschaftliche Theorie, die die Möglichkeit von Paralleluniversen oder -dimensionen in Betracht zog. Die Arbeit von Einstein und Rosen ebnete folgenden Generationen von Physikern den Weg, die Idee der Paralleluniversen weiter zu erforschen. Sie beeinflusste beispielsweise ganz entscheidend die 1951 publizierte „Viele-Welten-Interpretation" der Quantenmechanik des Physikers Hugh Everett. Everetts Hypothese konstatierte, dass neben unserer eigenen Welt viele weitere Universen bestehen, die sich beständig in einzelne nicht miteinander agierende und unabhängige Dimensionen oder Zustände aufspalten. Jede dieser Welten ist gemäß Everett eine unterschiedliche Version ein und derselben Person, die verschiedene Handlungen zeitgleich verrichtet.

Die Hypothese der Paralleluniversen diente zahlreichen Science-Fiction-Romanen und -Filmen als Anregung.

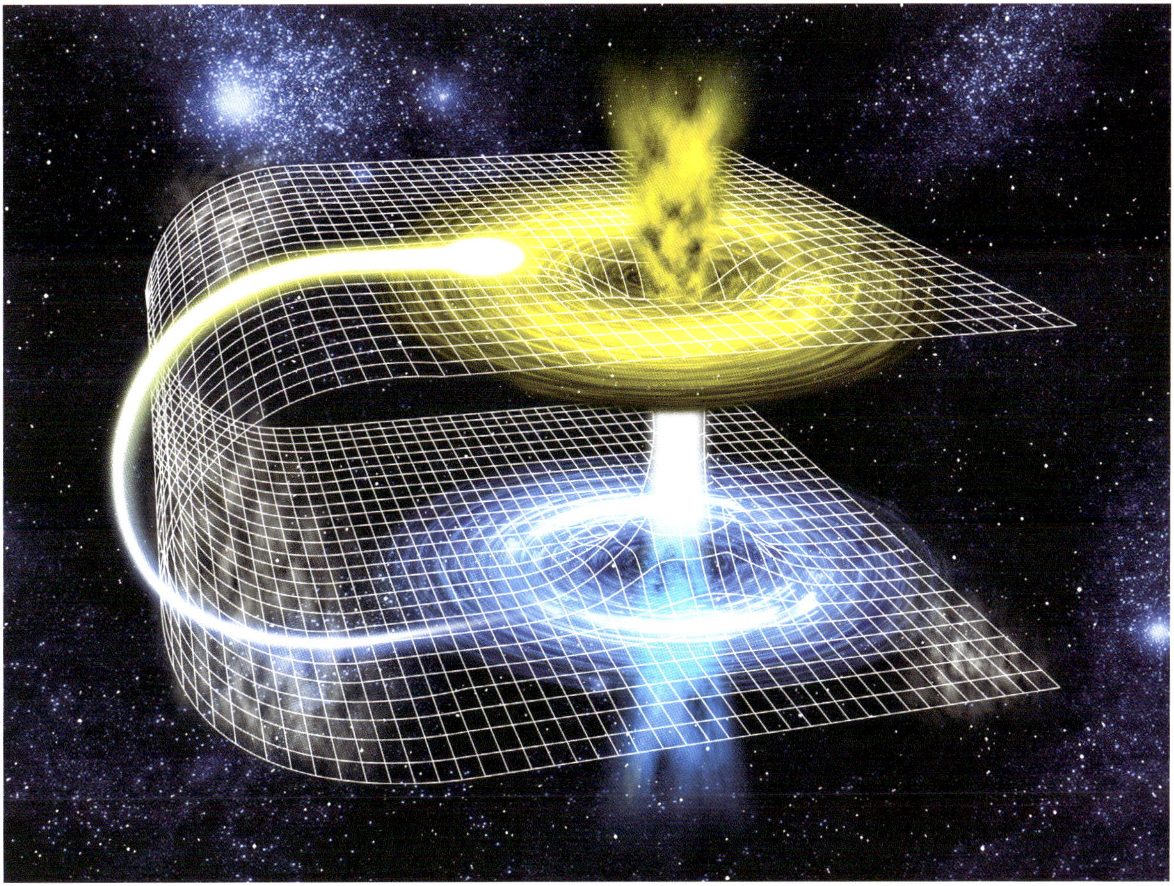

DIE NEUROPLASTIZITÄT DES MENSCHLICHEN GEHIRNS

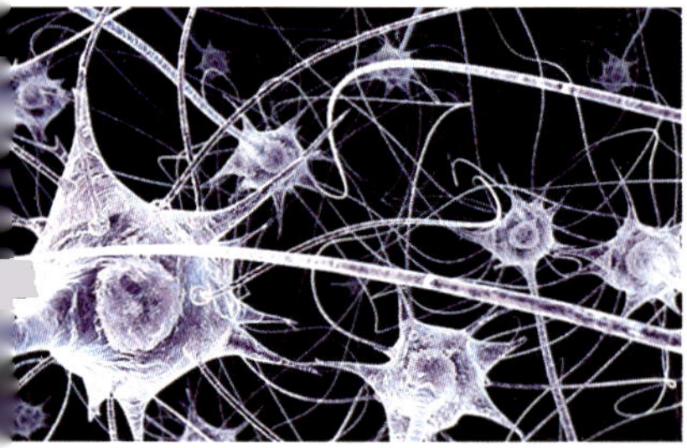

Die Idee der unendlichen morphologischen Veränderungen des Gehirns als Reaktion auf die Umwelt geht auf den Spanier Santiago Ramón y Cajal (1852–1934) zurück, den Begriff der Neuroplastizität prägte allerdings 1948 der polnische Neurophysiologe Jerzy Konorski (1903–1973).

Neuroplastizität ist die Fähigkeit, die Art, Form, Funktion und Anzahl von Synapsen zu modifizieren (die Verbindungen zwischen den Neuronen), die die neuronale Vernetzung aufgrund von Erfahrungen bewirken, seien sie nun durch die Umwelt oder Schädigungen des Gehirns bedingt. Das Konzept beruht auf Prozessen, die die Aktivitäten und Organisation der Neuronen abwandeln, die wiederum dauernde oder lang anhaltende Veränderungen im Verhalten der Synapsen auslösen.

Während des zwanzigsten Jahrhunderts waren die Neurowissenschaften von einem statischen Modell der ältesten Gehirnstrukturen geprägt. Die weit verbreitete Meinung einer starren Anatomie war, dass, war die Kindheit erst einmal vorüber, sich das Gehirn höchstens noch veränderte, um einen langsamen Verfallsprozess zu durchlaufen. Wenn Nervenzellen nicht mehr gut arbeiteten, dann galten sie entweder als beschädigt oder tot und konnten nicht ersetzt werden.

Heute wissen wir, dass die Verdrahtungen im Gehirn während des gesamten Erwachsenenalters variieren und es möglich ist, neue Neuronen in Bereichen zu erzeugen, die mit Gedächtnisleistungen verknüpft sind. Den Erkenntnissen der Neuroplastizität gemäß sind mentale Prozesse wie Lernen oder Erinnern in der Lage, das Muster der Gehirnaktivierung im Neocortex (Teil des Großhirns) abzuändern. Das Gehirn ist somit keine festgefügte Struktur, sondern reagiert lebenslang auf Stimuli von außen, und die Plastizität des zentralen Nervensystems erlaubt dem Menschen eine hohe und flexible Anpassungsfähigkeit.

In den letzten Jahrzehnten konnte mithilfe der Neuroplastizität gezeigt werden, wie sich das Gehirn durch Reize der Umwelt selbst organisiert.

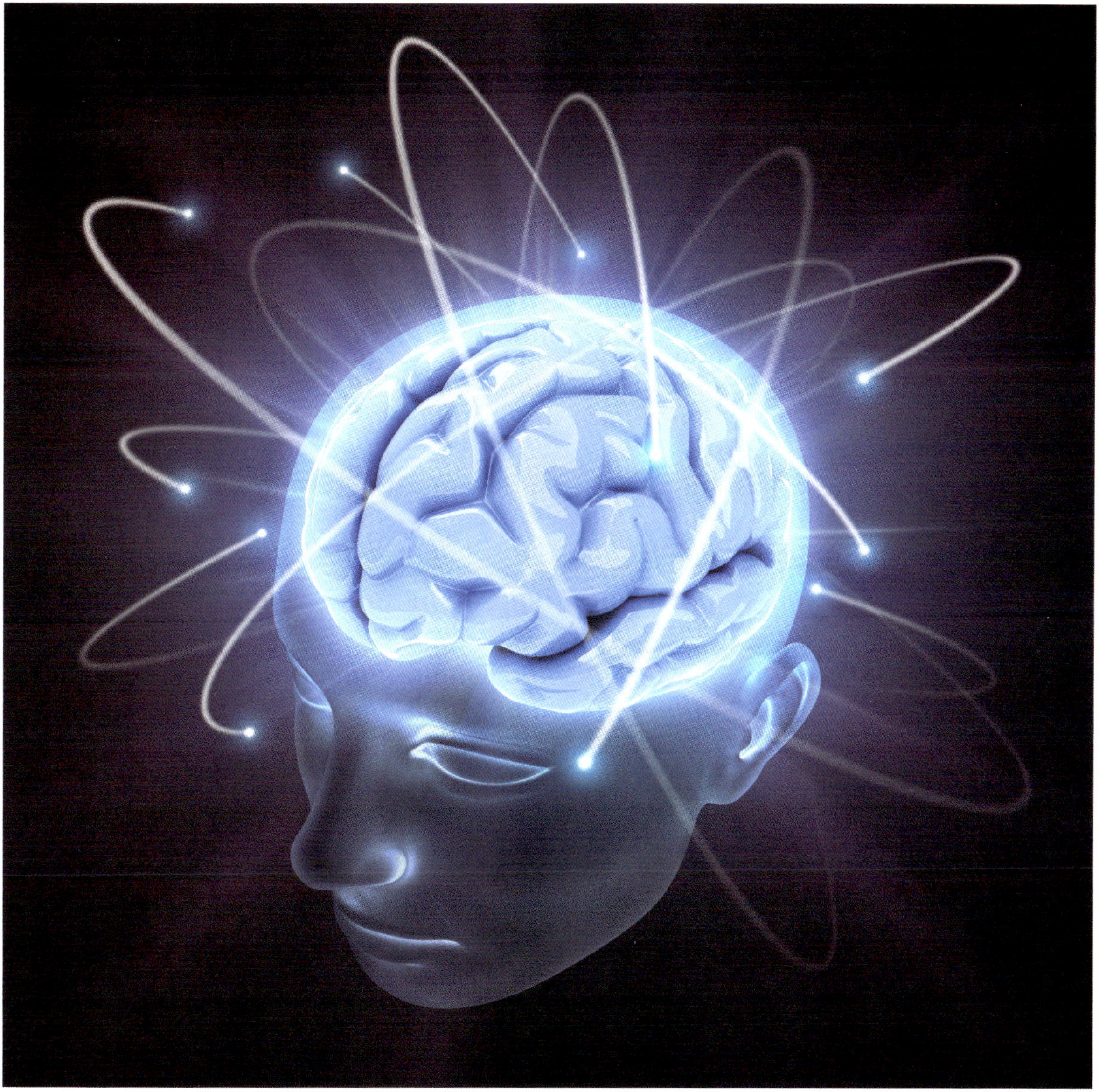

DAS PASCALSCHE DREIECK

1653 veröffentlichte der Philosoph und Wissenschaftler Blaise Pascal (1623–1662) seinen *Traité du triangle arithmétique,* der die meisten der vielen Eigenschaften aufführt, die in einem berühmten Zahlendreieck verborgen sind, das schon zuvor von anderen Mathematikern in Europa untersucht worden war. In Ländern des Fernen und Nahen Ostens wie China, Indien und Persien war dieses Dreieck bereits fünf Jahrhunderte, bevor Pascal seine Abhandlung verfasste, Mathematikern wie Al-Karaji (um 953 – um 1029) oder dem persischen Astronomen und Dichter Omar Khayyam (1048–1131) bekannt. In China wird das Dreieck zu Ehren des Mathematikers, der es um 1303 beschrieb, Yan-Hui-Dreieck genannt.

Das Pascalsche Dreieck (das seinen Namen trägt, weil er es populär machte) besteht aus positiven ganzen Zahlen. Es beginnt mit einer Eins in der ersten Reihe; zwei Einsen stehen in der zweiten Reihe. In den folgenden Reihen ist jede Zahl die Summe der beiden direkt darüber stehenden Zahlen. Da alle Felder außerhalb des Dreiecks den Wert Null zugewiesen bekommen, sind die Ränder des Dreiecks immer mit einer Eins besetzt. Das Dreieck lässt sich nach diesen Regeln beliebig erweitern.

Die Bedeutung des Dreiecks beruht auf seinen verschiedenen Anwendungen in der Algebra. Es stellt ein kleines mathematisches Universum in sich selbst dar, das eine Vielzahl Eigenschaften und Besonderheiten im Bereich der Zahlentheorie aufweist. Die Summe aller Zahlen in einer Zeile ist das Doppelte der Summe der vorhergehenden Zeile, daher entspricht diese Summe dem Wert von Zwei potenziert mit der Zeilennummer, wobei die erste Zeile mit Null nummeriert wird. Darüber hinaus stellen die Zahlen jeder Zeile die Koeffizienten der ausmultiplizierten Binome $(a+b)^n$ dar. Diese Binomialkoeffizienten in Spalte n und Zeile m geben an, auf wie viel verschiedene Arten man n Elemente aus einer Menge von m Elementen ohne Zurücklegen und ohne Beachtung der Reihenfolge entnehmen kann. Etwas „versteckt" im Dreieck liegen auch die Zahlen der Fibonacci-Folge.

In Italien wurde das Dreieck nach dem Mathematiker Niccolò Tartaglia (1499–1557) benannt, der es in der ersten Hälfte des sechzehnten Jahrhunderts in einer Abhandlung beschrieb. In Frankreich und im angelsächsischen Sprachraum erhielt es seinen Namen von Pascal, der es ein Jahrhundert später für seine Untersuchungen zur Wahrscheinlichkeitsrechnung benutzte.

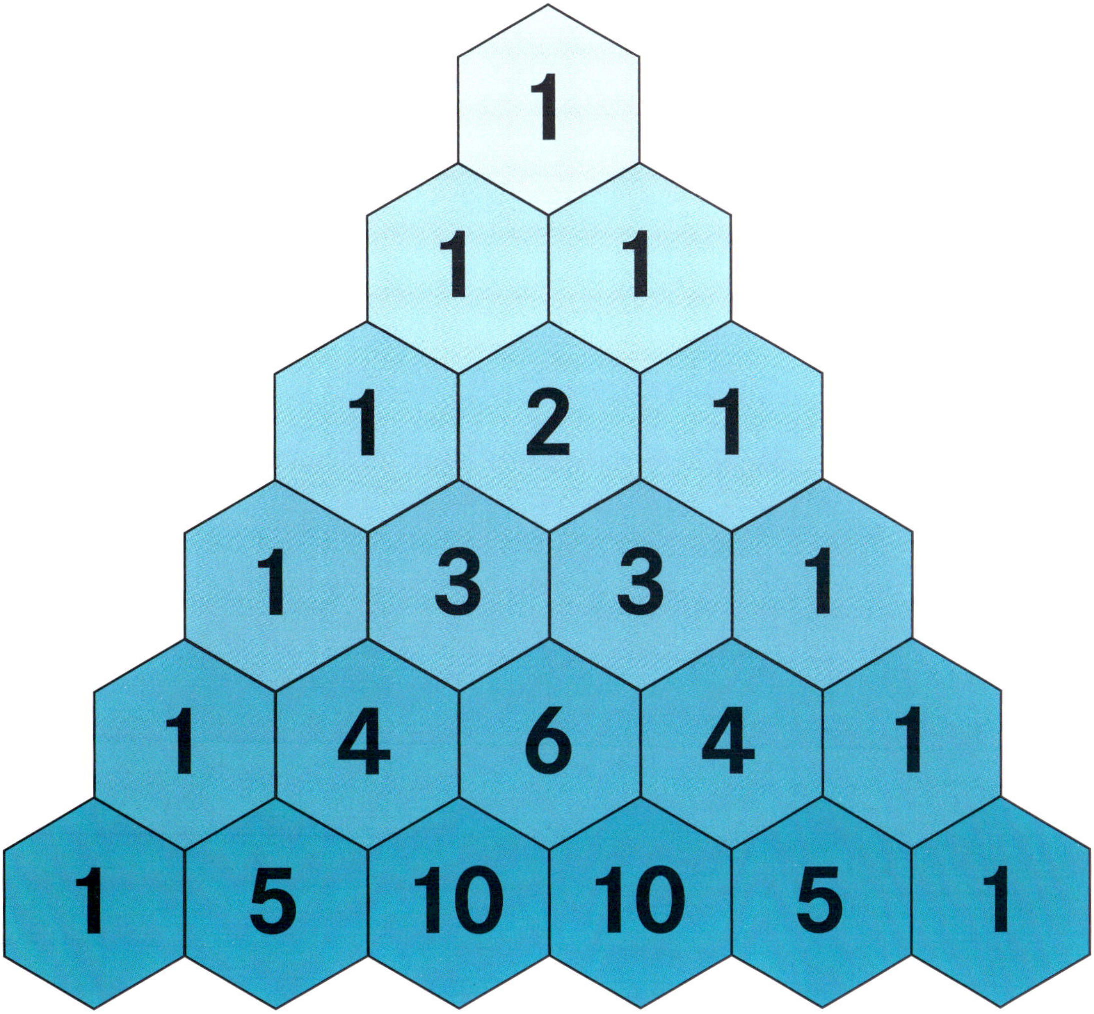
1
1 1
1 2 1
1 3 3 1
1 4 6 4 1
1 5 10 10 5 1

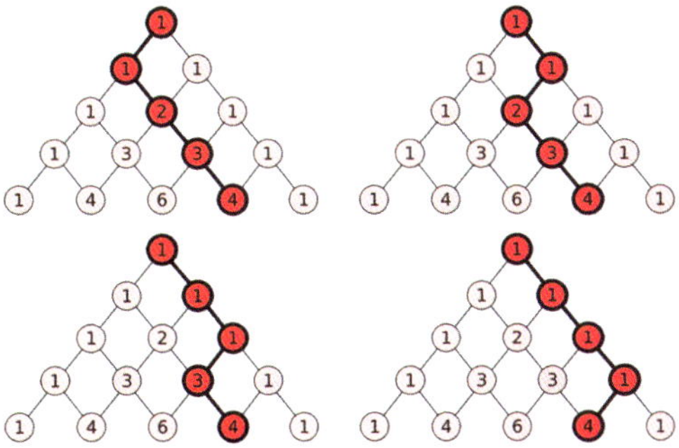

DAS OSZILLIERENDE UNIVERSUM UND DER BIG BOUNCE

Das oszillierende Universum ist eine Hypothese des US-amerikanischen theoretischen Physikers Richard Tolman (1881–1948), der gemäß das Universum eine unendliche Folge von Oszillationen durchläuft, die jeweils mit einem Big Bang (Urknall) beginnen und einem Big Crunch enden. Nach dem Big Bang dehnt sich das Universum für einige Zeit aus, ehe es sich in Folge der Gravitation der Materie zusammenzieht, bis es schließlich zum Kollaps kommt und sich ein Big Bounce ereignet.

Das Universum ließe sich somit als unendlicher Kreislauf endlicher Universen begreifen, oder anders ausgedrückt, jedes Mal, wenn ein endliches Universum mit einem Big Crunch verschwindet, sich dann das nächste durch einen Big Bang bildet. Das wiederum legt die Schlussfolgerung nahe, dass wir durch eine unendliche Abfolge von Universen genauso gut im ersten wie im zweimilliardsten aller Universen leben könnten.

Die Big-Crunch-Theorie ermöglicht einen symmetrischen Blickwinkel auf das ultimative Schicksal des Universums. Der Big Bang bewirkt eine asymmetrische kosmologische Ausdehnung räumlicher Art, die aufgrund der durchschnittlichen Dichte des Universums gestoppt wird und zu einer Kontraktion führt. Dieses zyklische Modell beschreibt, wie einem Big Bang unmittelbar ein Big Crunch eines früheren Universums vorausgeht und auf diese Weise so etwas wie ein oszillierendes Universum geschaffen wird.

Diese Hypothese war lange Zeit für Kosmologen akzeptabel, die der Ansicht waren, dass irgendeine Kraft die Ausbildung von Singularitäten verhindern müsse. In den 1960er-Jahren bewiesen Stephen Hawking (1942), Roger Penrose (1931) und George Ellis (1939) jedoch, dass Singularitäten ein allgemeines Merkmal von Kosmologien seien, die den Big Bang einschlössen, ohne dabei aber irgendeines der Elemente der allgemeinen Relativitätstheorie nicht zu berücksichtigen. Das oszillierende Universum ist theoretisch nicht mit dem zweiten Gesetz der Thermodynamik vereinbar, da die Entropie bei jeder Oszillation so anwachsen würde, dass sie nicht in den ursprünglichen Zustand zurückkehren würde. Andere Theorien sehen unser Universum eher auf den Big Freeze (Wärmetod) als auf den Big Crunch zusteuern, was jedoch nicht die Möglichkeit ausschließt, dass vor unserem Big Bang der letzte Big Crunch stattfindet. Diese Argumente veranlassten Kosmologen, das Modell eines oszillierenden Universums aufzugeben, wenngleich es in der Kosmologie während der letzten Jahre in Gestalt des zyklischen Modells wieder auftauchte.

Richard Tolmans Theorie vom oszillierenden Universum besagt, dass unser Universum das letzte in einer Abfolge ist und dass es nicht einen einzigen Anfang gegeben hat, sondern einen permanenten Prozess des Werdens und Vergehens.

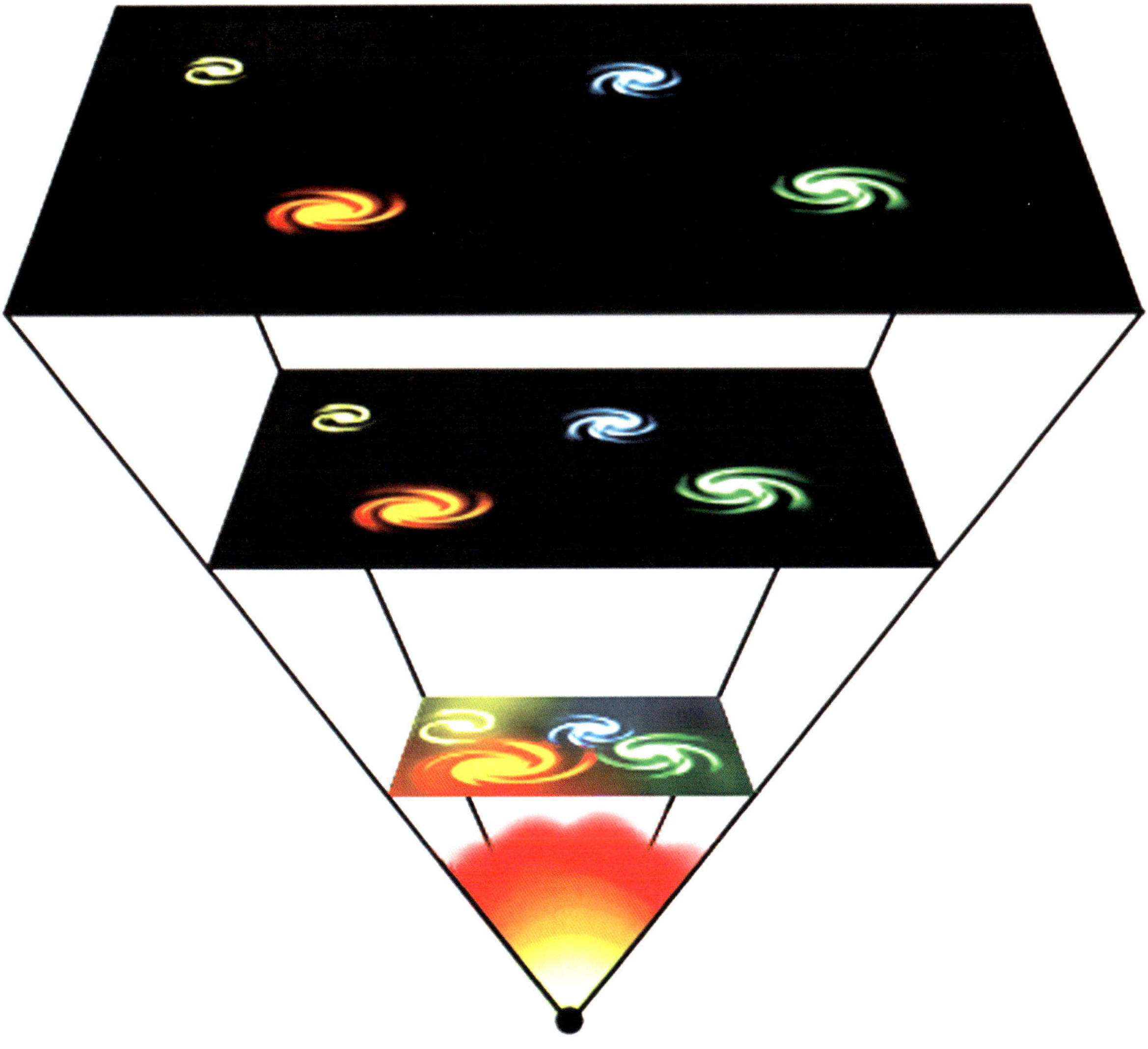

DIE RAYLEIGH-JEANS-ULTRAVIOLETTKATASTROPHE

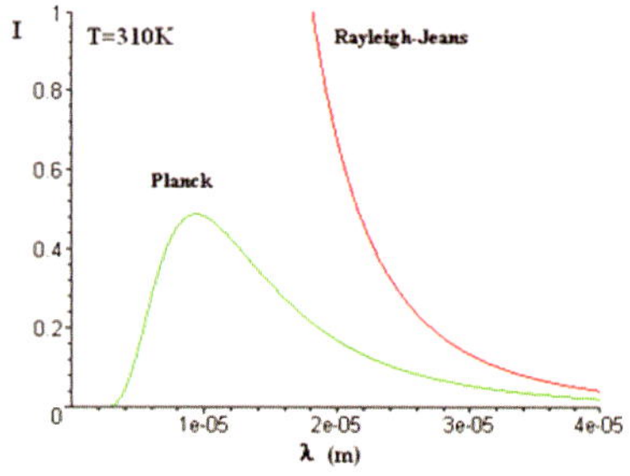

$$I(\lambda)\,\mathrm{d}\lambda = \frac{2\pi ckT}{\lambda^4}\mathrm{d}\lambda.$$

Im späten neunzehnten Jahrhundert sahen sich Physiker mit einem scheinbar unlösbaren Problem konfrontiert: Es war unmöglich, mithilfe der klassischen Physik eine vernünftige Erklärung für die Strahlung des Schwarzen Körpers zu finden, eines idealisierten Festkörpers, der die gesamte einfallende Strahlung einschließlich des sichtbaren Lichts absorbiert, sodass er tatsächlich schwarz aussieht. Dieses Objekt emittiert jedoch unsichtbare elektromagnetische Strahlung, deren Frequenzen (und entsprechenden Wellenlängen) von der Temperatur des Gegenstands abhängen, nicht aber von seiner Beschaffenheit.

Der klassischen Theorie gemäß strahlt ein idealer Schwarzer Körper in allen Frequenzbereichen aus, das heißt, dass mit steigender Frequenz und abnehmender Wellenlänge die emittierte Energie einen exponentiellen Anstieg aufweist. 1900 untersuchten die Briten John Rayleigh (1842–1919) und James Jeans (1877–1946) experimentell die Verteilung der von einem Schwarzen Körper emittierten Strahlungsenergie und der entsprechenden Wellenlängen. Das Ergebnis überraschte die beiden Physiker. Die klassische Theorie wurde bei niedrigen Frequenzen (infrarot) und somit großer Wellenlänge bestätigt, als die Frequenz jedoch bei kleinerer Wellenlänge bis in den ultravioletten Bereich stieg, nahm die ausgestrahlte Energie nicht weiter zu, sondern ab, um schließlich gegen null zu gehen. Die emittierte Energie zeigte ein Maximum bei rund 2.000 nm und verringerte sich sowohl für große als auch für kleine Wellenlängen, was vollkommenen im Gegensatz zu klassischen Theorien in der Physik stand. Dieses Phänomen wurde als „Ultraviolettkatastrophe" bekannt, weil der offensichtliche Widerspruch zwischen den experimentellen Daten und den Ableitungen aus der elektromagnetischen Theorie die Bereiche mit kleiner Wellenlänge betraf (UV-Bereich).

Die Lösung des Problems wurde ermöglicht durch eine neue Theorie, die Quantenphysik, die auf Max Planck (1858–1947) zurückgeht, der die revolutionäre Idee hatte, dass Energie nicht kontinuierlich fließt, sondern in Paketen oder Quanten übertragen wird. Planck fand dafür eine mathematische Formel (Plancksches Strahlungsgesetz), die mit allen empirischen Messungen der Schwarzkörperstrahlung übereinstimmte. In diese berühmte Formel $E = h \cdot f$ führte Planck die Konstante h (Wirkungsquantum) ein, um das Verhältnis der Energie und der Frequenz (f) eines Photons zu beschreiben.

Nachdem Max Planck sein Gesetz entdeckt hatte, soll er es angeblich nicht akzeptiert haben und sich dessen Bedeutung auch nicht bewusst gewesen sein, bis sein damals noch relativ unbekannter Freund namens Albert Einstein ihn schließlich davon überzeugen konnte.

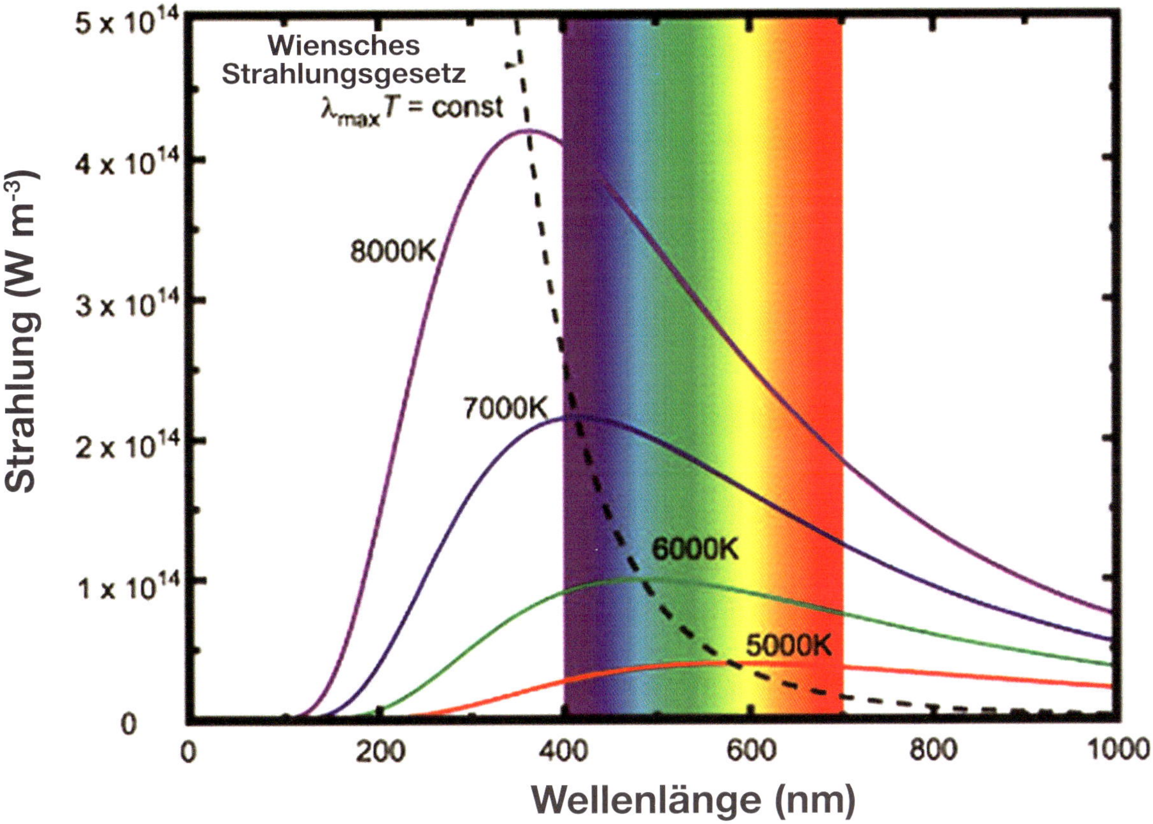

Wiensches
Strahlungsgesetz
λmaxT = const
8000K
7000K
6000K
5000K
5 x 10^14
4 x 10^14
3 x 10^14
2 x 10^14
1 x 10^14
0
0
200
400
600
800
1000
Strahlung (W m^-3)
Wellenlänge (nm)

DIE CORNU-SPIRALE

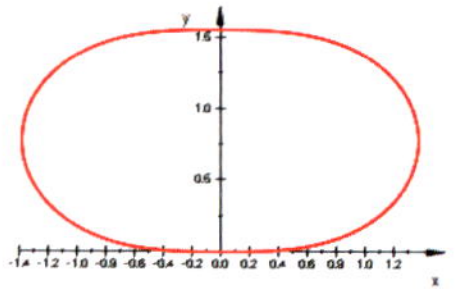

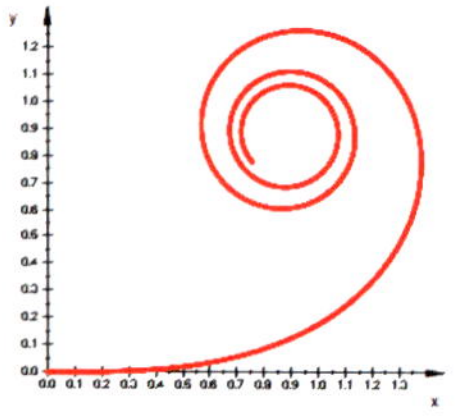

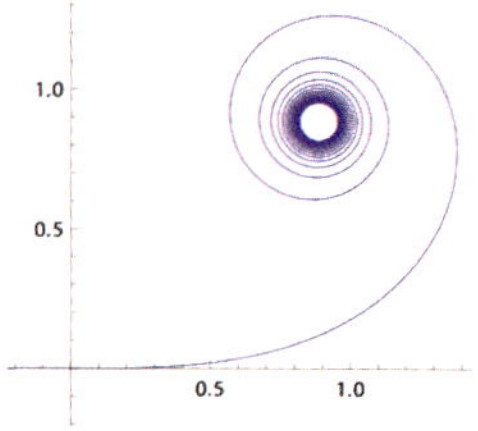

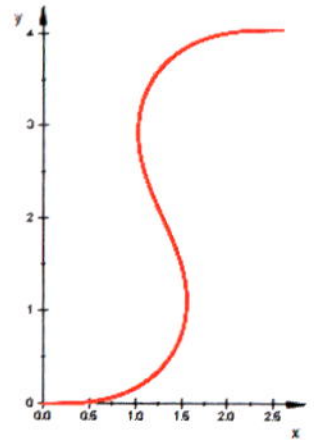

Marie-Alfred Cornu (1841–1902) war ein französischer Physiker. Er studierte an der École Polytechnique in Paris, an der er ab 1867 auch als Professor für experimentelle Physik wirkte.

Wenngleich er zahlreiche Ausflüge in andere Zweige der Physik unternahm, um beispielsweise mit seinem Kollegen Jean-Baptistin Baille (1841–1918) Henry Cavendishs (1731–1810) Experiment zur Bestimmung der Gravitationskonstanten G zu wiederholen, legte er den Schwerpunkt seiner Arbeit jedoch auf die Optik und Spektroskopie. Er führte insbesondere Untersuchungen zur Lichtgeschwindigkeit mithilfe der Zahnradmethode von A. Fizeau (1819–1896) durch und konnte infolge zahlreicher Verbesserungen des Verfahrens die Genauigkeit der Messergebnisse erhöhen. Er erhielt für diesen Beitrag den Prix Lacaze, wurde Mitglied der französischen *Académie des Sciences* (1896 deren Präsident) und bekam die Rumford-Medaille der British Royal Society zuerkannt.

Das erste Mal, als die Spirale 1744 in einer Abhandlung Leonhard Eulers (1707–1783) in Erscheinung trat, war sie die exakte Lösung eines Problems, das Jakob Bernoulli (1654–1705) im Rahmen seiner Arbeiten zur Elastizität 1694 aufgeworfen hatte. Cornu, nach dem die Spiralkurve benannt ist (häufig aber auch als Klothoide oder Euler-Spirale bezeichnet), verwendete sie in Zusammenhang mit seinen Untersuchungen zur Lichtbeugung (Diffraktion).

Die Klothoide ist eine Kurve in der Ebene mit zwei asymptotischen Punkten und Zentralsymmetrie. Der Krümmungsradius der Kurve, die in ihrem Ursprung (Nullpunkt im Koordinatensystem) die Krümmung Null und daher einen unendlichen Krümmungsradius hat, wird immer kleiner, wenn man ihre beiden Äste durchläuft. Das Produkt aus Krümmungsradius und Kurvenlänge ist an jedem Ort konstant. Die beiden Äste nähern sich den beiden asymptotischen Punkten der Kurve mit dem Krümmungsradius Null nach unendlich vielen Windungen an. Die Gleichung zur Bildung der Klothoide lautet: $A^2 = r \cdot L, A > O$, wobei r der Krümmungsradius, L die Länge des Bogens und A eine Konstante ist.

Die Klothoide besitzt die Eigenschaft, dass gemessen vom Ursprung ihre Krümmung auf jedem Punkt proportional zum Abstand entlang der Kurve ist, wodurch sie sich als Übergangsbogen im Straßen- und Eisenbahnbau eignet. Ein Fahrzeug durchfährt diese Kurve mit gleichmäßiger Geschwindigkeit, wobei eine Lenkradbewegung mit konstanter Winkelgeschwindigkeit erforderlich ist. Darüber hinaus werden Klothoiden auch bei der Konstruktion von Achterbahnen eingesetzt.

Die Cornu-Spirale spielt in der Planung von Straßenführungen wie auch Eisenbahntrassen eine wichtige Rolle, da sie den Übergang von geraden Teilstücken (unendlicher Radius) zu kreisförmigen (endlicher Radius) ermöglicht und so die Fliehkräfte ausgeglichen werden können.

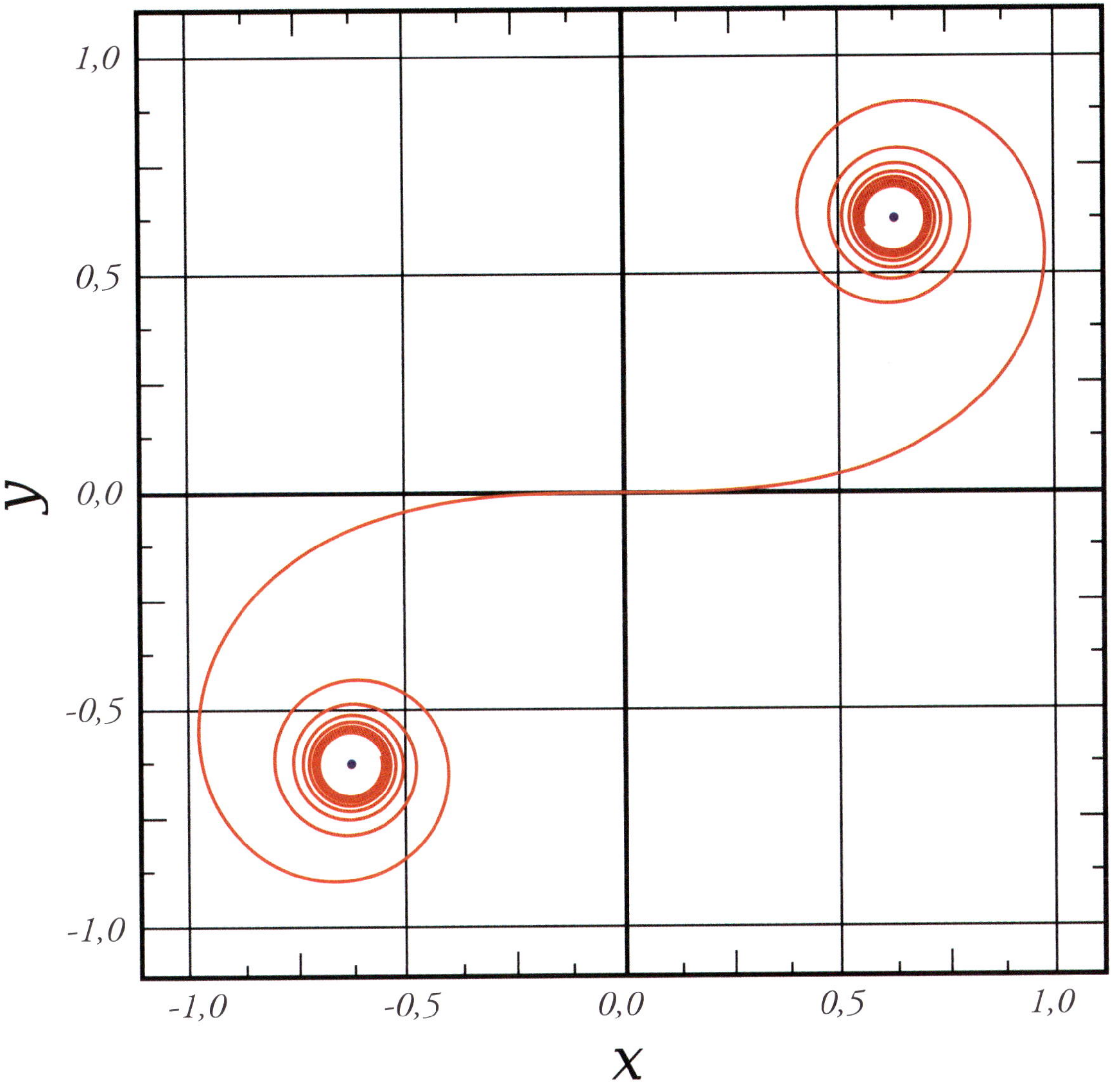
1,0
0,5
0,0
-0,5
-1,0
y
-1,0
-0,5
0,0
0,5
1,0
x

DAS TIEFSTE BILD DES UNIVERSUMS

Dem aktuellen Stand der Forschung und heutiger Theorien gemäß ereignete sich die Explosion, die der Big Bang oder Urknall genannt wird und zur Entstehung des Weltalls führte, vor rund 13,7 Milliarden Jahren.

Obwohl das Licht mit einer konstanten Geschwindigkeit von rund 300.000 km/sek. durch das All rauscht, können wir dennoch nur die Regionen des Universums erforschen, deren Licht die Zeit hatte, bis zu uns vorzudringen. Die Aufnahmen, die erdgebundene Teleskope liefern, lassen sich mit einem Kinofilm aus der Vergangenheit vergleichen, den wir jetzt ansehen, wobei die Himmelskörper, die wir betrachten, möglicherweise nicht mehr existieren oder sich vollständig verändert haben. Das Bild, das wir im Folgenden vorstellen, ist besonders faszinierend und bedeutsam, weil es uns „fast einen Steinwurf nahe an den Urknall bringt" (Massimo Stiavelli vom Space Telescope Science Institute) und uns wissenschaftlich fundierte Aussagen über die Evolution, die Frühzeit und die Unendlichkeit des Kosmos erlaubt.

Das Weltraumteleskop Hubble hat verteilt auf über 400 Erdumläufe zwischen dem 24. September 2003 und dem 16. Januar 2004 mithilfe der 2002 installierten Advanced Camera for Surveys (ACS) die Aufnahme gemacht, die bis dahin den tiefsten Blick ins Universum im Bereich des sichtbaren Lichts gestattete. Die Himmelsregion, die dafür ausgewählt wurde, liegt im Sternbild Fornax (Chemischer Ofen) südwestlich des Orion und macht gerade einmal ein Siebenundsechzigstel des Vollmond-Durchmessers aus. Das Bild, das als „Hubble Ultra Deep Field" (HUDF) weltberühmt ist, zeigt rund 10.000 Objekte, zumeist Galaxien unterschiedlichen Alters, verschiedener Größen, Formen und Farben. Die kleinsten und rötesten Galaxien, ungefähr 100 an Zahl, sind die fernsten Galaxien und flammten 800 Millionen Jahre nach dem Urknall auf.

Wenn man versuchen würde, den gesamten Himmel mit der Auflösung von HUDF abzubilden, würde Hubble rund eine Million Jahre dafür benötigen.

2012 gelang dem Hubble-Weltraumteleskop mit der Langzeitbelichtung „Hubble Extreme Deep Field" (XDF), einem Ausschnitt aus dem HUDF, ein noch tieferer Blick ins Weltall. Die über 10 Jahre in 555 Stunden der Observation entstandene Aufnahme enthüllt rund 5.500 Galaxien in einer Entfernung von bis zu 13,2 Milliarden Lichtjahren, wobei die fernste Galaxie aus einer Zeit stammt, als das Universum gerade einmal 450 Millionen Jahre alt war. Die Abbildung auf der gegenüberliegenden Seite zeigt das HUDF.

DAS OLBERSSCHE PARADOXON

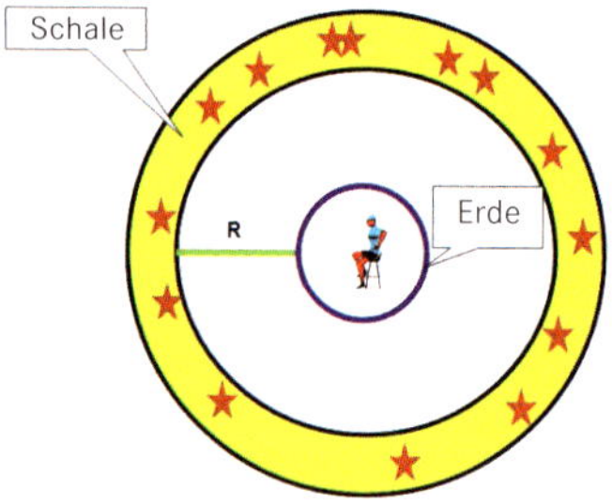

Das Olberssche Paradoxon geht auf den deutschen Arzt und Astronomen Wilhelm Matthias Olbers (1758–1840) zurück, der es 1826 formulierte. Es entstand infolge der Widersprüchlichkeiten der Newtonschen Kosmologie, die ein statisches, unendlich altes (ohne Beginn) und euklidisches (flaches) Universum beschrieb, das für seine Stabilität ein System zahlloser Sterne benötigte, die gleichmäßig in der Unendlichkeit des Weltalls verteilt waren.

Dieses Paradoxon beruht auf dem offensichtlichen Widerspruch zwischen der Tatsache, dass der Nachthimmel dunkel ist und das Universum unendlich. Wenn das Weltall tatsächlich ohne Ende ist, dann müsste auf jeder möglichen Sichtlinie von der Erde aus ein Stern zu sehen sein und der Himmel damit immer hell erscheinen. Das deckt sich allerdings nicht mit den Beobachtungen der Astronomen, dass der Raum zwischen Sternen schwarz ist.

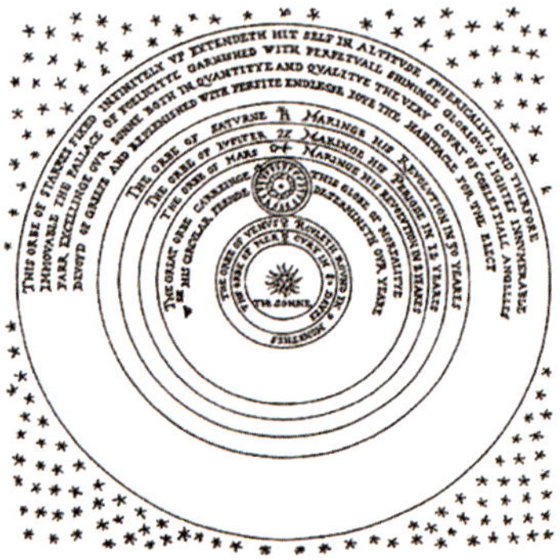

Dieses Problems waren sich Gelehrte bereits vor Olbers' Beitrag durchaus bewusst, so auch im frühen siebzehnten Jahrhundert der Astronom Johannes Kepler (1571–1630), der das Universum für endlich hielt. 1715 entdeckte der Brite Edmund Halley (1656–1742) einige helle Bereiche am Himmel und vermutete, dass der Himmel bei Nacht nicht gleichförmig erleuchtet sei, weil trotz eines unendlichen Kosmos die Sterne nicht regelmäßig am Himmel verbreitet seien. Jean-Philippe Loÿs de Chéseaux (1718–1751) legte 1744 dar, dass entweder der Sternenhimmel nicht unendlich sei oder das Licht infolge der Entfernung abnehme, möglicherweise weil es durch interstellare Materie absorbiert würde.

Fast ein Jahrhundert später mutmaßte Olbers, dass der Himmel dunkel sei, weil es etwas im Weltall gebe, durch das das Licht der Sterne gehemmt würde, das ansonsten die Erde eigentlich erreichen würde. Diese Theorie wurde von Wissenschaftlern mit dem Argument abgelehnt, dass, falls Materie das Licht nicht passieren ließe, diese sich auf Dauer so erhitze, dass sie schließlich genauso hell wie ein Stern erstrahle.

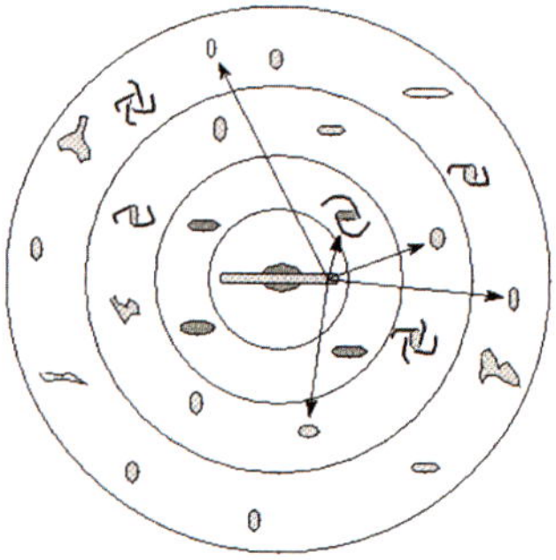

1948 führte der Astronom Hermann Bondi (1919–2005) aus, dass durch die Ausdehnung des Universums das Licht aus großer Entfernung rot sei und damit weniger Energie je Photon oder Lichtteilchen enthalte. In den 1960er-Jahren dann lieferte Edward Harrison (1919–2007) schließlich die derzeit anerkannte Erklärung für Olbers' Paradoxon, wonach der Himmel dunkel ist, weil wir die Sterne (noch) nicht sehen können, die unendlich weit entfernt liegen. Diese Lösung setzt voraus, dass das Weltall ein endliches Alter hat, da das Licht einige Zeit braucht, ehe es die Erde erreicht. Nicht jede Sichtlinie von der Erde ermöglicht den Blick auf einen Stern, weil das Licht entlegener Sterne eben seit Bestehen des Kosmos noch nicht bis zur Erde gelangt ist, die Sterne somit nicht ausreichend Strahlungsenergie besitzen, um die Dunkelheit des Nachthimmels in Helligkeit zu verwandeln.

Wilhelm Matthias Olbers machte zahlreiche astronomische Entdeckungen, darunter die der beiden Kleinplaneten Vesta und Pallas (der zweitgrößte Himmelskörper im Asteroiden-Hauptgürtel), und entwickelte eine Methode zur Bahnbestimmung von Planeten.

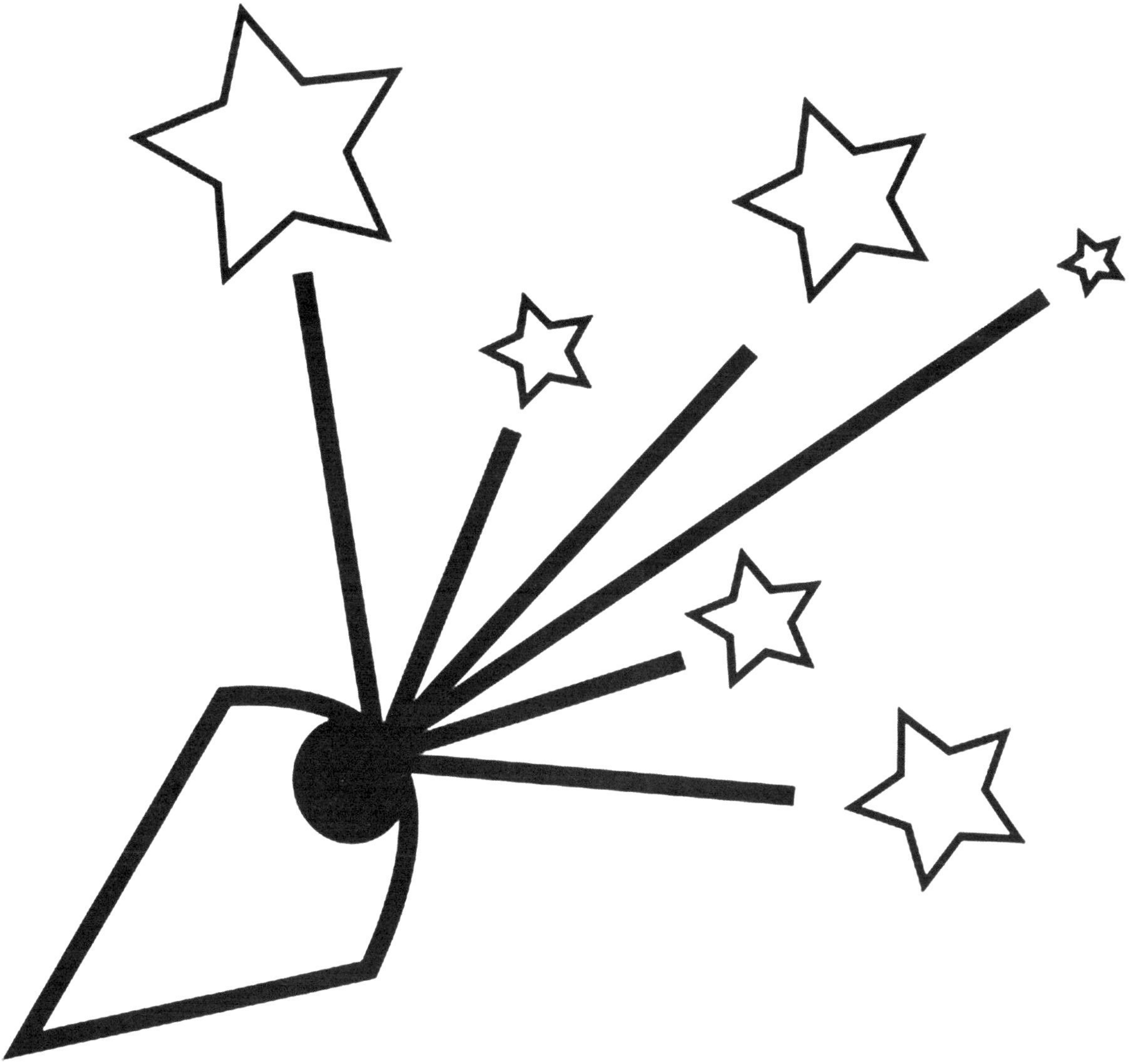

DAS WELTRAUMTELESKOP HUBBLE

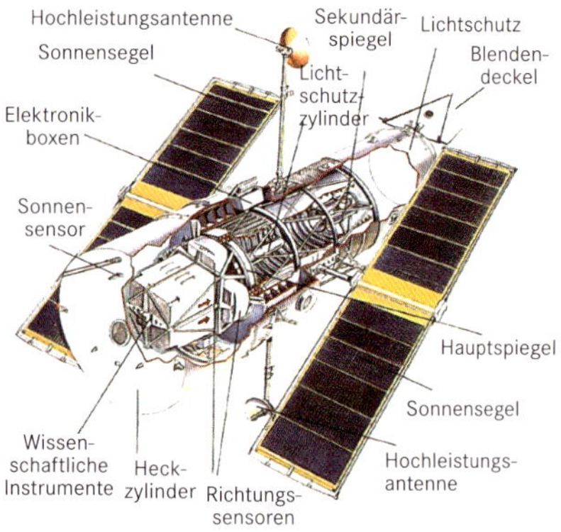

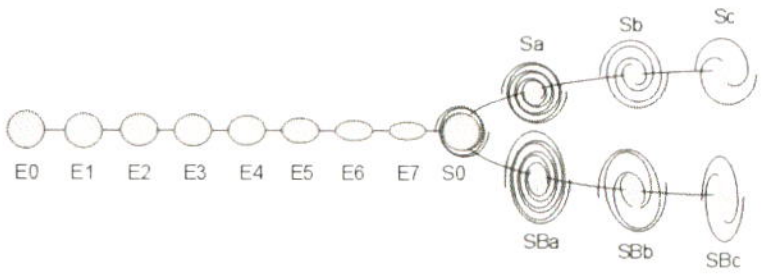

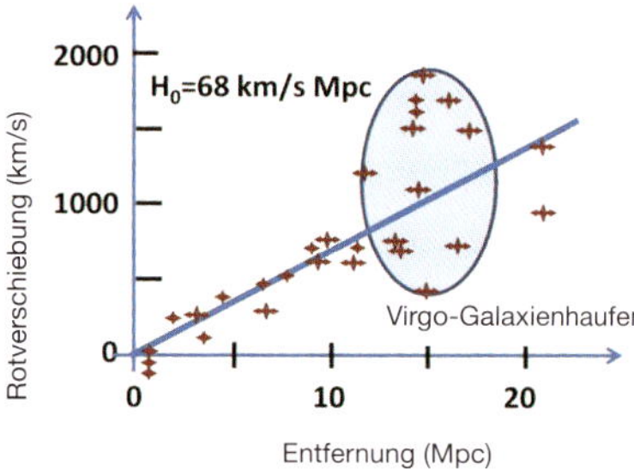

Das Hubble-Weltraumteleskop (HST) hat während der letzten einunddreißig Jahre die Sichtweise des Menschen auf das unendliche Universum revolutioniert und ist in vielerlei Hinsicht das einflussreichste Objekt seit Galileo Galileis Beobachtungen des Nachthimmels vor vier Jahrhunderten.

Es wurde nach dem Astronomen Edwin Hubble (1889–1953) benannt und am 24. April 1990 als Gemeinschaftsprojekt der NASA und der Europäischen Weltraumorganisation (ESA) mit der Space-Shuttle-Mission STS-31 gestartet. Das HST wurde als Weltraumteleskop konzipiert, das von Raumfähren besucht werden kann, um vor allem Reparaturen auszuführen, neue Instrumente anzubringen und die Umlaufbahn des Teleskops einzuhalten.

Infolge eines Schleif- bzw. Polierfehlers am Hauptspiegel des Teleskops konnten zunächst nur unscharfe Bilder produziert werden. Das Problem war durch mangelnde Qualitätskontrolle bei der Fertigung des Hauptspiegels entstanden, und man erwog, das Teleskop wieder auf die Erde zurückzuholen. Da dies aber zu aufwendig gewesen wäre, entschied man sich, den Defekt anders zu beheben. Nach knapp zweieinhalb Jahren war ein optisches Korrektursystem (COSTAR) fertiggestellt, das im Dezember 1993 mit der Weltraumfähre *Endeavour* zum Weltraumteleskop transportiert wurde und nach erfolgtem Einbau den erwünschten Effekt zeigte. Im Anschluss daran folgten bis 2009 noch weitere Servicemissionen eines Space Shuttles. Am 25. Dezember 2021 wurde das HST schließlich durch das James- Webb-Teleskop abgelöst, das seit Juli 2022 in Betrieb ist.

Seit der ersten Servicemission hat sich das Hubble-Teleskop als einzigartiges Instrument erwiesen, das Beobachtungen durchführen kann, die beständig unsere Vorstellungen eines sich ausdehnenden Universums beeinflussen. Unter den vielen bedeutenden astronomischen Ergebnissen ragt das von Wissenschaftlern als „Dunkle Energie“ bezeichnete heraus. Wenn man das Geheimnis der Dunklen Energie lösen könnte, würde dies möglicherweise die gesamte Physik grundlegend verändern, neue Theorien über den Ursprung des Kosmos hervorrufen und Spekulationen antreiben hinsichtlich der finalen Bestimmung des Alls. Das HST gewährt mit vielen der gemachten Aufnahmen tiefe Einblicke in den Lebenszyklus von Sternen. Die berühmtesten entstandenen Bilder sind die beiden als „Hubble Ultra Deep Field“ (2003/2004) und „Hubble Extreme Deep Field“ (2012) bezeichneten Fotografien, die Galaxien in einer Entfernung von bis zu 13,2 Milliarden Lichtjahren zeigen und uns somit „fast einen Steinwurf an den Urknall bringen“ (siehe dazu Seiten 24/25).

Jedem ist die große Bedeutung des Hubble-Weltraumteleskops bewusst, und vielen sind die Bilder bekannt, sodass es nicht von ungefähr den Beinamen „Sternenbote“ trägt.

Edwin Hubble, nach dem der Satellit benannt wurde, war einer der bedeutendsten amerikanischen Astronomen des zwanzigsten Jahrhunderts und gilt als Begründer der beobachtenden Kosmologie.

WILLIAM PEPPERELL MONTAGUE UND ÄTHER

Der Philosoph William Pepperell Montague (1873–1953) vertrat die Ansicht, dass das Universum vor Einstein statisch und in alle Richtungen unendlich sei, seine erstaunlichen Dimensionen aber durch seine Einfachheit ausgeglichen werde. Es sei zudem mit einer unbeweglichen, unsichtbaren und durchgängigen Substanz angefüllt, dem Äther, der die Lichtwellen von Stern zu Stern und von Atom zu Atom leite.

Bevor Einstein seine berühmte Relativitätstheorie formulierte, war in der *Encyclopedia Britannica* ein Artikel über die Existenz von Äther des schottischen Physikers James Clerk Maxwell (1831–1879) nachzulesen, in dem es unter anderem hieß: „Es kann kein Zweifel daran bestehen, dass der interplanetarische und interstellare Raum von einer materiellen Substanz erfüllt ist, die gewiss die umfangreichste und vermutlich einheitlichste Materie ist, von der wir wissen."

Damals ging man von der Überlegung aus, dass angesichts der Tatsache, dass die Geschwindigkeit des Lichts von der Dichte des Mediums abhängen würde und in dichteren Substanzen generell langsamer sei, Äther eine vernachlässigbare Dichte und stattdessen einen hohen Elastizitätskoeffizienten besitzen müsse. Äther, der wegen seiner Ähnlichkeiten mit der hypothetischen aristotelischen Substanz nach ihr benannt wurde, sollte die Materie sein, wodurch sich die Lichtwellen im Universum ausbreiten würden.

Man vermutete, dass sich mithilfe angemessener Experimente die Richtung und auch Geschwindigkeit entdecken ließen, mit denen sich unser Planet sowie das Sonnensystem in Bezug auf den ruhenden Äther bewegten. Im Weltraum gab es aber nicht nur Materie und Energie, sondern auch eine unendliche Zeit, die unabhängig vom Raum und von der Natur war. Wenn zwei Körper sich gegenseitig anziehen und miteinander kollidieren, dann prallen sie anschließend wieder zurück, aber nicht so schnell wie angenommen wurde – ein Teil der Bewegung oder Energie floss zunächst in die Teilchen, aus denen die Körper bestanden, und erst dann in den sie umschließenden Äther, um in Form einer Lichtwelle oder Wärmestrahlung emittiert zu werden. Das Resultat war somit, dass sich die gesamte Materie nicht nur in einer trägen Masse konzentrieren müsste, sondern auch die als Strahlung abgebaute Energie für immer durch einen unbegrenzten Ozean aus Äther übertragen würde.

Als Ende des neunzehnten Jahrhunderts eine Reihe von Experimenten in Zusammenhang mit Äthermodellen scheiterte, wie beispielsweise das Michelson-Morley-Experiment zur Lichtgeschwindigkeit, wurde die Äthertheorie endgültig verworfen und von Einsteins spezieller Relativitätstheorie als Alternativkonzept abgelöst.

Äther war Aristoteles gemäß ein masseloses, sich kreisrund bewegendes und ewiges Element oberhalb der Mondsphäre, unter der sich die vier berühmten Elemente Feuer, Luft, Erde und Wasser befanden.

A View of the Landing the New England Forces in ye Expedition against CAPE BRETON, 1745
When after a Siege of 40 days the Town and Fortress of LOUISBOURG and the important Territories thereto belonging were recover'd to the British Empire.
The brave & Active Commodore Warren, since made Knight of the Bath & Vice Admiral of ye White commanded the British Squadron in this glorious Expedition, The Hon. Willm. Pepperell Esqr.
(since Knighted) went a Voluntier & Commanded the New England Men who bravely offer'd their service and went as private Soldiers, in this hazardous but very glorious Enterprize

DAS PARADOXON VON DER UNAUFHALTSAMEN KRAFT

Das Paradoxon von der unwiderstehlichen oder unaufhaltsamen Kraft ist ein Widerspruch in sich selbst und beschreibt, was geschehen würde, wenn eine unaufhaltsame Kraft und ein unbewegliches Objekt zusammenstoßen würden. Dieses Problem wird in einem Buch von Isaac Asimov mit dem Titel *Please Explain* thematisiert, das die Antworten des Wissenschaftlers und Schriftstellers auf Leserfragen aus dem wissenschaftlichen Bereich enthält, die er zuvor in seiner Kolumne „Isaac Asimov Explains" in der Zeitschrift *Science Digest* verfasst hatte.

Die allgemein übliche Antwort auf dieses Paradoxon bedient sich der Logik und Semantik. Sollte so etwas wie eine unaufhaltsame Kraft bestehen, dann kann es keinen unbeweglichen Gegenstand geben, was auch umgekehrt zutrifft. Es ist logisch vollkommen unmöglich, dass beide zur gleichen Zeit im gleichen Universum auftreten. Auch semantisch gesehen ist es unsinnig, im gleichen Kontext erst von einer unaufhaltsamen Kraft und dann einem unbeweglichen Objekt zu sprechen, was etwa der Frage nach einem viereckigen Dreieck gleichkommt oder der Überlegung, was passieren würde, wenn zwei mal zwei fünf ist.

Das Paradoxon wird dann auch als eine Übung in Logik verstanden und nicht als Postulat einer möglichen Realität. Der modernen Wissenschaft zufolge existieren weder unaufhaltsame Kräfte noch unbewegliche Objekte, und sie können auch gar nicht vorkommen. Ein unbewegliches Objekt müsste eine unendliche Trägheit besitzen und somit eine unendliche Masse. Solch ein Gegenstand würde unter seiner eigenen Schwerkraft einstürzen und eine Singularität bilden. Eine unaufhaltsame Kraft würde eine unendliche Energie enthalten, was gemäß Einsteins berühmter Gleichung $E = mc^2$ auch eine unendliche Masse bedeuten würde.

Isaac Asimov (1920–1992) war ein Biochemiker und Schriftsteller, der zahllose Science-Fiction-Romane und wissenschaftliche Sachbücher verfasst hat. Er ist einem breiten Publikum bekannt als Schöpfer der Robotergesetze, die seit ihrer Veröffentlichung anfangs der 1940er-Jahre im Science-Fiction-Genre allgemein anerkannt wurden und festlegten, wie sich ein Roboter zu verhalten habe.

DIE VAKUUMFLUKTUATION

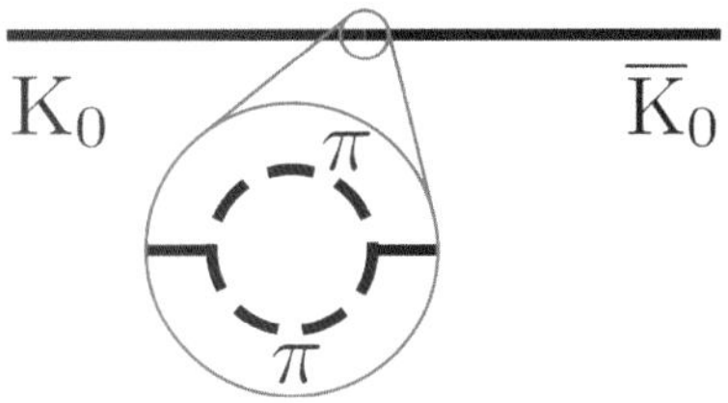

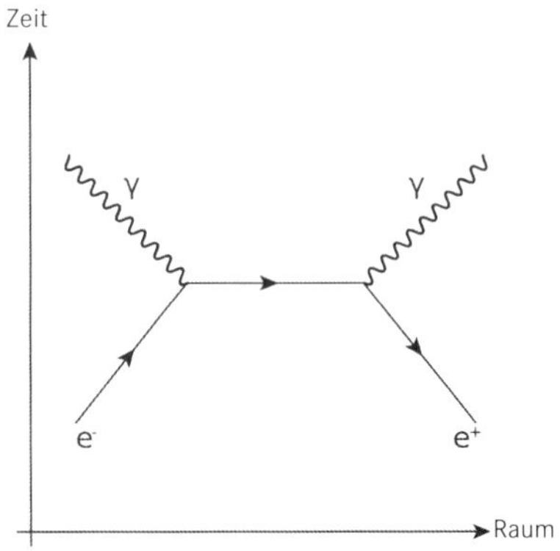

In den späten 1960er-Jahren nahm ein junger Professor namens Edward Tryon an der Columbia University an einem Seminar teil, das einer der führenden Kosmologen jener Zeit, der Brite Dennis Sciama (1926–1999), leitete. Während einer Pause sagte Tryon laut, dass das Universum möglicherweise eine Vakuumfluktuation sei. Die Bemerkung des jungen Wissenschaftlers war ernst gemeint, aber Sciama hielt sie für einen Witz. Was damals in jenem Seminarraum an der Columbia University zu hören war, das war die Geburtsstunde der ersten wissenschaftlichen Theorie, die ein Rätsel über den Ursprung des Universums zu lösen versuchte, was sich nämlich in den Momenten vor dem Big Bang (Urknall) abgespielt haben könnte.

Sciamas negative Haltung ließ Tryon seine Idee zunächst nicht weiterverfolgen, und es dauerte bis 1973, ehe er einen Artikel in der Zeitschrift *Nature* mit dem Titel „Is the universe a vacuum fluctuation?" veröffentlichte. Der Kernpunkt seiner Argumentation war, dass die gesamte Energie des Weltraums einschließlich der Masse aller Objekte, die er enthält, genau die im Weltall existierende Gravitationsenergie ausgleicht (die per definitionem negativ ist). Das bedeutet, dass die Summe sämtlicher Energie im Universum null ist und das Weltall daher buchstäblich aus dem Nichts entstehen konnte. Das Wichtigste aber daran ist, dass diese Schöpfung „ex nihilo" keines der physikalischen Gesetze verletzt.

Der Quantenmechanik zufolge ist ein Vakuum nicht wirklich leer, sondern mit sogenannten virtuellen Teilchen und Antiteilchen gefüllt, die zufällig erzeugt und wieder zerstrahlt werden. Im mikroskopisch kleinen Bereich können plötzlich ein Elektron und ein Positron auftreten, die aber in so kurzer Zeit zerfallen, dass sie nicht nachgewiesen werden können, und diesen Prozess nennt man Quantenfluktuation. Was Tryon damals im Seminar zu erklären versuchte, war, dass das gesamte Universum auf diese Weise entstanden war. Er selbst hat seinen Ansatz mit den folgenden Worten charakterisiert: „Das Universum ist eines der Dinge, die sich von Zeit zu Zeit ereignen."

Edward Tryon ist Professor für Physik am Hunter College in Manhattan und befasst sich mit theoretischen Modellen von Quarks, der Relativitätstheorie und der Kosmologie.

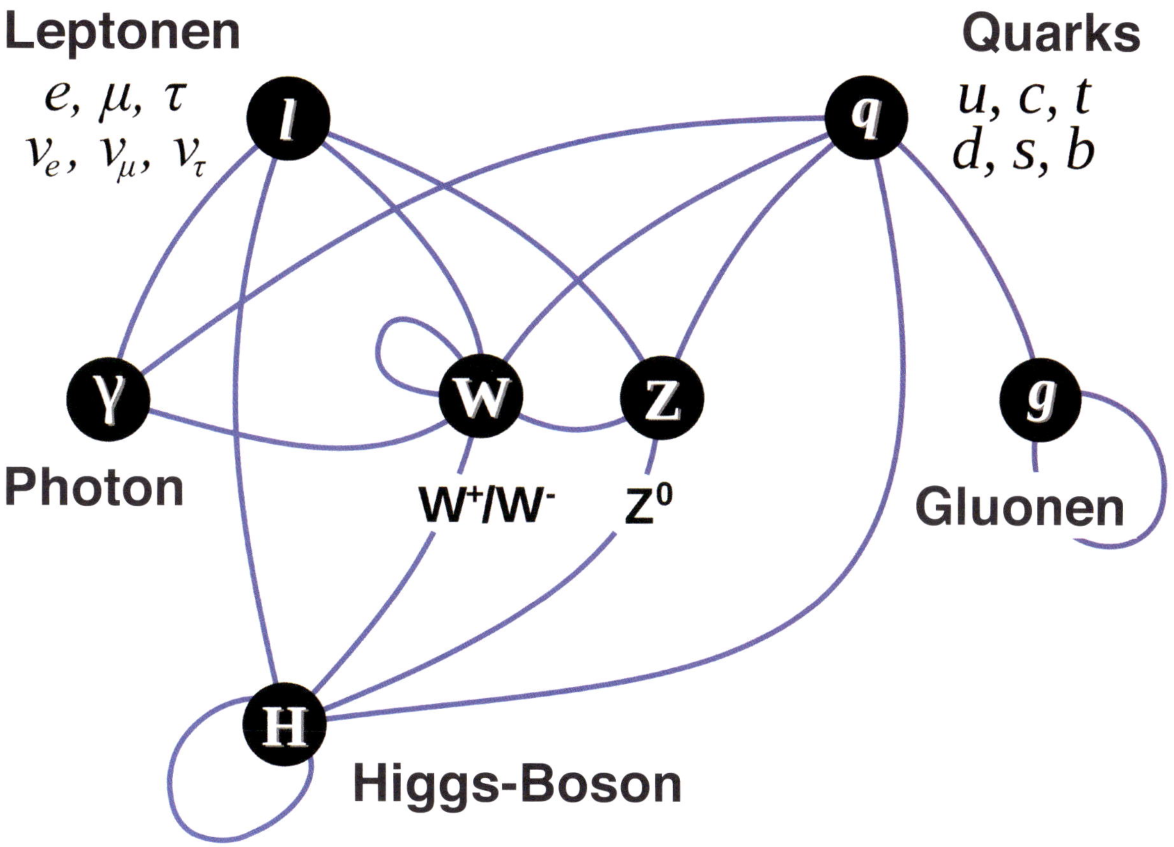
Leptonen
e, μ, τ
νe, νμ, ντ
Quarks
u, c, t
d, s, b
l
q
γ
W
Z
g
Photon
W+/W-
Z0
Gluonen
H
Higgs-Boson

DER ÄLTESTE LEBENDE ORGANISMUS

Eine Gruppe von Wissenschaftlern hat im Mittelmeer den ältesten bekannten Organismus ausgemacht: *Posidonia oceanica* (Neptungras), eine Wasserpflanze, die nur im Mittelmeer heimisch ist und bis zu 200.000 Jahre alt werden kann. 2006 wurde nahe der Balearen ein Exemplar entdeckt, dessen Alter auf 100.000 Jahre geschätzt wurde. Es wurde in einer Meereswiese gefunden, die rund 700 km^2 groß war. Den Altersrekord mit 43.000 Jahren hielt bis dahin ein Busch in Tasmanien.

Im gesamten Mittelmeer gibt es große Seegraswiesen, die alle aus einer einzigen genetischen Linie stammen, das heißt, dass alle Pflanzen Klone der allerersten sind, die sich einst ansiedelte. Dieses Wachstum durch Klonen ist typisch für marine Bedecktsamer (Blütenpflanzen unter Wasser), zu denen auch Seegras zählt.

Dieser Prozess beinhaltet die kontinuierliche Teilung der Meristeme (Gewebe, in denen neue Zellen entstehen) und der Rhizome. Kleine Teile des Seegrases, zumeist der Blattscheide, können sich wie Stecklinge von Gartenpflanzen zu kompletten Pflanzen entwickeln. Jungpflanzen sprießen aus den Rhizomen hervor, einem unterirdischen Sprossachsensystem, das der Speicherung von Nährstoffen dient und horizontal zum Boden wächst und der Pflanze so eine großflächige Verbreitung ermöglicht. Letzten Endes teilen sich die Rhizome und trennen sich voneinander ab, bewahren aber jeweils die bereits ausgebildeten Pflanzen, die dadurch Klone ihrer selbst sind. Der Wachstumsprozess ist langsam und vorsichtigen Schätzungen zufolge müsste das erste Exemplar mindestens 12.500 Jahre alt sein, damit die derzeitige flächenmäßige Ausbreitung des Neptungrases erreicht wird. Realistischer scheint es aber, ein Alter von rund 200.000 Jahren anzusetzen.

Neptungras ist von fundamentaler Bedeutung für das Ökosystem Mittelmeer, da es unter anderem das Wasser vor Überdüngung bewahrt und sauber hält, Brut- und Lebensraum vieler Unterwasserbewohner ist und die Küsten vor Erosion schützt. Die wissenschaftliche Studie, auf der die in diesem Beitrag verwendeten Daten beruhen, weist darauf hin, dass *Posidonia oceanica* stark vom Aussterben bedroht ist. Steigende Wassertemperaturen und Übersäuerung gefährden das Seegras ebenso wie die Schrauben und Anker der Luxusyachten und -motorboote.

Der älteste auf der Erde vorkommende lebende Organismus ist Neptungras, eine Meerespflanze, die für das ökologische Gleichgewicht im Mittelmeer unverzichtbar ist.

DAS FOUCAULTSCHE PENDEL

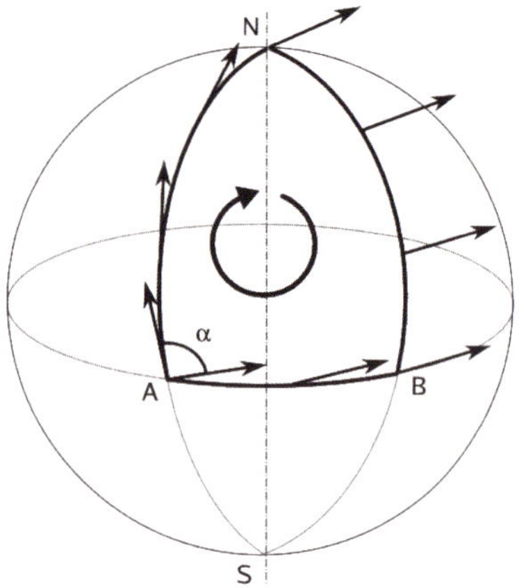

Jean Bernard Léon Foucault (1819–1868) war ein französischer Physiker, der eines der spektakulärsten Experimente in der Geschichte der Wissenschaft durchführte und mit einem Pendel bewies, dass sich die Erde um ihre eigene Achse dreht.

Nachdem er zunächst einige Versuche in der Pariser Sternwarte gemacht hatte, folgte am 26. März 1851 kurz vor der Eröffnung der ersten Weltausstellung in London eine öffentliche Demonstration im Pariser Panthéon. Er hängte dazu eine 28 kg schwere Bleikugel mit Kupferhülle an einen 67 m langen Stahldraht, der an der Kuppel befestigt wurde. Die Schwingungsdauer des Pendels betrug je Schwingung 16 Sekunden.

Das Pendel wurde aus seiner vertikalen Position in die Ausgangslage gebracht, wo es mittels eines Seils fixiert wurde. Nachdem das Pendel zur Ruhe gekommen war, wurde das Seil angezündet und löste in dem Moment die Schwingbewegung des Pendels aus, als es ausreichend heruntergebrannt war. Auf diese Weise konnte jeder Impuls in eine andere Richtung als die natürliche des Pendels vermieden werden.

Unter dem Aufhängungspunkt befand sich ein Kreis mit einem Radius von rund 3 m, der mit feuchtem Sand gefüllt war, sodass die Spitze unten an der Kugel die Pendelbewegung aufzeichnen konnte. Da das Pendel den Energieverlust infolge des Luftwiderstands nicht von allein ausgleichen konnte, musste es alle fünf bis sechs Stunden erneut angestoßen werden. Bereits nach wenigen Minuten hatte die Nadel einen dicken Ausschlag im Sand markiert und nach etwa sechs Stunden waren die Markierungen um rund 60° weitergewandert, das heißt, dass die Pendelebene sich um diesen Winkel in dieser Zeit weitergedreht hatte.

Das Pendel durchläuft letzten Endes einmal komplett den Kreis. Die Zeit, die ein Pendel dafür braucht, ist abhängig von der geografischen Breite eines Orts, also der Pendelebene, auf der es schwingt. Wenn sich das Pendel beispielsweise am Nordpol befände, würde seine Pendelebene mit der gleichen Geschwindigkeit rotieren wie die Erde, also nach 24 Stunden eine ganze Drehung beschrieben haben. Am Äquator hingegen würde es unendlich lang dauern, da es dort keine Rotation gibt. Die Schwingungsebene im Panthéon dreht sich pro Tag rund 270° und benötigt 32 Stunden für eine vollständige Umdrehung.

Das Foucaultsche Pendel, das sich in seiner ursprünglichen Anordnung auch heute noch im Pariser Panthéon befindet, kann in wissenschaftlichen Museen rund um den Globus und zudem im New Yorker UN-Hauptquartier beobachtet werden, wie es seine Schwingungen ausführt.

AVX ORATEVRS
DE LA RESTAVRATION
15
14
13
12
11
10
9
8
7

GEHEIMNISVOLLE ACHT IN DER MILCHSTRASSE

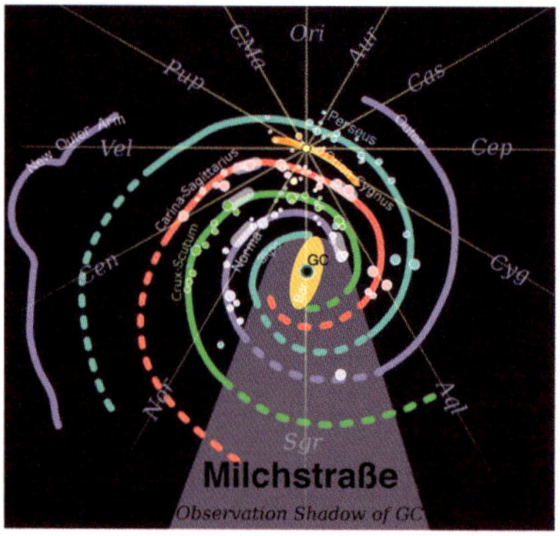

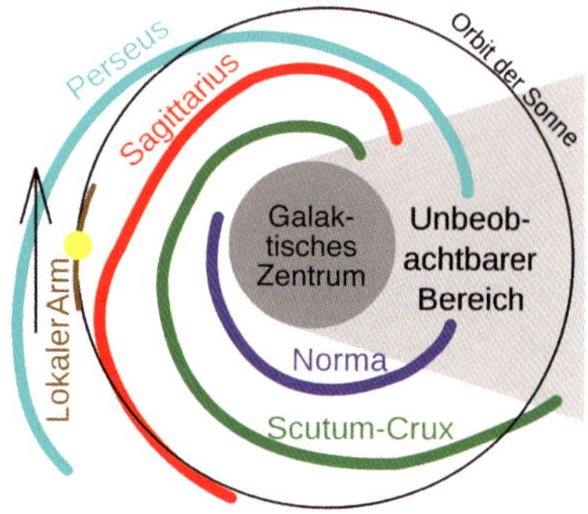

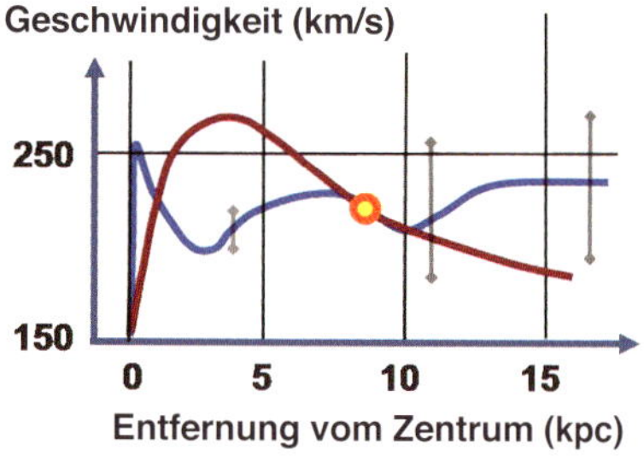

Ein Team von Astronomen entdeckte, dass das mathematische Symbol für Unendlichkeit in den Sternen steht, und zwar genau im Zentrum der Milchstraße. Das Infrarotweltraumteleskop Herschel hat aus den Tiefen des Weltalls ein Bild einer Formation aus Gas und interstellarem Staub eingefangen, die sich in Form einer liegenden Acht mitten in unserer Galaxis befindet.

Diesen Ring, der sechshundert Lichtjahre entfernt ist, konnten Astronomen zuvor nur in Teilen erkennen. Das Herschel-Weltraumteleskop, das von der Europäischen Weltraumorganisation (ESA) entwickelt und im Mai 2009 mit einer Ariadne-Rakete gestartet wurde, hat den Ring erstmalig vollständig erfasst. Die Aufnahmen lassen seine Struktur aus kaltem, dichtem Gas und kosmischem Staub gut sichtbar werden. Es handelt sich um eine Region, in der sich neue Sterne formieren, und die Fotos des Teleskops lassen vermuten, dass dort Temperaturen von 15 Kelvin beziehungsweise 258 Grad Celsius unter Null herrschen.

Dank der Beobachtungen des Nobeyama-Radioteleskops in Japan wissen wir, dass sich der Gasring als Einheit mit einer konstanten Geschwindigkeit relativ zur Galaxis bewegt. Der Ring liegt in einem sternenreichen Gebiet im sogenannten zentralen Balken der Milchstraße, der sich zwischen den Spiralarmen ausdehnt und in einen noch größeren Ring eingebettet ist.

Bislang ist die Bildung von Balken und Ringen noch nicht ausreichend geklärt, aber Computersimulationen legen den Schluss nahe, dass solche Strukturen durch wechselseitige Prozesse infolge der Gravitation entstehen könnten. Der Zentralbalken der Milchstraße könnte beispielsweise von der ihr benachbarten Andromedagalaxie beeinflusst sein.

Das Weltraumteleskop Herschel wurde nach dem aus Deutschland stammenden britischen Astronomen Friedrich Wilhelm Herschel (1738–1822) benannt, der neben einer großen Zahl an Himmelskörpern den Planeten Uranus entdeckte.

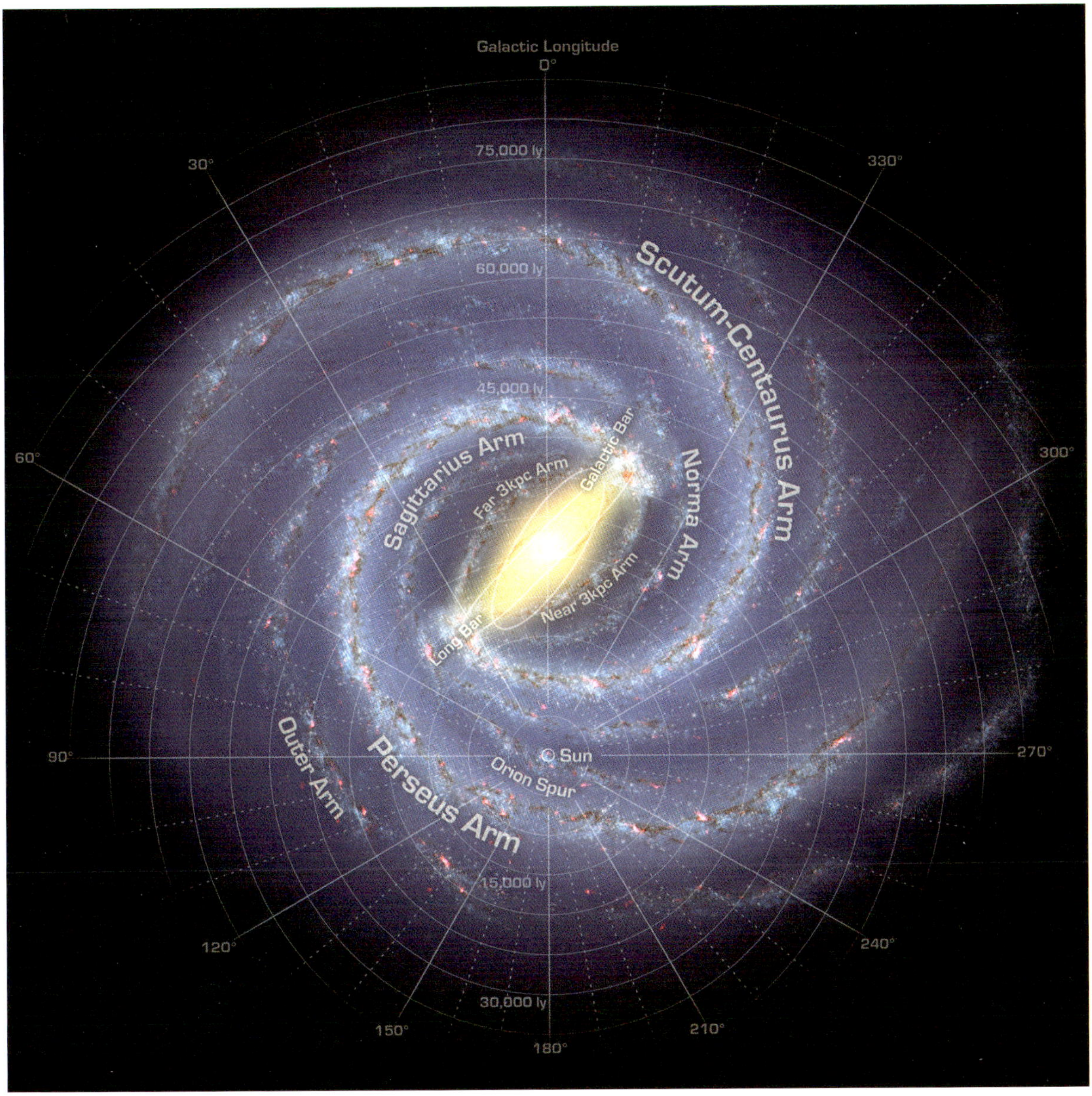

Galactic Longitude
0°
30°
330°
60°
300°
90°
270°
120°
240°
150°
210°
180°
75,000 ly
60,000 ly
45,000 ly
15,000 ly
30,000 ly
Scutum-Centaurus Arm
Sagittarius Arm
Norma Arm
Galactic Bar
Far 3kpc Arm
Near 3kpc Arm
Long Bar
Outer Arm
Perseus Arm
Orion Spur
Sun

DIE UNSTERBLICHE QUALLE

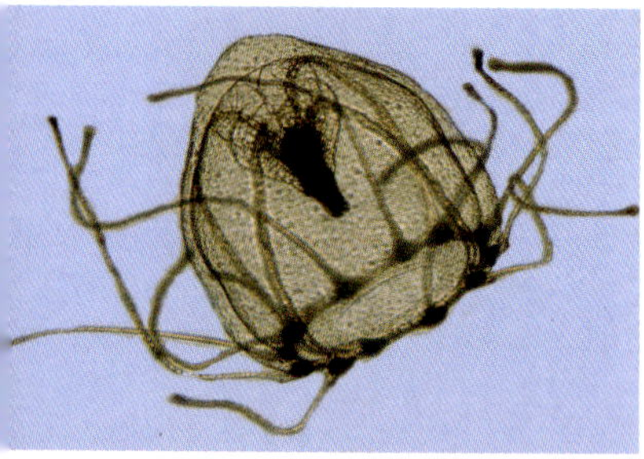

Anders als der Rest der Tierwelt stirbt die Qualle *Turritopsis nutricula* nicht nach dem Erreichen des geschlechtsreifen Alters, sondern programmiert ihre Zellen stattdessen um und wird zu einem jungen Polypen, der erneut heranreift. Das ist ungefähr so, als ob ein Schmetterling ins Raupenstadium zurückkehren würde, um dann wieder ein Schmetterling zu werden.

Wenn die Wassertemperaturen zu niedrig werden oder Nahrungsknappheit herrscht, lässt sich die ausgewachsene Qualle mit all ihren gealterten und differenzierten Zellen auf den Meeresboden herabsinken, als ob sie tot sei. Sie stirbt allerdings nicht, sondern wandelt sich. Erst verschwinden ihre Organe und Muskeln, dann zerfällt innerhalb weniger Stunden ihr Körper, bis nur noch ein Bündel undifferenzierter Zellen übrig bleibt. Diese formlose Masse reorganisiert sich dann wieder, das Wachstum der Verzweigungen setzt ein und es entwickelt sich ein Polyp.

Das Bemerkenswerteste an diesem Transformationsprozess der Qualle in einen Polypen sind allerdings die Veränderungen, die sich in den Zellen abspielen. Normalerweise hat jede Zelle eine ganz bestimmte Form und Funktion, die Zellen von *Turritopsis nutricula* sind jedoch imstande, ihre spezifischen Funktionen zu verlieren, und besitzen eine geradezu embryonale Fähigkeit zur Erzeugung neuer Zelltypen. Eine winzige Quallenzelle kann im neuen Polypen eine Nervenzelle werden, ein Prozess, der die Gesetze der Biologie allerdings auf den Kopf stellt, dass sich nämlich bereits differenzierte Zellen nicht in einen Zustand vor der Spezialisierung zurücksetzen lassen. Dieses Phänomen nennt man Transdifferenzierung, das auch bei Tieren vorkommt, die ein Organ oder Gewebe umwandeln können, wie zum Beispiel Salamander oder Seesterne. *Turritopsis nutricula* ist die einzige Lebensform, die ihren Körper theoretisch unendlich regenerieren kann.

Untersuchungsreihen haben erwiesen, dass jedes Exemplar dieser Quallenart, das dutzendmal die Metamorphose zum Polypen und wieder zurück durchlief, dabei weder irgendein Merkmal noch irgendeine Eigenschaft eingebüßt hat. Die Forscher mussten schließlich feststellen, dass diese Spezies ganz einfach nicht vom organischen Tod betroffen ist. Trotz dieser einzigartigen Fähigkeit werden die meisten Vertreter von *Turritopsis* Opfer der üblichen Gefahren des Lebens, die planktische Organismen bedrohen – sie werden entweder gefressen oder von tödlichen Krankheiten befallen.

Seit Jahrzehnten ist die Existenz dieses unglaublichen Lebewesens bekannt, aber erst in jüngerer Zeit ist es Gegenstand genetischer und biologischer Studien geworden, um das Geheimnis seiner Unsterblichkeit zu lüften.

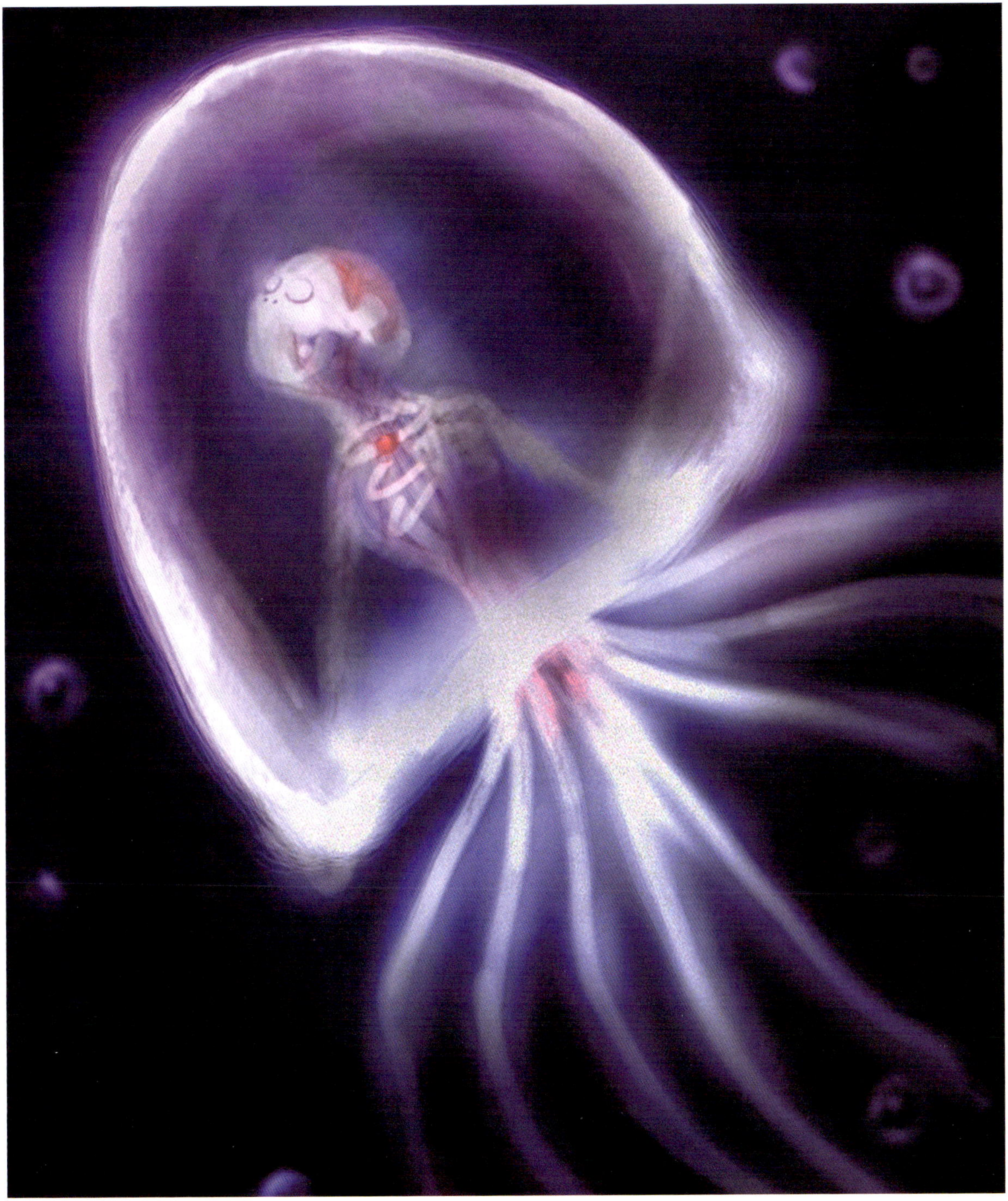

DUNKLE MATERIE – UNENDLICHER TREIBSTOFF

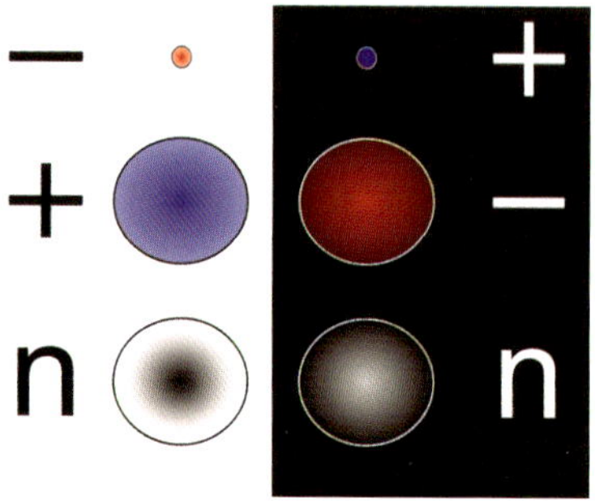

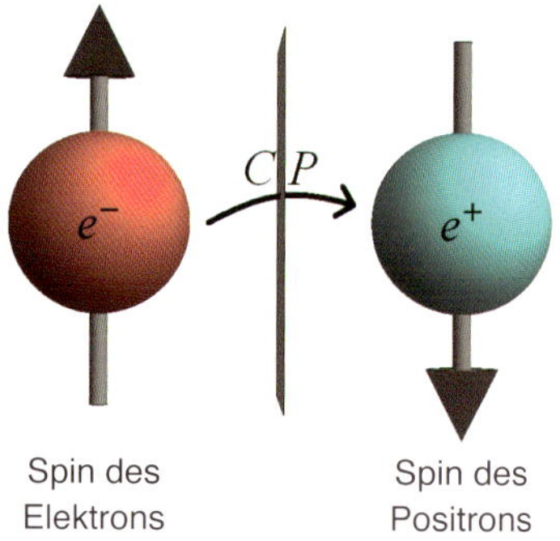

Die Ausmaße des Weltraums sind gewaltig. Der unserem Sonnensystem nächstgelegene Stern, Proxima Centauri, der zum Sternensystem Alpha Centauri gehört, ist 4,2 Lichtjahre entfernt, was der 265.000-fachen Distanz von der Erde zur Sonne entspricht oder 55 Millionen Hin- und Rückreisen zum Mond erfordern würde. Diese imposanten Zahlen sollen verdeutlichen, dass die Sterne für menschliche Forscher außerhalb jeder Reichweite liegen. Die derzeit schnellste Raumsonde *Voyager 1,* die mit einer Geschwindigkeit von rund 17 km je Sekunde in absehbarer Zeit das Sonnensystem verlassen wird, bräuchte 74.000 Jahre, ehe Proxima Centauri in Sicht käme.

Wir würden Raumschiffe mit Lichtgeschwindigkeit für die Durchquerung des Kosmos benötigen, damit Menschen noch zu Lebzeiten die Sterne erreichen könnten. Es wurden bereits verschiedene Möglichkeiten erwogen, etwa Fahrzeuge, die durch Wasserstoffbombenexplosionen oder durch die Annihilation (Zerstrahlung) von Materie und Antimaterie angetrieben werden, aber auch gigantische Segelschiffe, die sich mittels Laserstrahlen fortbewegen sollen.

Alle diese Ideen haben jedoch Unzulänglichkeiten und es ist sehr zweifelhaft, ob man auf die geschilderte Weise solche Entfernungen zurücklegen kann, aber es wurden mittlerweile verschiedene Alternativkonzepte erarbeitet, wie man es dennoch schaffen könnte. Einer dieser Ansätze stammt von Jia Liu, einem Physiker an der New York University, der ein Raumschiff entwickelt hat, das sich die Dunkle Materie zunutze macht.

Der Antrieb soll gemäß Jia Liu durch Magnetfelder erfolgen, die das Raumschiff selbst erzeugt, um Wasserstoffatome einzufangen, die im Reaktor zu Helium verschmolzen werden. Die so gewonnene Energie würde das Raumschiff in Bewegung versetzen, und da Dunkle Materie im Universum in Hülle und Fülle vorkommt, würde das Raumfahrzeug seinen Treibstoff nicht nur im Flug selbst herstellen, sondern auch dadurch unendlich unterwegs sein können. Den meisten Modellen zufolge sind Teilchen Dunkler Materie ihre eigenen Antiteilchen. Wenn diese Teilchen zusammenstoßen, dann löschen sie sich gegenseitig aus und lassen dabei sekundäre Teilchen baryonischer Materie entstehen, die zum Heck des Raumschiffs transportiert werden und dort Schubkraft produzieren. Optimistischen Schätzungen gemäß soll das Raumschiff dann in einigen Tagen Lichtgeschwindigkeit erzielen.

Jia Liu ließ sich bei seinem Raumschiff-Konzept von einem Projekt des amerikanischen Physikers Robert Bussard inspirieren, das auf magnetischen Feldern beruht, die die Rakete erzeugt, um dünnes Gas aus dem interstellaren Raum einzufangen.

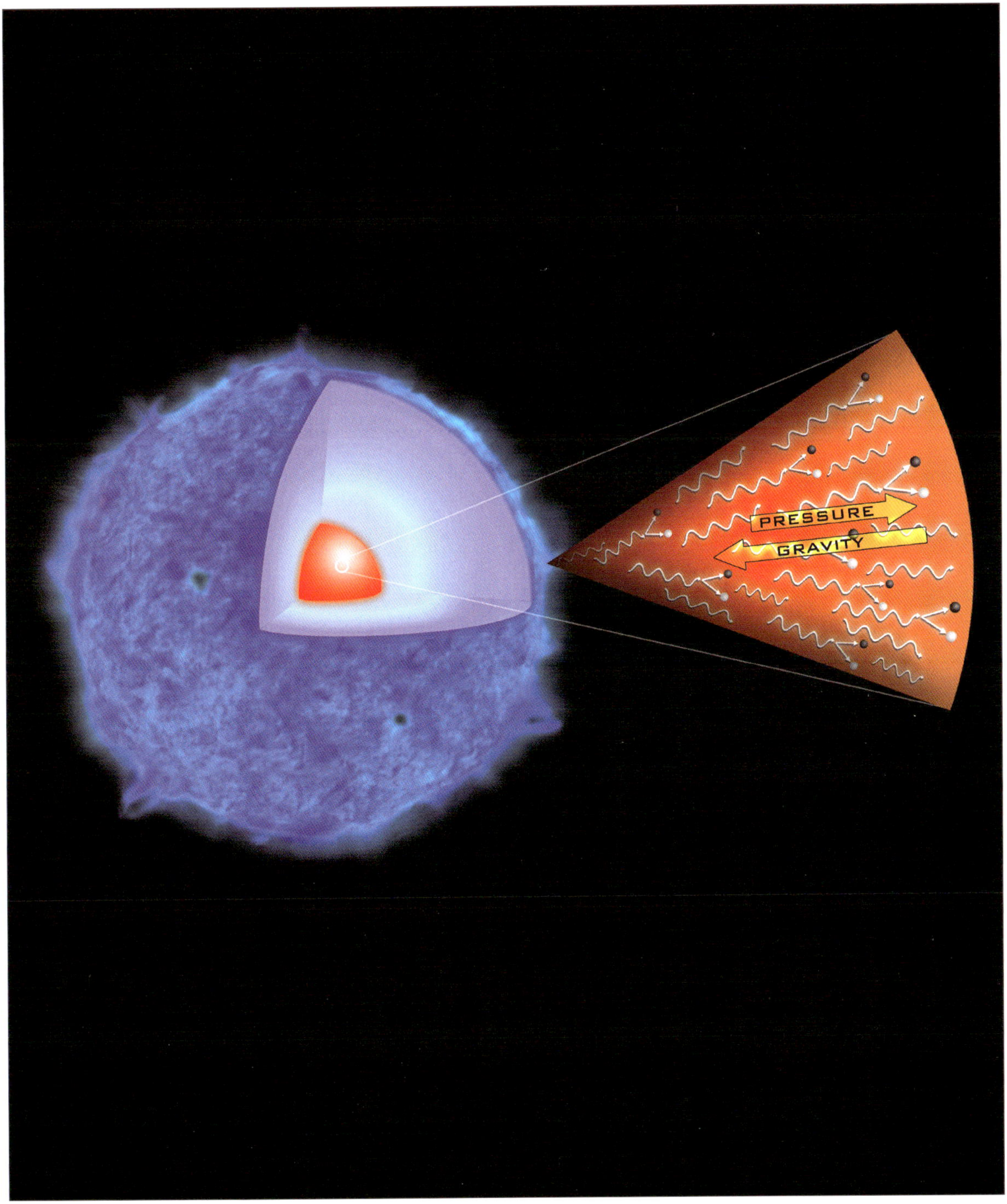

PRESSURE = DRUCK

GRAVITY = SCHWERKRAFT

APEIROPHOBIE

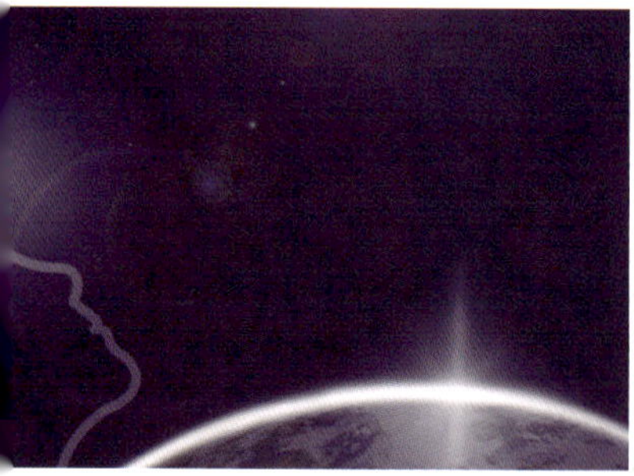

Dieses Wort beschreibt ein anhaltendes, anormales oder unangemessenes Gefühl der Angst vor Unendlichkeit und unbegrenzten Dingen. „Apeiron“ kommt aus dem Altgriechischen und bedeutet „unermessliche Weite“, „das nie an seine Grenze Gelangende“ oder „das Unendliche“. „Phobie“ geht auf Phobos zurück, in der griechischen Mythologie die Personifikation der Furcht und einer der Söhne des Kriegsgottes Ares und der Liebesgöttin Aphrodite. In der Psychologie wird der Begriff allgemein verwendet, um eine übersteigerte, unverhältnismäßige Angst vor ganz bestimmten Objekten und Situationen zu charakterisieren. Die Angst vor großen, öffentlichen Plätzen (Agoraphobie) und die vor geschlossenen Räumen (Klaustrophobie) sind die beiden bekanntesten Ausprägungen. Phobien werden in der Klassifikation von Krankheiten als Angststörungen eingestuft, weil Angst das vorherrschende Symptom für diese Erkrankung ist.

Es gibt eine ganze Reihe sehr seltsamer Phobien, zu denen auch die hier vorgestellte zählt. Apeirophobie ist eine Angst, die auftritt, wenn sich jemand etwas Unendlichem oder Unermesslichem ausgesetzt sieht, beispielsweise bei der Betrachtung des Universums. Menschen, die an dieser Phobie leiden, brauchen klar definierte Grenzen und Entfernungen und müssen Gegenstände oder Räume abschätzen und vorhersehen können.

Personen, die von einer Phobie betroffen sind, versuchen alles zu vermeiden, was die Angst auslösen könnte. Sie sind sich ihrer exzessiven und übertriebenen Furcht bewusst, können diese aber nicht kontrollieren. Die Konfrontation mit einer gefürchteten Situation führt nicht selten zu physischen Beschwerden, etwa unkontrolliertem Zittern, Schwindel, heftigen Schweißausbrüchen, Herzrasen und so weiter. In extremen Fällen kann es auch zu Panikattacken kommen.

Die meisten Menschen mit Phobien sind sich der Tatsache bewusst, dass sie an einer unverhältnismäßigen und irrationalen Angst leiden, aber diese Erkenntnis hilft ihnen nicht, eine heftige emotionale Reaktion gegenüber dem zu zeigen, was sie in Panik versetzt.

DER DIRAC-SEE

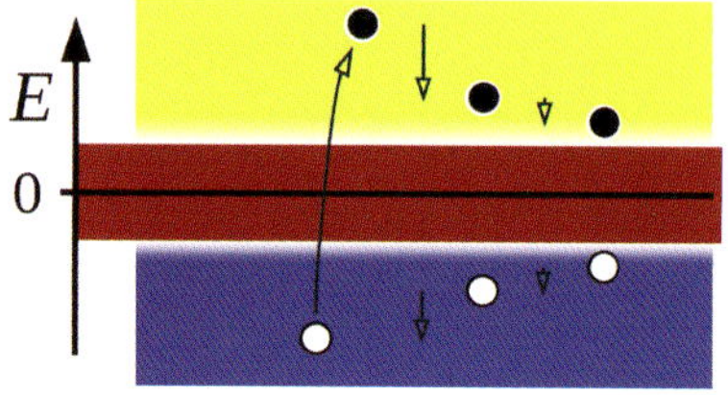

Paul Dirac (1902–1984) war ein britischer Physiker, der fundamentale Beiträge zur Entwicklung der frühen Quantenmechanik und Quantenelektrodynamik lieferte. Neben einer Reihe von Entdeckungen sah er die Existenz von Antimaterie voraus und formulierte die nach ihm benannte Gleichung, die das Verhalten von Fermionen beschreibt. Dirac erhielt 1933 zusammen mit Erwin Schrödinger (1887–1961) den Nobelpreis für Physik „für die Entdeckung einer neuen, nützlichen Form der Atomtheorie".

Der Dirac-See ist ein Konzept, das aus den Dirac-Gleichungen heraus entstand, die Dirac in seinem Werk über Quantenmechanik entwickelte. Die Gleichungen führten zu einem ungewöhnlichen Ergebnis, da sie auch die Existenz von Teilchen mit negativer Energie einschließen konnten. Diese Teilchen werden heute als virtuelle Teilchen bezeichnet, wobei „virtuell" im Gegensatz zu „real" gebraucht wird.

In unserem Bezugssystem ist die Energie eines Punktes im Vakuum null. Dirac stellte die Hypothese auf, dass es auch negative Energiezustände gibt und dass das Vakuum die Summe all dieser negativen Energiezustände ist. Da die Gesamtenergie der negativen Zustände geringer ist als die Ruhemasse dieser Quanten (gemäß der Relativitätstheorie ist die Energie E = Ruhemasse × Lichtgeschwindigkeit^2 immer positiv), werden die Zustände rein virtuell und hören auf zu existieren. Aufgrund dieser Nichtexistenz ist im Vakuum auch nichts vorhanden.

Der Dirac-See ist die Gesamtheit aller virtuellen Quanten, die das Vakuum „füllen", etwa so, wie Wassertropfen die Ozeane füllen.

Virtuelle Teilchen können kurzzeitig in einen realen Zustand übergehen. Dieser tritt ein, wenn sie infolge einer bestimmten Energiefluktuation vorübergehend genügend Energie besitzen, um ihre Ruhemasse zu „erzeugen". In der kurzen Zeitspanne dieser Prozesse müssen allerdings die Erhaltungssätze für Ladung und Energie eingehalten werden. Dirac konnte mithilfe dieser Erhaltungssätze die Existenz des Positrons (Antiteilchen des Elektrons) vorhersagen, ehe es Jahre später experimentell nachgewiesen wurde.

Bevor der experimentelle Nachweis des Positrons, Antiteilchen des Elektrons, im Jahr 1932 gelang, wurde es als Loch im Dirac-See gedeutet.

DAS UNENDLICHE UNIVERSUM ISAAC NEWTONS

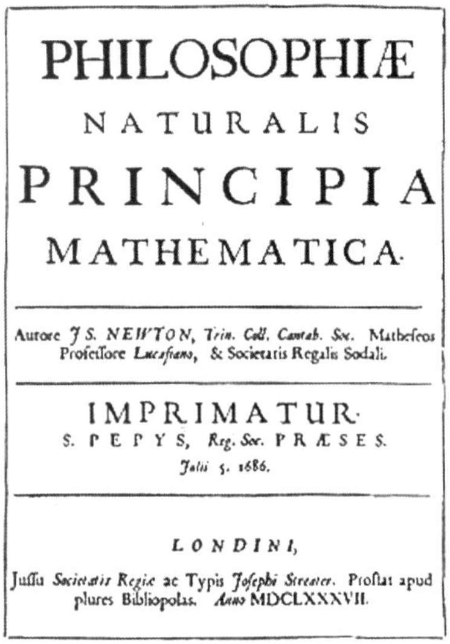

PHILOSOPHIÆ
NATURALIS
PRINCIPIA
MATHEMATICA.

Autore J S. NEWTON, *Trin. Coll. Cantab. Soc.* Matheseos Professore *Lucasiano*, & Societatis Regalis Sodali.

IMPRIMATUR.
S. PEPYS, *Reg. Soc.* PRÆSES.
Julii 5. 1686.

LONDINI,
Jussu *Societatis Regiæ* ac Typis *Josephi Streater*. Prostat apud plures Bibliopolas. *Anno* MDCLXXXVII.

Sir Isaac Newton (1643–1727) war Physiker, Erfinder, Mathematiker und Verfasser des Werks *Philosophiae Naturalis Principia Mathematica,* in dem er das Gesetz der universellen Schwerkraft beschreibt und so die Grundlagen der klassischen Mechanik schuf. Weitere wichtige wissenschaftliche Arbeiten Newtons umfassen unter anderem seine Untersuchungen zur Natur des Lichts und zur Optik sowie seine fundamentalen Beiträge zur Infinitesimalrechnung. Newton gelang als Erstem der Beweis, dass die Naturgesetze, die für die Bewegung der Körper auf der Erde Gültigkeit haben ebenso die der Himmelskörper bestimmen. Er wird oft als der größte Wissenschaftler aller Zeiten bezeichnet und sein Werk als Höhepunkt der wissenschaftlichen Revolution angesehen.

1687 veröffentlichte der englische Physiker seine *Principia,* in denen er innerhalb einer eleganten mathematischen Struktur die Entdeckungen Galileis (1564–1642) zur Beschleunigung und die Gesetze Johannes Keplers (1571–1630) zur Planetenbewegung miteinander vereinte. Diese gelungene Synthese ermöglichte es Newton, sowohl die Bewegung von Gegenständen, die uns täglich umgeben, als auch die der Planeten zu erklären. Die unglaublichen Voraussagen, die die Theorie erlaubte, wie die periodische Wiederkehr des Halleyschen Kometen, ließen die Newton-Mechanik zur definitiven Beschreibung physikalischer Realität werden. Im Newtonschen Universum resultierten die Himmelsbewegungen aus der Anziehung durch die Schwerkraft. Newtons Gravitationsgesetz und seine drei Bewegungsgesetze lieferten die Voraussetzung für ein umfassendes Verständnis des bekannten Universums.

Im Jahre 1692 wies der englische Gelehrte Richard Bentley (1662–1742) Newton allerdings auf ein Paradox hin, das nicht außer Acht gelassen werden durfte. Da die Schwerkraft immer wirksam sei, so Bentley, müsse ein endliches Universum aus Sternen unweigerlich zusammenbrechen, würden doch alle Massepunkte ins Zentrum stürzen und dort eine kugelförmige Masse bilden. Newton entgegnete darauf, dass das Weltall unendlich sei und die Materie darin gleichmäßig verteilt. Auf diese Weise werde jedes Teil durch das Ganze in alle Richtungen mit gleicher Intensität gezogen, sodass die Kräfte einander aufheben würden. Das bedeutete, dass das Universum kein Massezentrum besitzen konnte.

Newton zufolge besteht das Unendliche aus einem Schnittpunkt dreier ebenfalls unendlicher Elemente, dem absoluten Raum, der absoluten Zeit und Materie. Das Universum musste aus Gründen der Mechanik wie auch der universellen Gravitation als unendlich definiert werden.

DIE RAUM-ZEIT-DIMENSION

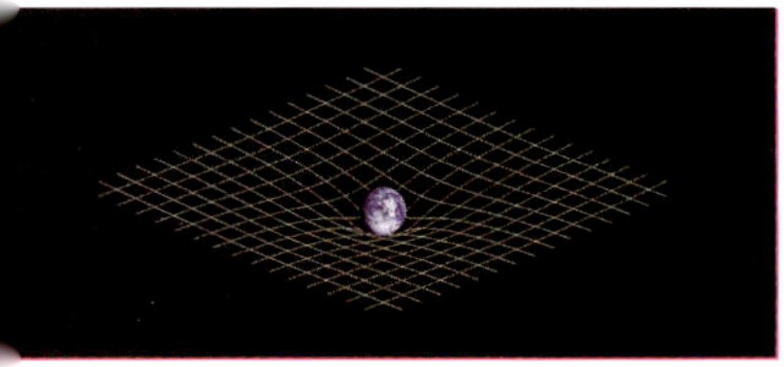

Die Raumzeit ist eine geometrische Entität, in der sich alle physikalischen Ereignisse im Universum vollziehen. Einstein und seiner speziellen Relativitätstheorie von 1905 zufolge sind Raum und Zeit keine getrennten Größen, sondern eng miteinander verbunden. Da das Universum drei beobachtbare Dimensionen besitzt (Höhe, Breite, Tiefe), ist es üblich, die Zeit als vierte Dimension zu betrachten, um die Notwendigkeit zu betonen, die Zeit als zusätzliche geometrische Dimension zu begreifen. Aus diesem Grunde sprechen wir vom „Raum-Zeit-Kontinuum".

Die Zeit erhält innerhalb einer Theorie des unendlichen Weltraums einen relativen Charakter, das heißt, sie hängt ab von der Geometrie der Raumzeit, die durch die Anwesenheit von Materie beeinflusst wird. Die allgemeine Relativitätstheorie beschreibt ein Universum, in dem die Schwerkraft aus der Krümmung entsteht, die durch die Masse in der Raumzeit verursacht wird. Einstein war darüber hinaus zu der Einsicht gelangt, dass die Zeit, so wie wir sie kennen und schätzen, nicht existiert, sondern infolge der Bedingungen, denen sie unterliegt, variiert: abhängig von der Geschwindigkeit eines Gegenstands und der ihn umgebenden Schwerkraft vergeht die Zeit schneller oder langsamer.

Es dauerte viele Jahre, ehe dieser Effekt nachgewiesen werden konnte, aber mittlerweile wissen wir, dass je schneller wir uns bewegen, desto langsamer verläuft die Zeit. Berühmt geworden ist ein Experiment aus dem Jahr 1971, als ein Physiker und ein Astronom mehrere Atomuhren mit an Bord verschiedener Linienflugzeuge nahmen und rund um die Welt flogen. Bei ihrer Rückkehr konnten die beiden Wissenschaftler einen kleinen Unterschied von 184 Nanosekunden feststellen zwischen den Uhren, die auf der Erde verblieben waren, und denen, die sich im Flugzeug befunden hatten – die Zeit der Uhren in Bewegung war langsamer verstrichen.

Könnten wir uns mit Lichtgeschwindigkeit fortbewegen, dann stände die Zeit still und Zeitreisen würden Realität werden können. Wäre die Zeit sogar zweidimensional, könnten wir uns auf der Zeitebene genauso bewegen wie im Raum und in die Vergangenheit reisen. Sollte dies möglich werden, würden wir das Kausalitätsprinzip verlieren, dem wir unterworfen sind.

Die Relativitätstheorie löste nicht nur viele Probleme, mit denen sich Wissenschaftler vor ihrer Veröffentlichung erfolglos befasst hatten, sondern sie widersprach auch einigen Ideen Isaac Newtons, die zuvor als unantastbar galten.

UNENDLICHE KOOPERATION

Die Endosymbiontentheorie von Lynn Margulis (1938–2011) war anfangs umstritten, da sie eine teilweise Neubewertung der gängigen Darwinschen Evolutionstheorie erforderte.

Margulis konfrontiert uns mit einer Realität, die keinen Raum für eine anthropozentrische Weltsicht lässt. Die Biologin zeigt uns ein Universum, in dem alle lebenden Organismen miteinander zu kooperieren scheinen, um überleben zu können, und individuelle Unterschiede keine Wettbewerbsvorteile erzeugen, sondern in dem Evolution und Fortbestehen von Vereinigung und nicht vom Supremat einiger weniger abhängen, was konträr zu Darwins Ideen war.

Die uns bekannten Lebensformen lassen sich in zwei Gruppen einteilen: die Prokaryoten (Bakterien und Aracheen, Zellen ohne Zellkern) und die Eukaryoten (alle übrigen Organismen, Zellen mit einem Zellkern). Die Endosymbiontentheorie von Margulis beruht auf diesem grundlegenden Unterschied und besagt, dass sich dieser durch das Zusammenwirken zweier Organismen zum beiderseitigen Vorteil herausgebildet hat.

Vor mehr als 3.800 Millionen Jahren waren die Bedingungen auf der Erde so vollkommen anders als heute, dass Säugetiere nicht auf unserem Planeten hätten leben können, sie reichten jedoch aus, um ersten Organismen wie Bakterien Leben zu ermöglichen. Diese Bakterien entwickelten sich in den Ozeanen und veränderten nach und nach den gesamten Planeten, weil sie Sauerstoff produzierten, der in die Atmosphäre entwich, und atmosphärischen Stickstoff am Boden und im Wasser fixierten. So waren schließlich die Voraussetzungen für eine andere Lebensform geschaffen, die infolge der Aufnahme prokaryotischer durch eukaryotische Zellen entstand, eine Symbiose, die beiden Organismen neue Möglichkeiten bot und die Überlebensfähigkeit sicherte.

Dieser Evolutionsprozess markierte den Beginn einer ins Unendliche gehenden Anzahl verschiedener Zelltypen, die immer komplexere Organismen hervorbrachten, welche andere Lebensräume besiedeln und sich neue Ressourcen zunutze machen konnten, was allein durch Kooperation und Endosymbiose gelang.

Lynn Margulis widersetzte sich jahrzehntelang dem Neodarwinismus und wurde auf dem Gebiet der Evolutionsbiologie zu einer Autorität.

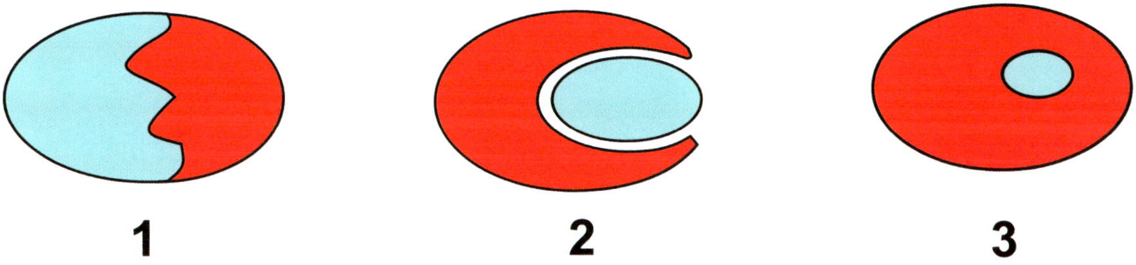
1
2
3

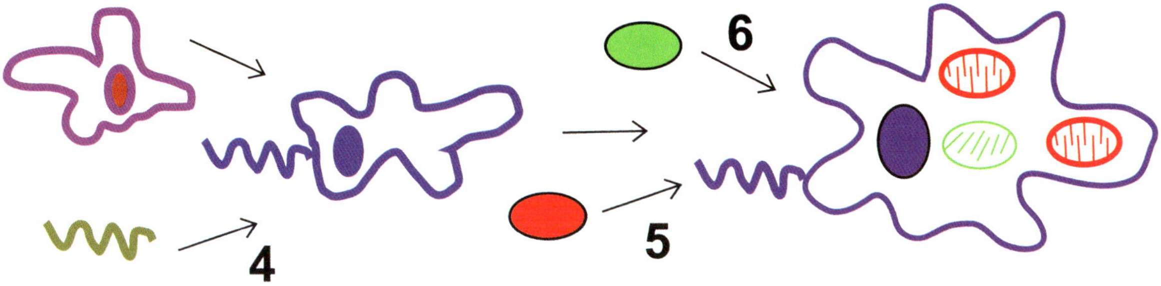
6
4
5

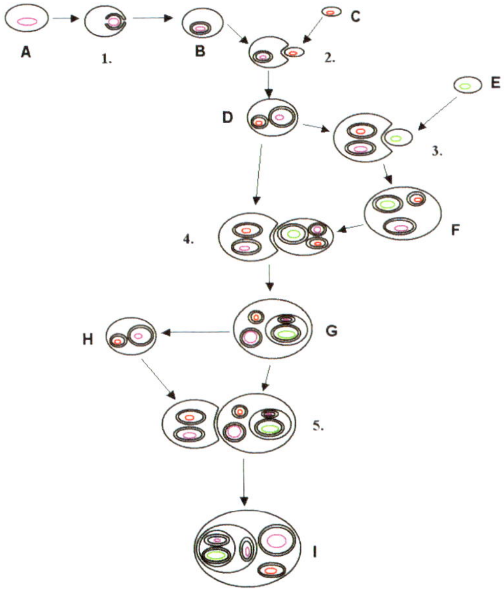
A
1.
B
C
2.
D
E
3.
F
4.
G
H
5.
I

DIE CHAOSTHEORIE

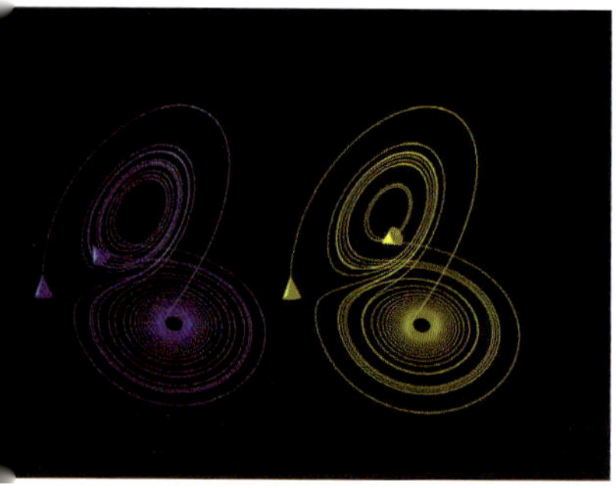

Die Wissenschaft hat seit jeher versucht, alles zu erklären, um Beziehungen zwischen Ereignissen herzustellen und diese in mathematischer Sprache auszudrücken, die es uns ermöglicht, die Natur begreiflich zu machen und vorherzusagen. Das Problem ist allerdings, dass in der Natur ein offensichtliches Chaos herrscht, das genaue Vorhersagen verhindert. Um diese chaotische Natur zu verstehen, entstand eine neue wissenschaftliche Disziplin, die Chaosforschung oder Chaostheorie, die Methoden entwickelt hat, um Ordnung dort zu finden, wo zuvor nur zufälliges, unregelmäßiges und unvorhersehbares Verhalten zu erkennen war, also Chaos. Der Mathematiker Douglas Hofstadter hat dies wie folgt beschrieben: „Es stellt sich heraus, dass eine gespenstische Art von Chaos hinter einer Fassade von Ordnung lauern kann, dass aber ganz tief im Innern des Chaos eine noch gespenstischere Art von Ordnung lauert."

Anders als die Relativitätstheorie und Quantenmechanik befasst sich die Chaostheorie mit ganz alltäglichen Phänomenen wie Wolkenformationen und dem Wachstum von Eiskristallen. Diese scheinbar ungeordneten Prozesse haben spezielle quantifizierbare Eigenschaften: Ihre Entwicklung in der Zeit zeigt eine äußerst sensitive Abhängigkeit von einem aktuellen Zustand, das heißt, wie Variablen in dem Augenblick verteilt sind, in dem ein bestimmtes Geschehen beobachtbar wird. Das ist der Grund, weshalb solche Vorgänge zufällig wirken, es aber tatsächlich nicht sind.

Edward Lorenz (1917–2008), einer der Väter der Chaostheorie, führte Untersuchungen zur Wetterprognose mithilfe eines sehr vereinfachten mathematischen Modells durch, das aus zwölf Gleichungen bestand. An einem Tag des Jahres 1961 gab er zur Überprüfung von Berechnungen, die er angestellt hatte, die entsprechenden Zahlen erneut in seinen Rechner ein, berücksichtigte aber zur Reduktion der Rechenzeit nur drei statt der zuvor sechs benutzten Dezimalstellen.

Nach herkömmlicher Auffassung müssten die Ergebnisse annähernd gleich sein, also ließ Lorenz das Programm noch einmal auf seinem Computer durchlaufen und erhielt fast identische Daten, deren geringe Abweichungen zur ersten Berechnung hinsichtlich des Endresultats eigentlich vernachlässigbar sein sollten. Tatsächlich aber hatten diese kleinen Unterschiede in den Werten der Ausgangsvariablen enorme Auswirkungen, und die entsprechenden Wetterkurven, die nahezu denselben Ausgangspunkt besaßen, divergierten so stark, dass sie schließlich keine Gemeinsamkeiten mehr aufwiesen. Lorenz bezeichnete dieses Phänomen als Schmetterlingseffekt.

Der Schmetterlingseffekt beschreibt Phänomene, bei denen geringe Veränderungen der Variablen große Auswirkungen auf das Resultat haben.

DIE PLANCK-EINHEITEN

1899 schlug der Physiker Max Planck (1858–1947), Begründer der Quantentheorie und 1918 Nobelpreisträger für Physik, Einheiten für Länge, Masse, Zeit und Temperatur vor, die aus den grundlegenden Naturkonstanten, der Gravitationskonstanten G, der Lichtgeschwindigkeit im Vakuum c und dem Planckschen Wirkungsquantum h, hergeleitet werden können. Dies führte zu einem von ihm so bezeichneten System „natürlicher Maßeinheiten“, da sie auf den Naturkonstanten beruhten und nicht auf willkürlichen Standards ohne physikalische Grundlagen wie Meter, Kilogramm oder Sekunde.

Die **Planck-Länge** wird als Entfernung definiert, ab der die klassischen Gesetze der Physik als Folge des Auftretens von Effekten der Quantengravitation nicht mehr gelten. Unterhalb der Planck-Länge macht es keinen Sinn, von Bewegung und damit von Zeit zu sprechen. Sie entspricht der Strecke, die Licht in der Planck-Zeit zurücklegt. Sie ist um einen Faktor von etwa 10^{20} kleiner als der Durchmesser des Protons.

$$\ell_P = \sqrt{\frac{\hbar G}{c^3}} \approx 1.616252(81) \times 10^{-35}\,\text{m}$$

Die **Planck-Zeit** wird bestimmt, indem man misst, wie lange das Licht braucht, um die Planck-Länge zurückzulegen. In der Quantenmechanik wird die Planck-Zeit als kleinstmögliche Zeiteinheit betrachtet, die gemessen werden kann. Das heißt, dass es unmöglich ist, zwischen zwei Zeitpunkten, die kürzer als eine Planck-Zeit voneinander getrennt sind, eine Zustandsänderung des Universums zu messen. Bilder des Weltraumteleskops Hubble haben allerdings Zweifel an dieser Theorie aufkommen lassen.

$$t_P = \sqrt{\frac{\hbar G}{c^5}} \approx 5{,}39124 \times 10^{-44}\ \text{Sekunden}$$

Die **Planck-Masse** ist die Masse (21,7644 Mikrogramm), die als Kugel mit dem Radius der Planck-Länge eine Dichte von 10^{93} g/cm^3 hat. Nach dem gegenwärtigen Kenntnisstand der Physik ist dies die Dichte des Universums gewesen, als es rund 10^{-44} Sekunden alt war, also eine Planck-Zeit.

$$M_p = \sqrt{\frac{\hbar c}{G}} = 2{,}18 \times 10^{-8}\,\text{kg}$$

Die **Planck-Temperatur** sticht aus dem Übrigen heraus, weil sie eine grundsätzliche Grenze der Quantenmechanik markiert, ist sie doch als absolute Höchsttemperatur definiert. Die Planck-Temperatur ist die des Universums im allerersten Moment seiner Existenz gewesen, also während der ersten Planck-Zeit nach dem Urknall. Die Planck-Temperatur beträgt ungefähr $1{,}4 \times 10^{32}$ Kelvin.

$$T_P = \frac{m_P c^2}{k} = \sqrt{\frac{\hbar c^5}{G k^2}} = 1.4167 \cdot 10^{32}\,\text{K}$$

Nach heutigen Schätzungen dauerte es während des Urknalls zwei Einheiten Planck-Zeit, um alle Naturkräfte im Universum entstehen zu lassen.

WEISSE LÖCHER

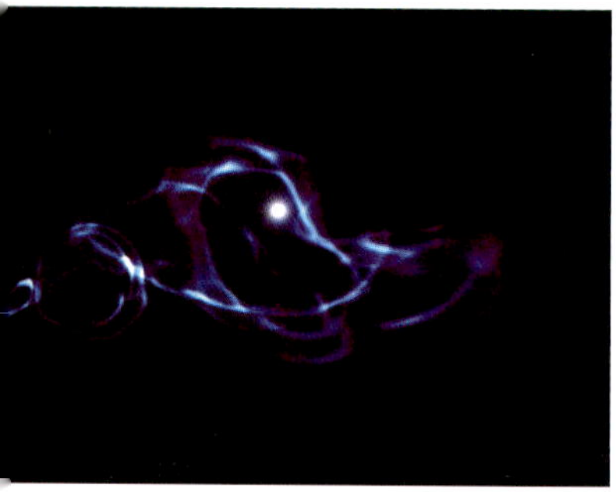

Die Existenz Schwarzer Löcher wirft eine grundsätzliche Frage auf: Wo bleibt all die Materie, die sie verschlingen? Die Antwort darauf bildet das Fundament für eine Theorie über Weiße Löcher. Schwarze Löcher beruhen auf der Einsteinschen Relativitätstheorie, einer symmetrischen Theorie, die daher auch in Betracht zieht, dass ein „Ausgang" vorhanden sein müsse oder so etwas wie die „andere Seite" des berühmten Wurmlochs.

Im Gegensatz zum gut erforschten physikalischen Prozess, der die Bildung Schwarzer Löcher auf den Gravitationskollaps von Sternen zurückführt, die massereicher als die Sonne sind und deren atomarer Brennstoffvorrat verbraucht ist, gibt es keinen klaren analogen Vorgang, um das Entstehen Weißer Löcher zu erklären.

Sollten Weiße Löcher tatsächlich vorkommen, würden sie in der Raumzeit ein endliches Gebiet darstellen mit einer Dichte, die die Krümmung des Raums ermöglichen würde, allerdings würden sie Materie und Energie freisetzen und nicht wie Schwarze Löcher absorbieren. Kein Objekt kann in einer solchen Region unendlich bestehen, daher wird ein Weißes Loch als zeitliche Umkehrung eines Schwarzen Lochs definiert.

Einer weitverbreiteten Hypothese zufolge sollen Weiße Löcher sehr instabil und nur von geringer Dauer sein und bereits kurz nach ihrer Formierung wieder zusammenbrechen, um sich in Schwarze Löcher zu verwandeln – ein Umstand, der die Erforschung Weißer Löcher äußerst einschränkt.

Es scheint so, als müsse man auf neue Erkenntnisse warten, um die Existenz Weißer Löcher entweder nachzuweisen oder sie auszuschließen. Allerdings sollte man nicht vergessen, dass noch vor Kurzem ernsthaft niemand an Schwarze Löcher geglaubt hat.

Nur wenig ist über Weiße Löcher bekannt, außer dass sie das Gegenteil von Schwarzen Löchern sind und Materie nicht anziehen, sondern vielmehr freisetzen.

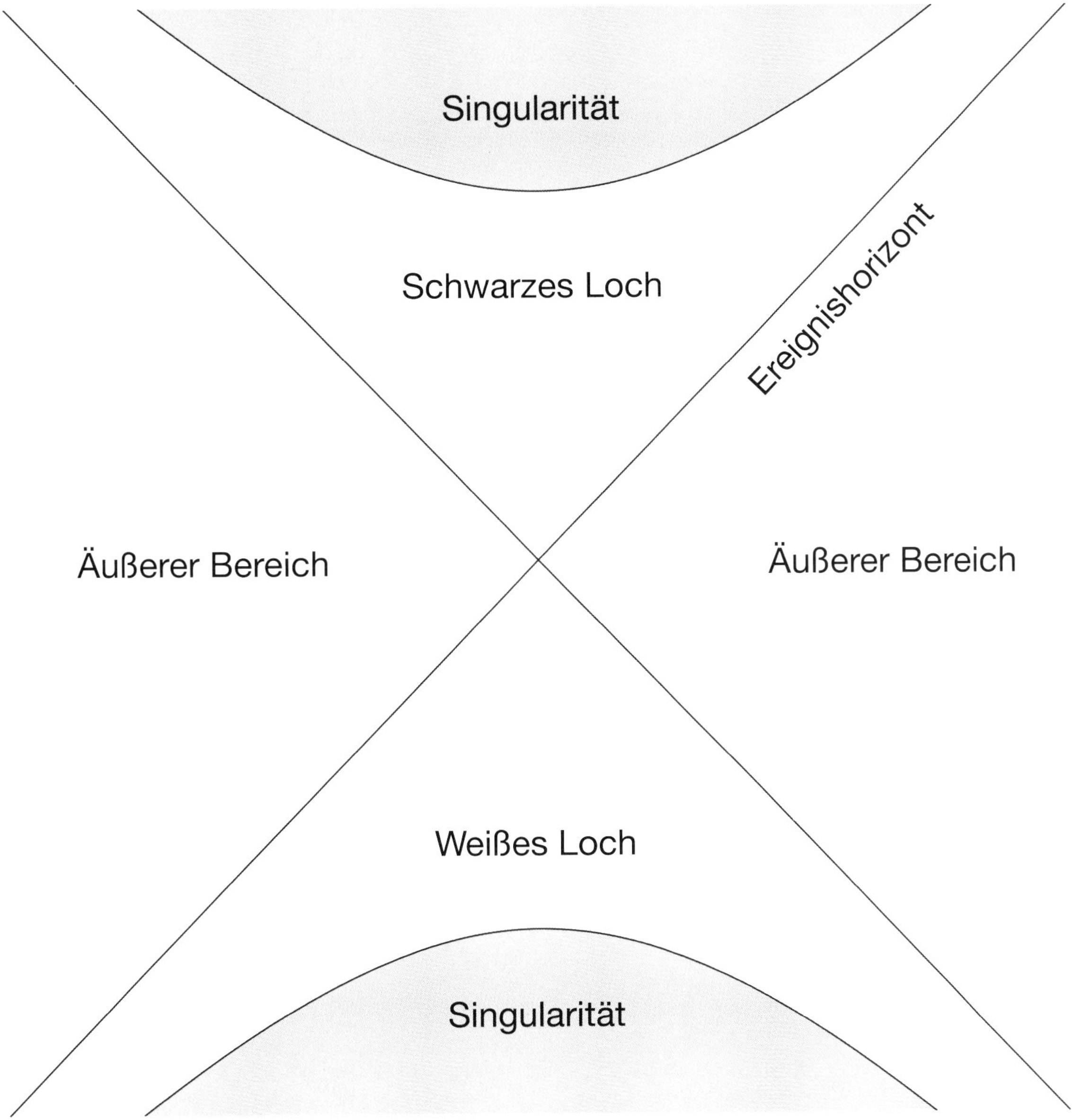
Singularität
Schwarzes Loch
Ereignishorizont
Äußerer Bereich
Äußerer Bereich
Weißes Loch
Singularität

DER HALLEYSCHE KOMET

Die Sichtungen des Halleyschen Kometen sind seit 239 v. Chr. dokumentiert und in chinesischen, koreanischen, indischen sowie japanischen Chroniken festgehalten worden. Dieser Komet hat stets allergrößtes Interesse geweckt, da er sehr hell ist und bei seinem Erscheinen unserem Planeten sehr nahe kommt.

Der Halleysche Komet beschreibt eine Ellipsenbahn um die Sonne. Seine kürzeste Entfernung zur Sonne, das Perihel, beträgt 0,6 Astronomische Einheiten (AE) und liegt zwischen den Bahnen von Merkur und Venus, während der sonnenfernste Punkt, das Aphel, sich bei 35,3 AE im Bereich der Umlaufbahn des Neptun befindet. Im Gegensatz zu den Planeten bewegt er sich gegen die Ekliptik.

Der Komet wurde nach dem englischen Astronomen Edmund Halley (1656–1742) benannt, der 1705 die Periode der Wiederkehr des Schweifsterns errechnete. Gemäß der newtonschen Mechanik nahm man damals an, dass ein Komet ins Sonnensystem eintritt, auf einer parabolischen Bahn um die Sonne rotiert und dann ins Unendliche verschwindet, sodass er nur einmal beobachtet werden kann. Halley, der eine Untersuchung zu Kometen anhand alter Aufzeichnungen durchführte, stellte so gut er konnte Berechnungen ihrer Umlaufbahnen an. Er fand heraus, dass die Merkmale des 1682 erschienenen Kometen mit denen von 1531 (festgehalten von Petrus Apianus) und 1607 (dokumentiert von Johannes Kepler) übereinstimmten, wiesen doch alle drei die gleiche Bahnneigung sowie den sonnennächsten Abstand auf.

Halley schloss daraus, dass es sich nicht um drei verschiedene Kometen gehandelt hatte, sondern um drei Annäherungen desselben Kometen, der auf einer ellipsenförmigen Bahn alle 75 bis 77 Jahre wiederkommen würde. Der Astronom leitete daraus zudem ab, dass Kometen, die sich von der Erde entfernen würden, sich nicht im Unendlichen verlieren, sondern vielmehr auf eine Umlaufbahn zurückkehren würden. Als der Schweifstern 1759 erneut sichtbar wurde, war die Theorie bestätigt, und seitdem wartet die Menschheit alle 76 Jahre auf den Besuch dieses großen, leuchtenden Kometen. Nachdem dies im April 1986 letztmalig der Fall war, wird man den Halleyschen Kometen erst wieder 2061 am Himmel erblicken können.

Halleys Komet hat seinen Ursprung in der Oortschen Wolke, die sich rund ein Lichtjahr von der Sonne entfernt am Rande des Sonnensystems befindet. Man nimmt an, dass der Komet ursprünglich eine größere Bahn beschrieben hat, diese sich aber infolge der Anziehungskraft der Gasriesen verkürzte und er so ins innere Sonnensystem katapultiert wurde.

NULLPUNKTSENERGIE

Das Konzept der Nullpunktsenergie wurde 1913 von Albert Einstein und Otto Stern (1888–1969) vorgestellt. Es leitet sich aus der Quantenmechanik ab, der Wissenschaft, die das Verhalten von Teilchen, den kleinsten Bausteinen der Materie wie Atomen, beschreibt. Wird einem System alle nur mögliche Energie entzogen, dann nennt man die Restenergie Nullpunktsenergie, wobei diese gemäß Definition selbst weder entnommen noch verbraucht werden kann, andernfalls wäre der Nullpunkt noch nicht erreicht.

Das Merkwürdige an der Nullpunktsenergie ist jedoch, dass sie nicht null ist. Um das ohne komplizierte Gleichungen verstehen zu können, muss man sich mit der dualen Erscheinungsform von Materie befassen. Jedes materielle Objekt ist sowohl Teilchen als auch Welle. Eine Welle vibriert, schwingt oder macht Ausschläge nach oben und unten, sie besitzt eine Frequenz. Jede Schwingung hat eine Energie, die von der entsprechenden Frequenz abhängt, eine Art kinetische Energie, die durch die Bewegung der Welle erzeugt wird. Die einzige Möglichkeit, dass die Energie einer Welle null ist, besteht dann, wenn die Frequenz null ist, sie also nicht schwingt. Eine Welle, die keine Schwingungen hat, ist keine Welle und alle Teilchen sind jedoch Wellen.

Die Nullpunktsenergie lässt sich auch mithilfe der Heisenbergschen Unschärferelation verstehen, die besagt, dass man den Ort und den Impuls eines Teilchens nicht genau und gleichzeitig feststellen kann, das heißt, je gewisser der Ort, desto unsicherer der Impuls, und umgekehrt. Wenn man null Unsicherheit bezüglich einer der beiden Größen hat, so herrscht unendliche Unsicherheit hinsichtlich der anderen. Diese Unbestimmtheit ist in der makroskopischen Welt vernachlässigbar, in der subatomaren hingegen hat sie eine große Bedeutung.

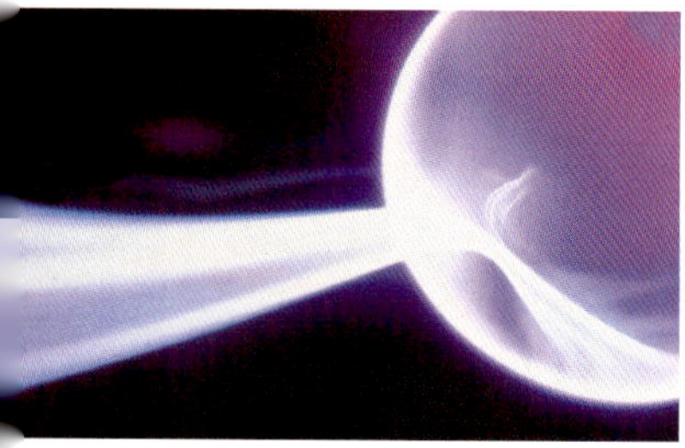

Das Konzept der Nullpunktsenergie und der Glaube, dass man Energie quasi für nichts und unendlich aus dem Vakuum gewinnen kann, eine Art Perpetuum mobile, haben die Fantasie vieler Erfinder immer wieder aufs Neue beflügelt. Das Problem an solchen Maschinen ist allerdings, dass sie gegen den zweiten Hauptsatz der Thermodynamik verstoßen und damit nicht realisierbar sind.

DIE SUPRAFLUIDITÄT VON HELIUM

Suprafluidität ist der Zustand einer Flüssigkeit bei vollkommen fehlender Viskosität. Eine sehr flüssige Substanz hat eine Viskosität nahe null, aber sie ist nicht genau null. Ein suprafluides Element würde daher in einer ringförmigen Röhre endlos und unbeschränkt ohne Reibung fließen. Es waren die Physiker Pjotr Kapitsa (1894–1984), John Allen (1908–2001) und Donald Misener (1911–1996), die das Phänomen der Suprafluidität 1937 innerhalb der Quantenhydrodynamik, einem Teilgebiet der Physik, beschrieben.

Suprafluidität ist eine physikalische Eigenschaft, die bei äußerst niedrigen Temperaturen nahe am absoluten Nullpunkt (0 K oder -273 °C) eintritt, an dem jede atomare Bewegung erstarrt. Fast alle Elemente gefrieren bei diesen Temperaturen mit Ausnahme von Helium, das sich bei Normaldruck bei 4,2 K (-269 °C) verflüssigt. Die Viskosität (Widerstand) des Edelgases ist an diesem Punkt extremer Kälte null. Experimente mit Helium-Isotopen haben gezeigt, dass eine Substanz im Zustand der Suprafluidität durch eine feste Oberfläche wie zum Beispiel Glas hindurchgehen kann, indem sie wie durch ein Sieb durch die Kapillare des Glases strömt.

Die Fähigkeit von suprafluiden Stoffen, Festkörper durchdringen zu können, scheint auf ihrer Neigung zu starker Oszillation zu beruhen, was in Einklang mit dem quantenhydrodynamischen Modell steht. Da weder Viskosität noch Reibung auftreten, können sich die Moleküle aufgrund ihrer ständigen Bewegung einen Weg durch die Teilchen der Elemente bahnen, die sie durchqueren. Diese endlose Bewegung kann man in Experimenten mit suprafluidem Helium beobachten. Die suprafluide Flüssigkeit kriecht Gefäßwände hoch und entweicht so auch durch Öffnungen an der Oberseite des Behälters. Besonders beeindruckend ist der sogenannte Springbrunneneffekt, der entsteht, wenn zwei Behälter durch eine Membran voneinander getrennt sind. Das suprafluide Helium des äußeren Behälters dringt durch die Membran in den inneren kleineren Behälter ein, der eine Heizung enthält. Wird nun das innere Gefäß erhitzt, wandelt sich das suprafluide Helium zu normal flüssigem Helium (Helium I). Da das Helium I nicht zurückfließen kann, baut sich im inneren Behälter ein Überdruck auf, der oben durch eine kleine Öffnung entweichen kann und so eine Fontäne bildet, die unendlich weiter bestehen kann, wenn die Versuchsbedingungen nicht verändert werden.

Helium ist ein Edelgas mit außergewöhnlichen Eigenschaften, das durch die Fusion von Wasserstoff entstanden ist. Es ist in riesigen Mengen im Inneren der Sonne zu finden und kommt sowohl im Erdgas als auch im Erdöl vor.

DAS QUANTENVAKUUM

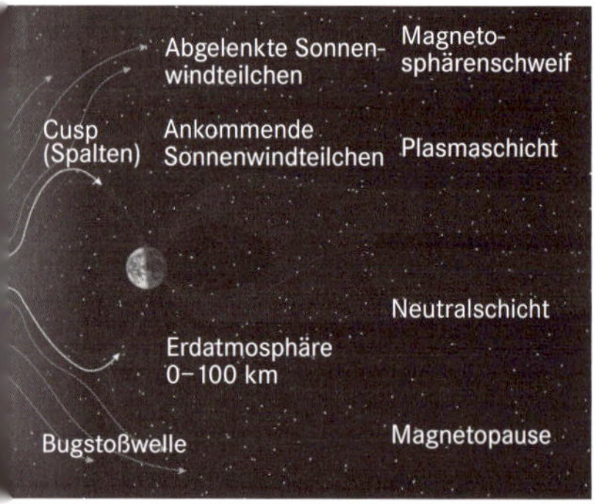

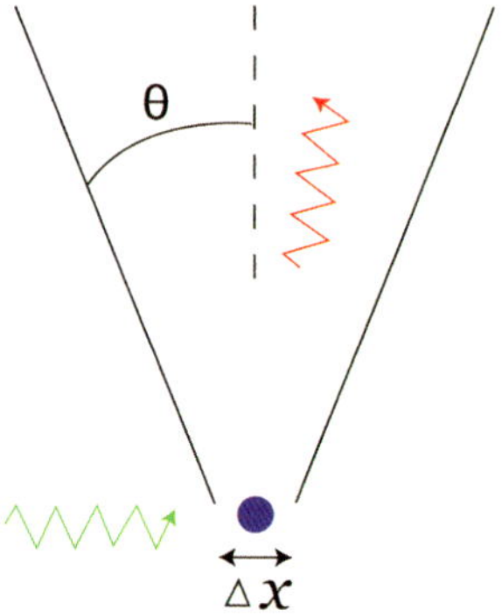

Jahrhundertelang gehörte der *Horror Vacui,* die Angst vor dem Leeren, zu den Prämissen in Wissenschaft und Philosophie. Man glaubte, die Natur verabscheue das Vakuum und sei bestrebt, es überall mit irgendetwas aufzufüllen, sei es nun Luft oder Äther. Heute ist es üblich, zu akzeptieren, dass es auch leeren Raum geben kann. Wenn allerdings in der aktuellen Physik über die Emission von Teilchen aus dem Vakuum theoretisiert wird oder man postuliert, die Teilchenemission aus Schwarzen Löchern werde durch den sie umgebenden leeren Raum hervorgerufen, dann betreten wir das Reich des Spekulativen, ja Paradoxen, denn per definitionem bedeutet Vakuum das Fehlen von Materie. Wie soll es also Materie emittieren?

Der Ursprung dieses Problems ist in der Heisenbergschen Unschärferelation zu suchen, die besagt, dass es unmöglich ist, den Ort und den Impuls eines Teilchens gleichzeitig genau zu messen. Eine ähnliche Beschränkung gilt auch für das Paar Energie-Zeit, das heißt, dass die präzise Messung der Energie eines Teilchens und zugleich die exakte Bestimmung des Zeitpunkts dieser Messung nicht genau festgelegt werden können.

Wenn man nun die Unschärferelation und die Äquivalenz von Energie und Masse gemäß Einsteins berühmter Formel miteinander kombiniert, dann führt das zu dem überraschenden Ergebnis, dass sich Materie tatsächlich aus einem Vakuum erzeugen lässt. Ein Teilchen kann plötzlich auftreten und im selben Augenblick wieder verschwinden. Ein solcher Vorgang ist in der klassischen Physik unmöglich, da Materie nicht aus dem Nichts geschaffen werden kann, in der Quantenphysik aber sehr wohl, vorausgesetzt, die Lebensdauer eines Teilchens ist kurz genug. Ein Teilchen der Masse m besitzt eine Energie von mc^2. Ist seine Lebensdauer nun geringer als h/mc^2, dann kann das Teilchen der Unschärferelation zufolge nicht aufgespürt werden, da die Masse (Energie) während der kurzen Zeitspanne unterhalb der Fehlergrenze liegt, mit der sie gemessen werden könnte.

Somit ist das Vakuum der Quantenmechanik voller Teilchen, die entstehen und vergehen, verborgen durch die Heisenbergsche Unschärferelation. Solche Teilchen, die prinzipiell nicht nachweisbar sind, werden virtuelle Teilchen genannt. Das Vorkommen solcher Teilchen im Vakuum führt zu einer Reihe von physikalischen Problemen, die bislang nicht gelöst wurden. Das grundsätzliche Problem ist, dass die Vakuumenergie formal unendlich ist, weil virtuelle Teilchen mit unbegrenzter Energie denkbar sind.

Eine der größten Herausforderungen für theoretische Physiker von heute besteht darin, das Konzept des Quantenvakuums zu verstehen und richtig anzuwenden. Insbesondere die Möglichkeit, dass mikroskopisch kleine Schwarze Löcher existieren, die schnell verdampfen, verkompliziert das Konzept des Quantenvakuums noch erheblich, denn so, wie sich virtuelle Teilchen bilden, so können auch virtuelle Schwarze Löcher aus dem Vakuum hervorgehen.

Werner Heisenberg (1901–1976) formulierte die Unschärferelation, eine wichtige Grundlage für die Entwicklung der Quantentheorie, die besagt, dass es unmöglich ist, gleichzeitig den Ort und den Impuls eines Teilchens genau zu bestimmen.

DESOXYRIBONUKLEINSÄURE: EINE UNENDLICHE HELIX

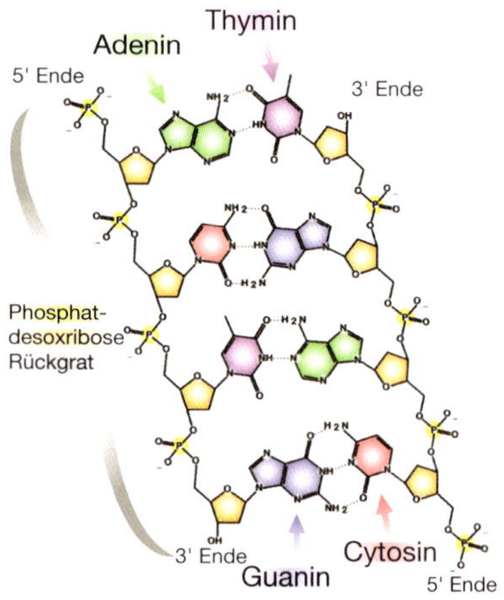

DNA oder Desoxyribonukleinsäure wurde erstmals 1869 vom Schweizer Arzt Friedrich Miescher (1844–1895) beschrieben, als er in einem Extrakt aus Eiterzellen eine Substanz entdeckte, die er Nuklein nannte. Fast anderthalb Jahrhunderte später können wir feststellen, dass die DNA der wichtigste Baustein des Lebens und der Evolution ist.

DNA ist eine Nukleinsäure, die aus vier verschiedenen Nukleotiden besteht: Adenin (A), Guanin (G), Cytosin (C) und Thymin (T). Abhängig davon, wie diese Nukleotide miteinander verbunden sind (z. B.: A-A-T-G-T-G, C-C-T-G-A-T-G oder auch andere Kombinationen), ergibt sich eine Abfolge, die als eine Sprache aufgefasst werden kann, die allen Arten unseres Planeten gemeinsam ist, seien es nun Bäume, Bakterien oder Menschen, und die von Generation zu Generation weitergegeben wird, wodurch die charakteristischen Merkmale, die jedes Individuum oder jede Art kennzeichnet, vererbt werden.

Diese DNA-Sequenzen sind das, was wir heute als Gene bezeichnen. Sie sind es, die den Unterschied zwischen einer Libelle und einem Elefanten oder einer Ameise und einem Menschen bestimmen. Die Struktur der DNA ist je nach Art verschieden und kann die Form eines einfachen Moleküls aufweisen, einer einzigen Kette, die an ihren Enden einen Kreis bildet (wie bei Bakterien), oder mehrerer Moleküle, die paarweise, komplementär oder antiparallel gebunden werden und eine Doppelhelix formen, die mehr oder weniger gestreckt oder wie im Fall der Chromosomen sehr kompakt sein kann.

Das Verblüffendste an der DNA aber ist die Tatsache, dass es sich um ein unendliches Molekül handelt, da es sich selbst auf „semikonservative“ Weise repliziert, das heißt, dass jedes Individuum der Nachkommen ein Molekül der Eltern und ein neu entstandenes besitzt, wodurch der neue Organismus immer einen Teil des vorangegangenen bewahrt und die DNA so in den folgenden Generationen erhalten bleibt.

*1953 beschrieben die beiden Biochemiker James Watson (*1928) und Francis Crick (1916–2004) auf der Grundlage der sogenannten Röntgenbeugungsdiagramme von Rosalind Franklin (1920–1958) zum ersten Mal die berühmte Struktur der Doppelhelix oder Wendeltreppe, die auch heute noch als Modell der DNA üblich ist.*

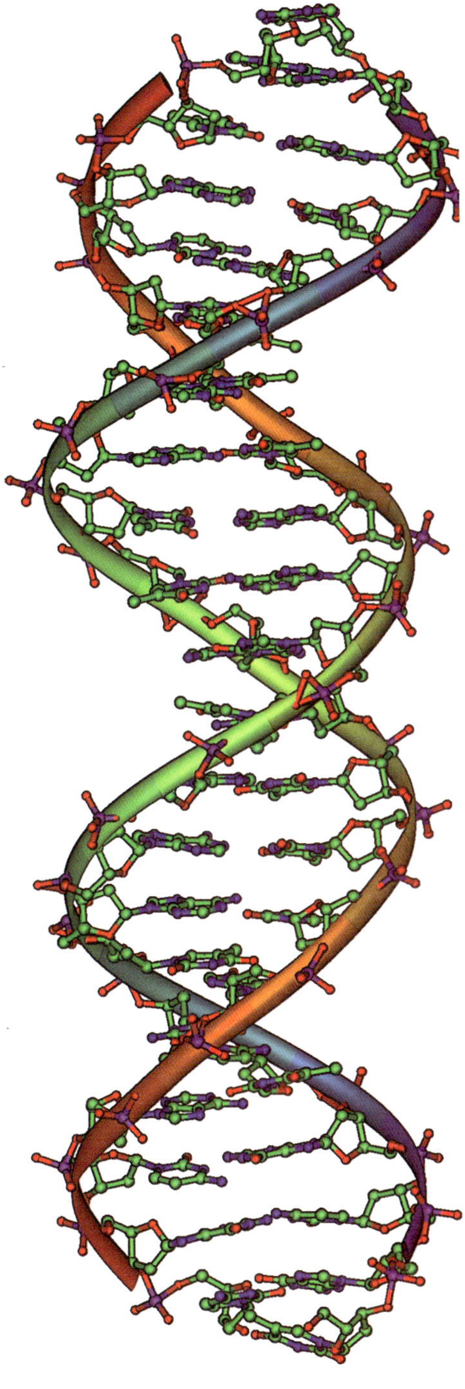

SCHWARZE LÖCHER

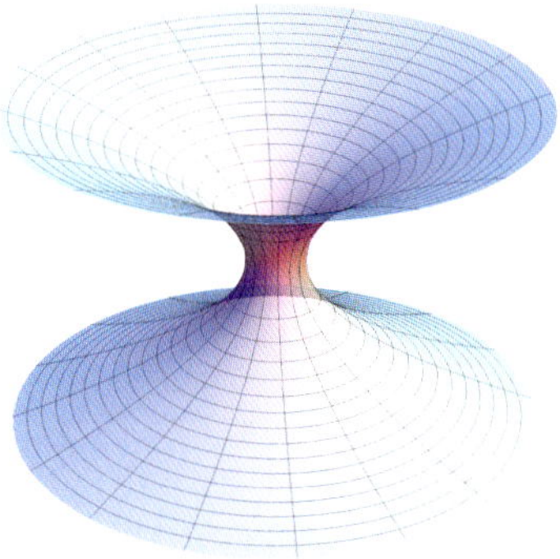

Ein Schwarzes Loch besitzt ein so starkes Gravitationsfeld, dass selbst elektromagnetische Strahlung (darunter auch das Licht) ihm nicht entweichen kann. Die Masse konzentriert sich in einem Punkt unendlicher Dichte, die man Singularität nennt. Die Gravitation weist in diesem Punkt eine nahezu unendliche Kraft auf, die die Raumzeit verändern kann. Wenn man sich von der Singularität fortbewegt, lässt der Einfluss der Schwerkraft nach und ab einem bestimmten Punkt muss die erforderliche Geschwindigkeit, um sich von einem Schwarzen Loch zu entfernen, Lichtgeschwindigkeit betragen.

Das Loch wird in der Raumzeit durch einen sogenannten „Ereignishorizont" begrenzt, der das Schwarze Loch vom Rest des Universums trennt und den Bereich des Raums markiert, den kein Teilchen, auch nicht das Licht, verlassen kann.

Die Bildung eines Schwarzen Lochs wird durch ein als Gravitationskollaps bekanntes Phänomen verursacht, das Mitte des zwanzigsten Jahrhunderts Wissenschaftler wie Robert Oppenheimer (1904–1967) oder Stephen Hawking (1942–2018) entdeckten. Dieser Prozess setzt unmittelbar nach dem Tod eines Roten Riesen ein (ein Stern von großer Ausdehnung und hoher Leuchtkraft) oder nach dem vollkommenen Verbrauch seiner Brennstoffvorräte. Aufgrund der gewaltigen Masse des Sterns wird die Schwerkraft so stark, dass sich seine gesamte Masse in einem sehr kleinen Volumen zusammendrängt, was zu einem Weißen Zwerg führt (Stern mit geringer Leuchtkraft). Diese Phase des Vorgangs, die Milliarden Jahre dauern kann, endet schließlich mit dem kompletten Zusammenbruch des Sternenkörpers infolge seiner eigenen Schwerkraft und verwandelt ihn in ein Schwarzes Loch.

Ein Schwarzes Loch ist somit das Ergebnis äußerst großer Gravitationskräfte. Dieselbe Schwerkraft, die einen Stern stabilisiert, komprimiert ihn aber zugleich so lange, bis die Atome zu kollabieren beginnen. Die Bahnen der Elektronen rücken immer näher an den Atomkern heran und verbinden sich mit den Protonen zu Neutronen, wodurch letztendlich ein Neutronenstern entsteht. Wenn dieser Moment erreicht ist, wächst die Schwerkraft exponentiell mit dem abnehmenden Abstand zwischen den Atomen. Die Neutronenteilchen implodieren, werden noch weiter zusammengedrückt und erzeugen ein Schwarzes Loch – unendliche Gravitation in einem unmessbar kleinen Raum.

Bereits 1796 formulierte der Mathematiker Pierre Simon Laplace (1749–1827) die Idee eines massereichen Sterns, dem das Licht nicht entweichen könne.

DIE STRINGTHEORIE

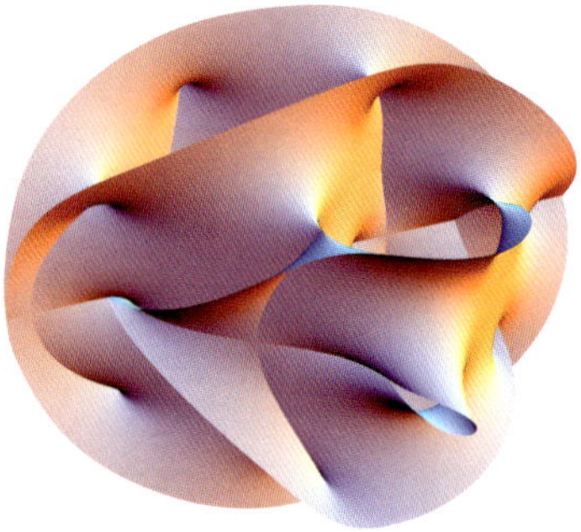

Die Stringtheorie entstand während der letzten Jahrzehnte des zwanzigsten Jahrhunderts und beruht auf kleinen Energieteilchen, die wie Saiten einer Violine vibrieren und eine Sinfonie erzeugen, die für jedes Teilchen des Universums einzigartig ist.

Zum Verständnis der Stringtheorie müssen wir zunächst das Problem betrachten, das sie hervorbrachte. Die Gesetze der Physik wurden länger als ein halbes Jahrhundert von zwei Theorien bestimmt, die für sich genommen bewährt und unwiderlegbar sind, gemeinsam angewendet aber ernsthafte Widersprüche und Anomalien aufweisen.

Die Relativitätstheorie befasst sich mit der Wirkungsweise der Gravitation und lässt sich ausgezeichnet auf größere Körper wie Galaxien und Planeten anwenden. Das Verhalten subatomarer Elemente hingegen wird von der Quantenmechanik beschrieben, wonach solche Teilchen drei grundsätzlichen Kräften unterliegen: der starken Wechselwirkung, die die Protonen und Neutronen zusammenhält, der schwachen Wechselwirkung, die für den radioaktiven Zerfall verantwortlich ist und der elektromagnetischen Wechselwirkung. Das Standardmodell zeigt mit größter Genauigkeit, wie sich diese Teilchen und Kräfte verhalten, allerdings mit einer großen Ausnahme, der Schwerkraft, die äußerst schwierig auf mikroskopischer Ebene beschrieben werden kann.

Das Verhältnis zwischen den vier Grundkräften und der Materie erklärt alle Vorgänge des Universums. Wenn man allerdings das chaotische Verhalten der Quantenmechanik mit dem harmonischen Gleichgewicht der allgemeinen Relativitätstheorie in Einklang bringen will, dann taucht ein Problem auf. Viele Jahre war es eine der größten Herausforderungen der theoretischen Physik, eine Quantentheorie für die Gravitation zu formulieren, eine „Theorie für Alles“ (Weltformel) oder eine vereinheitlichte Theorie. Es sieht so aus, als ob das der Stringtheorie gelungen sein könnte.

Wissenschaftler haben bis heute die Grundbestandteile der Materie (Atome und subatomare Teilchen) als kleine Kugeln oder nulldimensionale Punkte charakterisiert. Die Stringtheorie hingegen geht davon aus, dass die Materie aus eindimensionalen, vibrierenden, schlingenförmigen und energiegeladenen Fäden besteht, den sogenannten Strings. Die Strings schwingen auf unterschiedliche Weise, wodurch die Elementarteilchen ihre spezifischen Merkmale wie Masse oder Ladung erhalten. In Abhängigkeit von diesen Schwingungen würden sie als Photonen, Quarks und andere Teilchen des Standardmodells erscheinen.

Die Strings bedeuten nicht mehr und nicht weniger als eine Revolution in der theoretischen Physik, was viele Kritiker dieses vereinheitlichten Modells auf den Plan gerufen hat, weil es zahlreiche Bereiche gibt, die empirisch nicht bewiesen werden können, zum Beispiel masselose subatomare Teilchen (Gravitonen) oder Teilchen, die schneller als das Licht sind. Darüber hinaus ist es notwendig, ein Universum mit elf, statt vier Dimensionen (drei räumliche und die Zeit) zu akzeptieren, damit die Stringtheorie stimmig wird.

Die Stringtheorie ist derart komplex, dass sie viele mathematische Fragen aufwirft, die weit über unsere heutigen Kenntnisse hinausgehen. All diese Fragen bilden eine neue Herausforderung für die moderne Physik.

UNENDLICH WANDELBAR – MIKROORGANISMEN

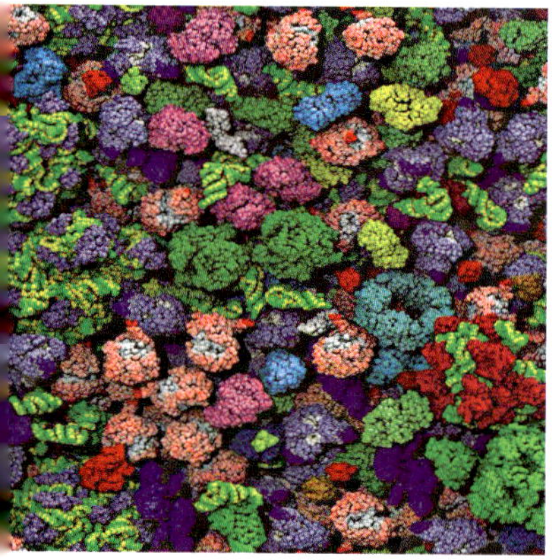

Wenn wir an Lebewesen denken, die unterschiedliche Lebensräume erobern und besiedeln können, steht der Mensch ganz oben auf der Liste. Die Realität ist aber eine ganz andere, sind wir doch nicht mehr als bloß vorübergehende Passanten in einer Welt, die von einer unzählbaren Menge an Mikroorganismen beherrscht wird, von denen die der Bakterien die weitaus größte repräsentiert.

Die Bakterien bildeten schon immer die zahlenmäßig stärkste Gruppe aller Lebewesen auf der Erde, und seit ihrer Entstehung vor ungefähr 3,8 Milliarden Jahren waren sie es, die die Bedingungen auf unserem Planeten schufen, damit sich Leben auf anderen Stufen entwickeln konnte.

Sie sind die einzigen Lebewesen, die jede ökologische Nische besetzen können, da sie über vielfache Mechanismen zur genetischen Rekombination verfügen, die ihnen sowohl eine Mutation als auch Anpassung an neue Habitate in kürzester Zeit erlaubt, wofür andere Organismen Jahre brauchen. In der Frühzeit der Erde produzierten sie Sauerstoff, der sich in der Atmosphäre ansammelte, und fixierten Stickstoff im Boden, was andere Lebensformen profitieren ließ. Darüber hinaus haben sie durch die Zersetzung von Gesteinen und deren Verwandlung in anorganische Stoffe fruchtbare Böden sowie Organismen entstehen lassen, sodass die Zyklen zwischen den Elementen möglich wurden und das Leben selbst sich ständig erneuern kann. Der menschliche Körper besitzt mehrere Billionen Zellen, rund 90 Prozent davon sind eine Vielzahl verschiedenster Arten Mikroorganismen, deren Gesamtheit man Mikrobiom nennt. Diese Mikroben stehen in einem fein austarierten Verhältnis zueinander und sorgen dafür, dass unserer Gesundheit keine Erkrankungen drohen.

Die Anzahl an Bakterien im Universum ist so unermesslich groß, dass sie ohne Zweifel ans Unendliche grenzt.

Der Begriff „Mikrobiom" bezeichnet die Gemeinschaft aller den menschlichen Körper besiedelnden Mikroorganismen, am häufigsten kommen Staphylococcus aureus, Escherichia coli *und* Candida albicans *vor.*

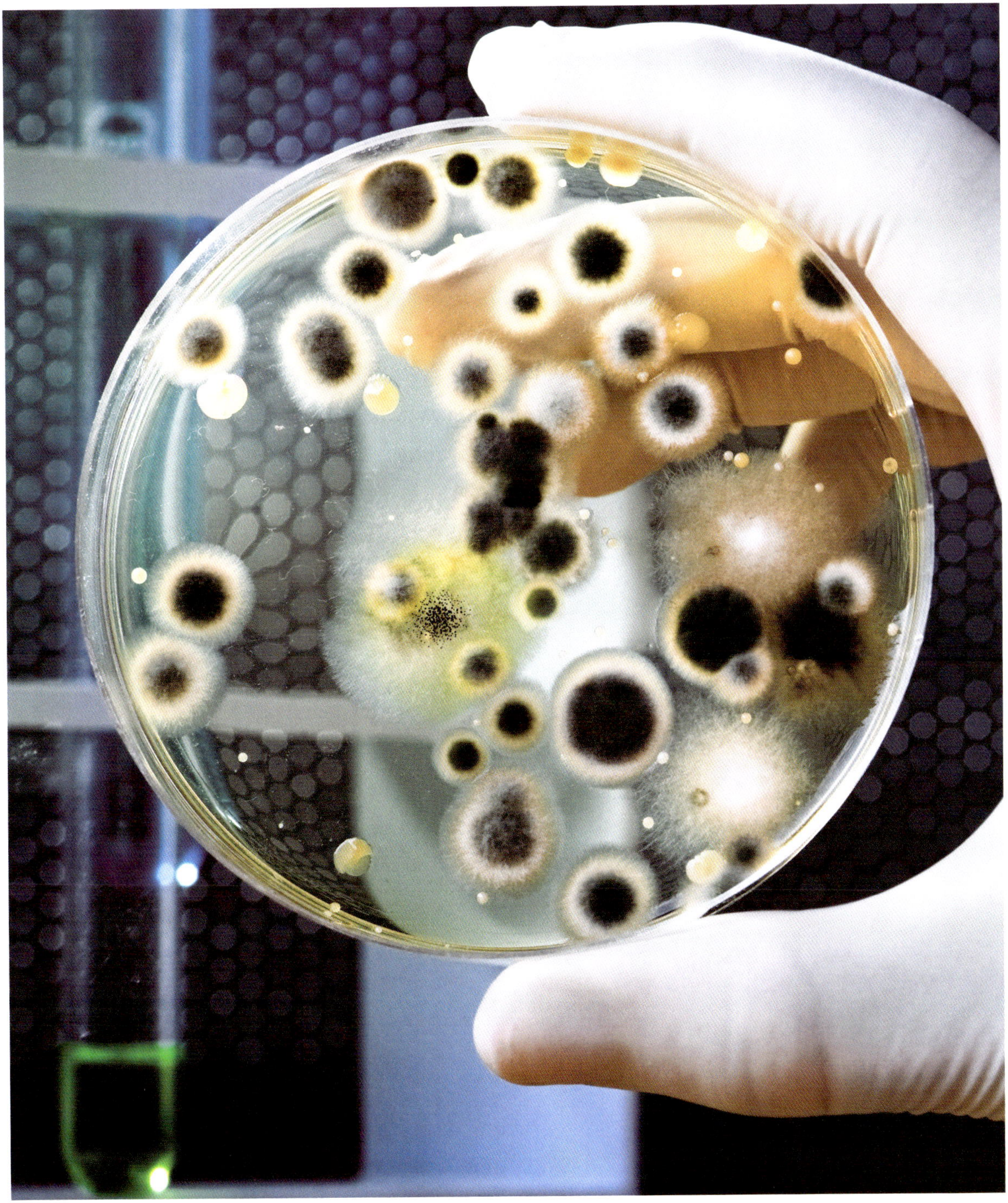

DIE ULTRAZENTRIFUGE

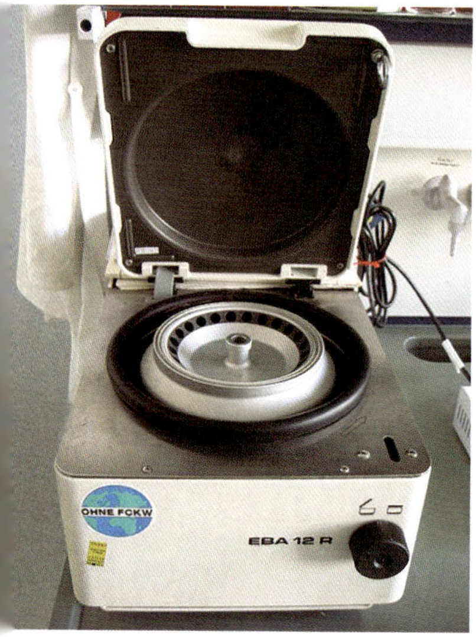

Eine Zentrifuge ist ein technisches Gerät in Laboren, das chemische Proben bei hoher Geschwindigkeit zum Rotieren bringt, bis sich die Bestandteile einer Substanz gemäß ihrer molekularen Masse trennen. Die Ultrazentrifuge ist eine besonders leistungsstarke Variante dieses Messinstruments. Die ersten Ultrazentrifugen konnten Kräfte entfalten, die 5.000 Mal höher als die Schwerkraft waren, während heutige Modelle eine Beschleunigung von über einer Millionen *g* (9.800 km/s^2) erreichen.

Die erste Ultrazentrifuge entwickelte 1923 der schwedische Chemiker Theodor Svedberg (1884–1971), der 1926 den Nobelpreis in Chemie für seine Forschungen über die Trennung von Proteinen mithilfe der Ultrazentrifugation erhielt. In den 1970er-Jahren wurde in England bei der Zentrifugation eine Rekordgeschwindigkeit von 7.250 km/s^2 erzielt, was etwa der 6-fachen Schallgeschwindigkeit (1.235 km/h) entspricht.

Ultrazentrifugen sind heutzutage in der Molekularbiologie oder Biochemie nicht mehr wegzudenken und werden ganz allgemein bei der Untersuchung von Polymeren eingesetzt. Sie werden so selbstverständlich in Laboratorien verwendet, dass man die unglaubliche Leistungsfähigkeit moderner Ultrazentrifugen nicht mehr besonders reflektiert. Mithilfe neuer Technologien wie die Verringerung des Luftwiderstands durch Vakuumbedingungen wurde die Rotationsgeschwindigkeit dermaßen erhöht, dass bei manchen Modellen das Display nicht mehr die tatsächliche Geschwindigkeit anzeigt, sondern das Symbol für Unendlichkeit.

Theodor Svedberg erfand nicht nur die Ultrazentrifugation, sondern trug auch entscheidend bei zur Entwicklung eines Impfstoffs gegen Polio.

DIE TEILBARKEIT DES ATOMS

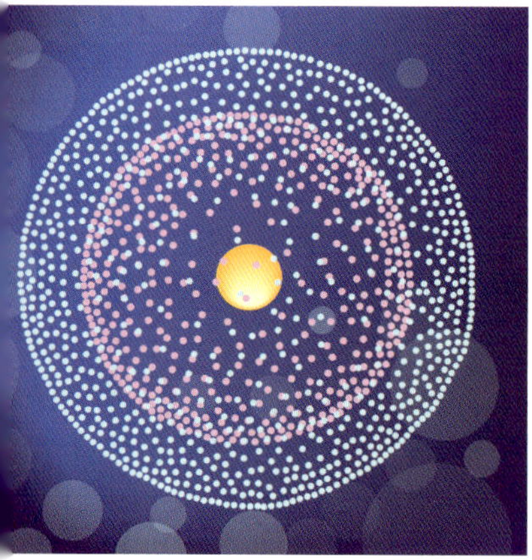

Der britische Physiker Joseph Thomson (1856–1940) bewies 1897, dass das Atom teilbar war, und präsentierte ein Modell, das ein kugelförmiges und positiv geladenes Atom mit eingebetteten Elektronen beschrieb.

Mitte des neunzehnten Jahrhunderts erschienen Untersuchungen, die sich mit den elektrischen Eigenschaften der Materie befassten – insbesondere mit dem Funken, der zwischen zwei einander angenäherten geladenen Objekten überspringt – und warfen die Frage auf, ob das Atom tatsächlich unteilbar sei. Ende dieses Jahrhunderts konnte man nachweisen, dass das Atom teilbar und auch elektrisch geladen war, nachdem man festgestellt hatte, dass die Fluoreszenz in einer luftdicht abgeschlossenen Glasröhre durch von der Kathode ausgehende unsichtbare Strahlen entstand, die man dann auch Kathodenstrahlen nannte.

1897 schlussfolgerte Thomson, dass die Kathodenstrahlen aus negativ geladenen Teilchen bestehen müssten, allerdings keinen geladenen Atomen, sondern kleineren „Korpuskeln", die auf der Zersplitterung des Atoms beruhen würden. Diese identischen, negativ geladenen „Partikel", die in den Atomen jedes Elements vorkommen müssten, wurden als Elektronen bezeichnet.

Auf der Grundlage dieser Hypothese schuf Thomson ein Atommodell, in dem das kugelförmige, positiv geladene Atom von darin gleichmäßig verteilten negativ geladenen Elektronen umgeben ist. Die Anzahl der Elektronen würde Thomson zufolge ausreichen, um die positive Ladung des Atoms zu neutralisieren.

Diese Entdeckung führte dann zu dem Schluss, dass das Atom neben Elektronen auch mögliche positive Teilchen enthalten müsse, die man Protonen taufte, denen man jedoch fälschlicherweise zuschrieb, die gesamte Masse des Atomkerns darzustellen.

Das Thomsonsche Atommodell wurde auch als „Rosinenkuchen" bezeichnet. Ernest Rutherford (1871–1937), ein ehemaliger Student Thomsons, bewies 1908, dass es fehlerhaft war.

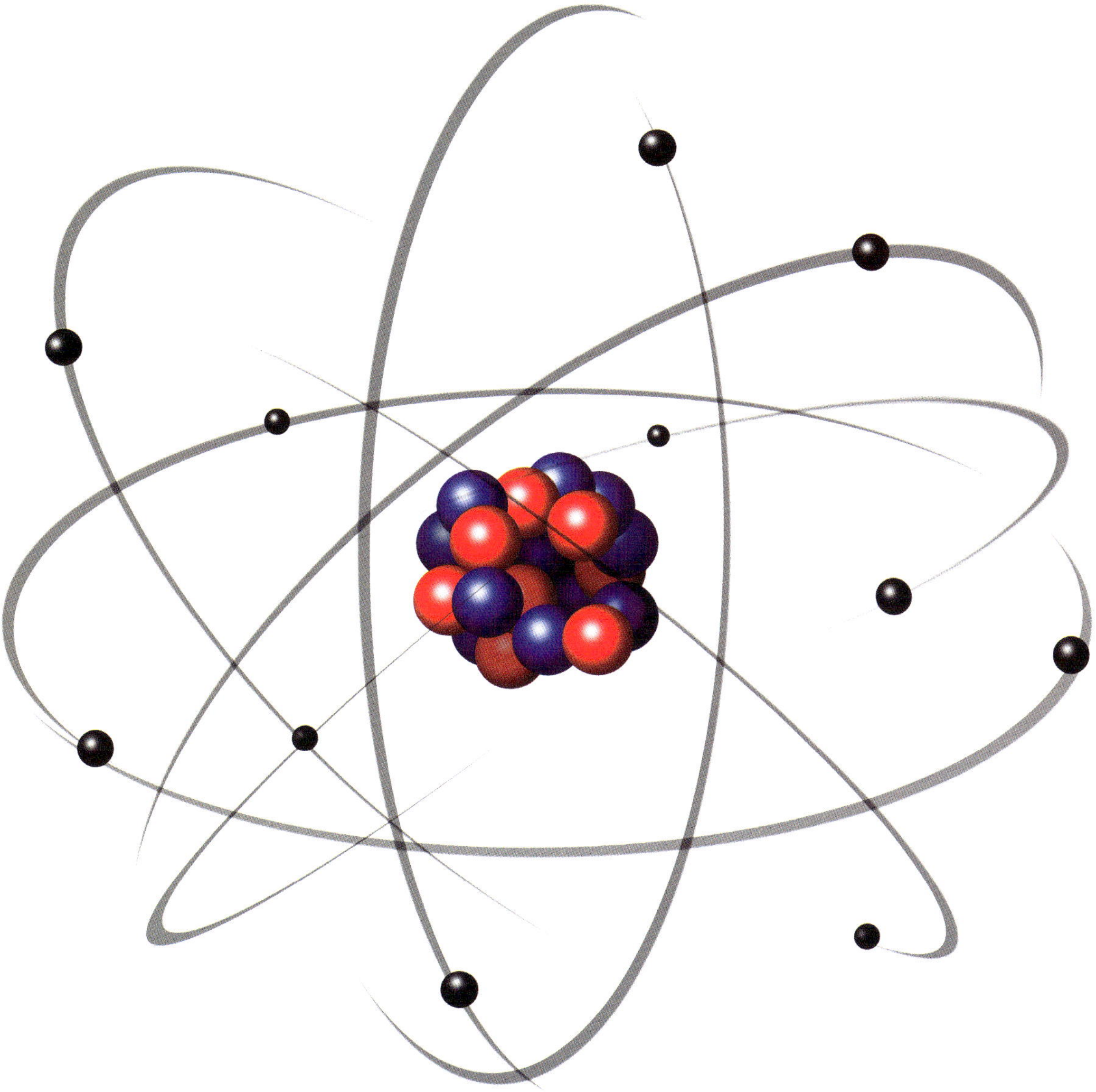

DER TUNNELEFFEKT

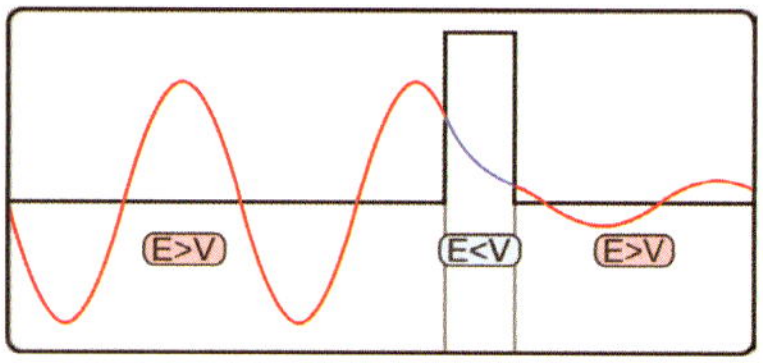

Die Entwicklung der Quantenmechanik hat Untersuchungen über das Verhalten von Teilchen im subatomaren Maßstab möglich gemacht, das mithilfe der klassischen Physik keinesfalls zu verstehen war, da Nanoteilchen unregelmäßige und verwirrende Reaktionen zeigen und Effekte erzeugen, die sich allen Gesetzen der traditionellen Physik entziehen. Eines der interessantesten Phänomene ist der Tunneleffekt, der in einem größeren Maßstab einem Ball vergleichbar wäre, der eine Mauer durchbricht.

Der Tunneleffekt besagt, dass ein Elektron (oder Quantenteilchen) in einen Bereich dringt oder ihn durchquert, der im Prinzip „verboten“ ist, das heißt, dass ein Elektron eigentlich nicht genügend kinetische Energie besitzt (infolge seiner Geschwindigkeit, um einen klassischen Begriff zu verwenden), um durch diesen Bereich hindurchzugehen, weil es eine „Barriere“ gibt, die den Durchgang verhindert.

Der klassischen Physik zufolge ist die Gesamtenergie die Summe aus kinetischer und potentieller Energie, und deshalb ist die Energie immer gleich der potentiellen Energie oder größer als diese. Der Fall, in dem die Gesamtenergie geringer ist als die potentielle, beschreibt einen Zustand, den ein Teilchen gemäß der klassischen Physik nicht erreichen kann. Der Punkt, an dem die Gesamtenergie gleich der potentiellen ist, markiert somit einen „Wendepunkt“, da sich ein Teilchen nicht weiter vorwärtsbewegen kann, sondern zurückgehen muss, so wie ein Ball, der auf eine Wand trifft.

In der Quantenmechanik geschieht jedoch etwas anderes. Ein Teilchen kann im subatomaren Maßstab eine Gesamtenergie aufweisen, die geringer ist als die potentielle, und dennoch über den Wendepunkt, die Barriere, wie durch einen Tunnel hinausgelangen, was gegen die Prinzipien der klassischen Physik verstößt. In Abhängigkeit von der Differenz zwischen der Energie eines Teilchens und dem Wert seiner potentiellen Energie kann es eine längere oder kürzere Entfernung zurücklegen. Es ist also möglich, dass ein Elektron ein Hindernis tunnelt und auf der anderen Seite der Barriere wieder herauskommt. Der Tunneleffekt tritt allerdings nicht immer auf, sondern wie viele Quanteneffekte ist es auch hier eine Frage der Wahrscheinlichkeit.

Der Tunneleffekt wurde 1928 vom Physiker George Gamow (1904–1968) beschrieben. Das Phänomen spielt auch in anderen Bereichen der Physik eine Rolle sowie in der Elektronik, beispielsweise bei Transistoren, die teilweise auf diesem Effekt beruhen.

DIE ATOMMODELLE VON RUTHERFORD UND BOHR

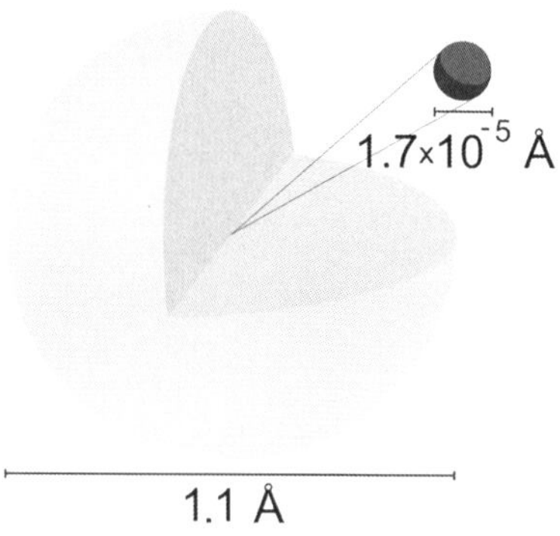

Die Experimente des Physikers Ernest Rutherford (1871–1937) um 1900 zeigten, dass die Materie nicht so dicht wie angenommen war, sondern im Wesentlichen leer. Rutherford stellte fest, dass das Atom aus einem Kern besteht, der die gesamte positive Ladung trägt und in dem sich der größte Teil der Atommasse konzentriert. Er wird von kleinen Teilchen umgeben, die ihn wie die Planeten der Sonne auf Bahnen umlaufen. Diese Teilchen, die Elektronen, würden gemäß Rutherford eine negative Ladung besitzen und sich mit einer solchen Geschwindigkeit drehen, dass ihre Zentrifugalkraft (Fliehkraft) die elektrostatische Anziehungskraft des Kerns ausgleichen würde.

Die Anzahl der positiven Ladungen des Kerns würde, so Rutherford weiter, derjenigen der den Kern umlaufenden Elektronen entsprechen, sodass die Ladungen des Kerns und der Elektronen sich gegenseitig neutralisieren würden. Die positive Ladung des Atomkerns erklärte so die Stabilität von Materie im Raum und die auf Bahnen um den Kern sich frei bewegenden Elektronen lieferten plausible Gründe für deren Fähigkeit, von einem Atom auf ein anderes zu springen, wodurch elektrische Strömung möglich wird.

Rutherfords Planetenmodell machte allerdings weder Angaben zur Geschwindigkeit der Elektronen noch zu deren Abstand vom Atomkern. Es blieb Niels Bohr (1885–1962) vorbehalten, Rutherfords Konzept entscheidend weiterzuentwickeln.

Bohr befasste sich anfänglich ausschließlich mit dem Wasserstoffatom in seinem Modell, das aufgrund seiner Verständlichkeit auch heute noch als vereinfachte Darstellung der Struktur von Materie verwendet wird. Das Wasserstoffatom hat im Bohrschen Atommodell einen Kern mit einem Proton und ein Elektron, das auf der ersten Bahn, die mit der niedrigsten Energie, den Kern umkreist. Diesem Modell zufolge befinden sich die Elektronen auf kreisförmigen Bahnen, die verschiedene Energieniveaus aufweisen. Im Gegensatz zum Rutherfordschen Modell, das eine unendliche Anzahl an Bahnen vorsah, ist diese im Modell von Bohr jedoch beschränkt. Ein Elektron, das auf diesen Bahnen rotiert, gibt keine Energie ab. Wenn allerdings einem Elektron Energie zugeführt wird, dann geht es von der ersten Bahn in die nächste mit höherer Energie über und emittiert nach seiner Rückkehr in die unterste Bahn Energie in Form von Licht.

Der Physiker und Chemiker Ernest Rutherford befasste sich in seinen Untersuchungen mit der Radioaktivität der Elemente sowie deren Zerfall. Er arbeitete während seiner Lehrtätigkeit an der Universität Manchester unter anderem mit dem Physiker Niels Bohr zusammen, der entscheidende Beiträge zur Struktur der Atome und zur Quantenmechanik lieferte.

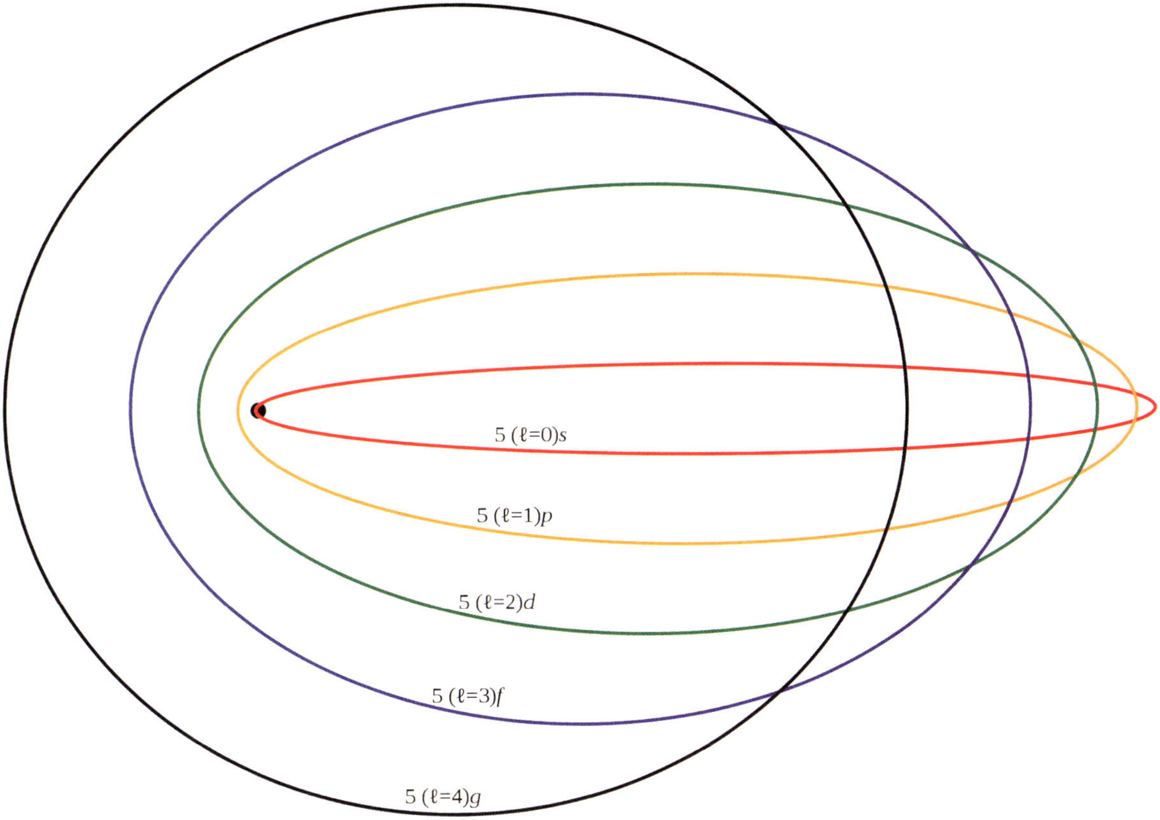
5 (ℓ=0)s
5 (ℓ=1)p
5 (ℓ=2)d
5 (ℓ=3)f
5 (ℓ=4)g

DIE MENDELSCHEN REGELN

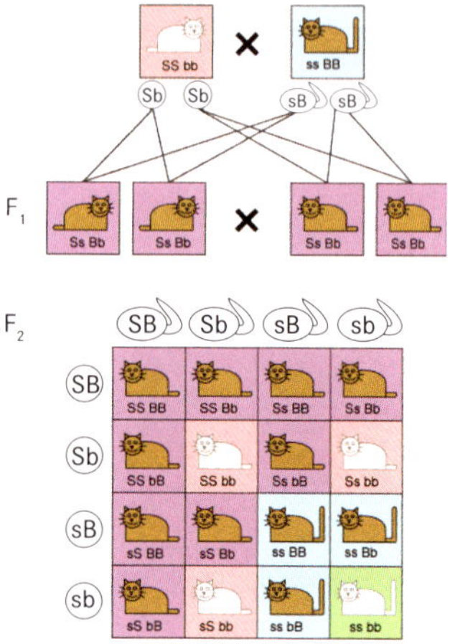

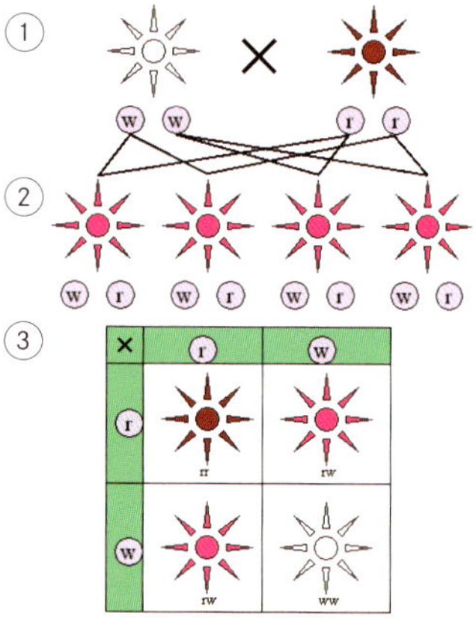

Gregor Mendel (1822–1884), ein Augustinermönch und Lehrer, gilt als Begründer der Genetik. Seine Experimente zum Vererbungsvorgang von Merkmalen bilden auch heute noch die Grundlage der Vererbungslehre. Die Mendelschen Regeln, die erklären, wie die Eigenschaften der Eltern auf die Nachkommen übertragen werden, haben nicht nur das Phänomen der Evolution begreifbar werden lassen, sondern auch die Entstehung der zahllosen Eigenarten und Kennzeichen, die die Diversität des Einzelnen wie auch die der Arten ermöglichen.

Mendels Untersuchungen, die er 1856 mit Kreuzungsversuchen verschiedener Erbsensorten im Klostergarten begann, vermittelten ihm eine erste Vorstellung davon, in welchem Verhältnis erbliche Anlagen weitergegeben wurden. Auf diese Weise konnte er, allein auf seine Beobachtungen gestützt, die Regeln formulieren, die später zunächst als Mendelsche Gesetze und dann als Mendelsche Regeln bekannt wurden.

Mendel stellte einen Unterschied fest zwischen dominanten Eigenschaften (solchen, die andere überdecken) und rezessiven (solchen, die durch andere unterdrückt werden) und konnte sogar die Häufigkeit der Rekombination bestimmen sowie die Anzahl der Individuen vorhersagen, die die eine oder andere Ausprägung zeigen würden. Darüber hinaus beschrieb er einen Genotyp, die Gesamtheit der Erbanlagen eines Organismus, sowie einen Phänotyp, das äußere Erscheinungsbild eines Lebewesens, das durch die Gesamtheit aller genetischen Merkmale sowie die Einflüsse der Umwelt bedingt wird.

Jeder Organismus besitzt zwei Erbfaktoren für jedes seiner Merkmale, die er jeweils von einem Elternteil empfängt. Mendel führte hierzu einen Versuch mit gelbem und grünem Erbsensamen durch, zwei Phänotypen, der eine dominant, der andere rezessiv. Er kreuzte die Samen und daraus resultierte eine Generation, bei der alle Samen gleich aussahen. Dann kreuzte er diese Individuen untereinander, und nun erhielt er eine zweite Generation, die zu Dreivierteln aus Exemplaren mit gelbem Samen (dominant) und zu einem Viertel aus solchen mit grünem Samen (rezessiv) bestand, ein Verhältnis also von 3:1.

Anschließend experimentierte Mendel mit zwei unabhängigen Merkmalen, der Farbe und Form von Erbsensamen. Er kreuzte dazu zwei reinerbige Individuen miteinander, rund / gelb (dominant) und runzlig (dominant) / grün. Die erste Generation wies nur Exemplare mit runzligem, gelbem Samen auf, während die zweite eine Verteilung im Verhältnis von 9:3:3:1 zeigte. Mendel schlussfolgerte daraus, dass jede Eigenschaft frei kombiniert und unabhängig voneinander vererbt wird, wobei reinerbige Individuen mit neu kombinierten Erbanlagen entstehen können.

Gregor Mendels Arbeiten, die er 1866 publizierte, blieben in der Wissenschaft fast ein halbes Jahrhundert lang unbemerkt, ehe drei Botaniker um 1900 sie unabhängig voneinander wiederentdeckten: der Niederländer Hugo de Vries, der Österreicher Erich Tschermak-Seysenegg und der Deutsche Carl Correns.

DUNKLE MATERIE

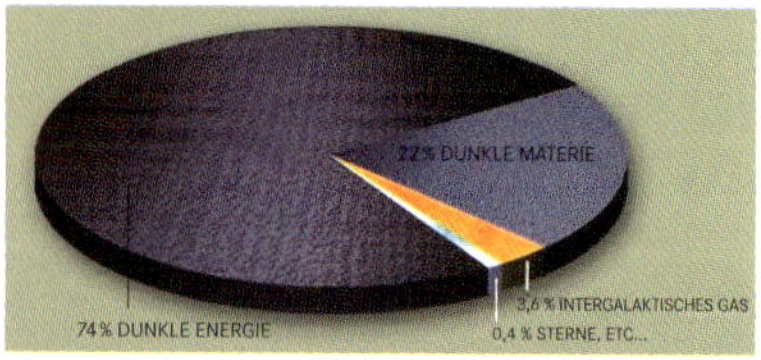

Die Planeten, Sterne und anderen Himmelskörper, die die vielen Galaxien unseres Universums bilden, besitzen eine unermessliche Ausdehnung. Überraschenderweise beträgt die Masse dieser Objekte, die „gewöhnliche Materie“, nur 4 Prozent der Gesamtmasse unseres Kosmos, während eine andere, immer noch unerforschte, unsichtbare Komponente 23 Prozent ausmacht. Gemeint ist die Dunkle Materie, der Faden, aus dem das unendliche Gewebe des Weltalls hergestellt wurde. Ihre Existenz ist von essentieller Bedeutung, damit die Sterne einer Galaxie oder die Sternenformationen in Nebeln zusammengehalten werden können.

Es stellt eine große Herausforderung an die moderne Astrophysik dar, die Natur dieser allgegenwärtigen und geheimnisvollen Masse ebenso zu bestimmen wie die der Dunklen Energie, die die restlichen 73 Prozent der gesamten Masse des Universums umfasst. Obwohl Dunkle Materie weder zu sehen noch festzustellen ist, da sie elektromagnetische Strahlung nicht emittiert oder absorbiert, manifestiert sich ihre Anwesenheit dennoch durch die Gravitation, die sie auf andere Himmelskörper ausübt, indem sie das Licht ablenkt (Gravitationslinseneffekt) und dadurch Bilder, die uns von anderen Galaxien erreichen, verzerrt. Die Analyse der im Laufe der Jahrzehnte gesammelten unzähligen Fotos ermöglichte es Astronomen, die gesamte Masse der verschiedenen Haufen Dunkler Materie infolge von Verzerrungen zu berechnen, auch wenn diese Masse den Augen verborgen bleibt.

Unterschiedliche Theorien versuchen, die Zusammensetzung der Dunklen Materie zu erklären. Gemäß einer dieser Hypothesen könnte es sich um sogenannte Braune Zwerge mit Massen von rund einem Zwanzigstel der der Sonne handeln, die nicht direkt beobachtbar sind, weil ihre Temperatur zu gering für eine Wasserstofffusion ist und sie dadurch nicht hell genug leuchten. Eine weitere Möglichkeit ist es, dass Dunkle Materie aus gigantischen Schwarzen Löchern besteht, die sich im Zentrum vieler Galaxien befinden. In beiden Fällen geht es um Dunkle Baryonische Materie, die wie gewöhnliche Materie Protonen und Neutronen enthält. Eine dritte Variante besagt, dass es eine Art noch zu entdeckender Materie ist, die auf unbekannten nicht-baryonischen Elementarteilchen beruht, die sich kurz nach dem Big Bang geformt haben.

*Der Schweizer Physiker und Astronom Fritz Zwicky (1898–1974) war der Erste, der die Möglichkeit Dunkler Materie in Betracht zog. Seine Arbeit wird von der amerikanischen Astronomin Vera Ruben (*1928) fortgesetzt, die einige starke Indizien für die Existenz Dunkler Materie gefunden hat.*

CHARLES DARWIN UND DIE EVOLUTION

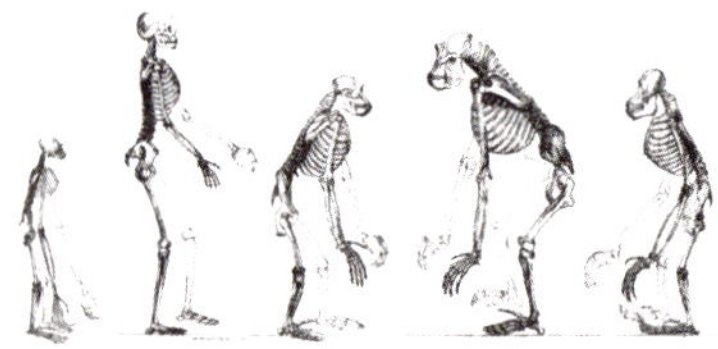

Charles Darwin (1809–1882) legte die Grundlagen für eine Evolutionstheorie mit seiner Vermutung, dass alle Lebensformen auf einen gemeinsamen Ursprung zurückgehen würden und sich durch den Prozess natürlicher Selektion entwickelt hätten. In jenen Jahren verteidigten Geologen den sogenannten Katastrophismus, dem zufolge das Leben eine Abfolge individueller Schöpfungen sei und jede Art im Laufe der Zeit keinen Veränderungen unterliege.

Im Alter von zweiundzwanzig Jahren konnte Darwin an einer Forschungsexpedition auf einem Schiff rund um die Welt teilnehmen. Die Reise an Bord der *Beagle* dauerte fünf Jahre und hatte tiefgreifenden Einfluss auf den jungen Naturforscher, der nach seiner Rückkehr nach England beschloss, sein Leben der Wissenschaft zu widmen.

Gestützt auf seine Beobachtungen, entdeckte Darwin, dass eng verwandte Arten sich in Körperbau und Nahrung unterschieden, und er schloss daraus, dass diese Arten nicht schon immer so gewesen waren, sondern aufgrund einer Reihe von Umständen strukturelle sowie funktionale Abwandlungen durchlaufen hatten. Er folgerte daraus zudem, dass die Anpassung an verschiedene Umweltbedingungen zu Modifikationen der Organismen führen würde, wodurch sich die Vielfalt der Arten auf der Erde erklären ließe.

Auf diese Weise entstanden die Idee des gemeinsamen Ursprungs und das Konzept der natürlichen Auslese, das besagt, dass Lebewesen eine Neigung zur Verwandlung offenbaren. Wenn sich unter unendlichen Möglichkeiten ein Merkmal herausbildet, das evolutionäre Vorteile bietet, dann sei der Träger dieser Eigenschaft begünstigt und könne sie leichter auf Nachkommen übertragen. Die Nachfahren, die dieses Kennzeichen geerbt hätten, würden eine neue Linie mit ihren eigenen Anlagen hervorbringen und sich gegen andere Arten durchsetzen.

1837 begann Darwin die Arbeit an seinem Buch über den Ursprung der Arten. Mehr als zwanzig Jahre später, am 24. November 1859, erschien dann mit 1.250 Exemplaren die erste Ausgabe von *On the Origin of Species by Means of Natural Selection, or the Preservation of Favoured Races in the Struggle for Life* (Über die Entstehung der Arten, dt. 1860), die bereits am ersten Tag ausverkauft war. Die theologischen Auswirkungen des Werks, das den natürlichen Ausleseprozess einer anderen Macht als Gott zuschrieb, stießen in einigen Kreisen auf heftige Gegnerschaft.

Der Originaltitel von Darwins Buch, On the Origin of Species by Means of Natural Selection, or the Preservation of Favoured Races in the Struggle for Life, *wurde ab der sechsten Ausgabe verkürzt auf* On the Origin of Species.

DIE UNSTERBLICHKEIT DER HENRIETTA LACKS

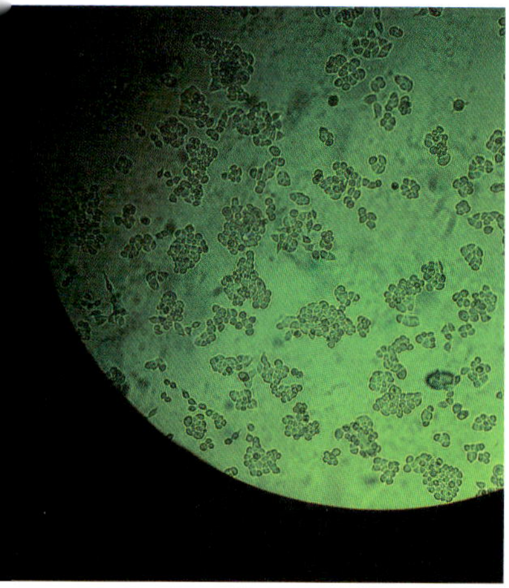

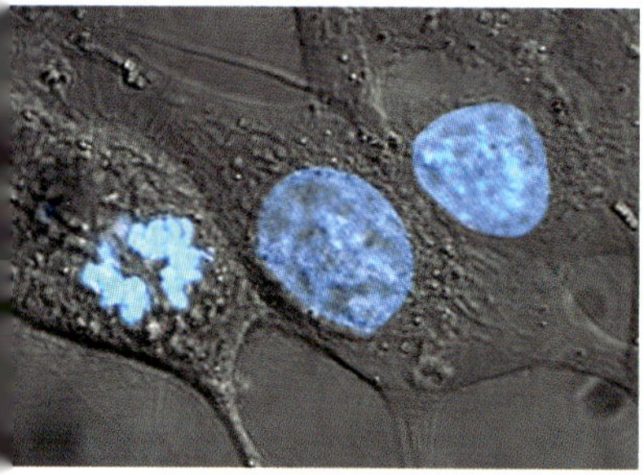

Unter Forschern ist Henrietta Lacks unglaublich bekannt wegen ihres einzigartigen Beitrags für die Wissenschaft. Im Alter von 31 Jahren wurde bei der 1920 geborenen Afroamerikanerin ein Tumor am Muttermund festgestellt, der bösartig war und kurz nach der Diagnose zu ihrem Tod führte. Bis hierhin eine Geschichte wie viele andere auch, wäre da nicht ihr behandelnder Arzt George Gey gewesen, der Henrietta zu einem Meilenstein in der Wissenschaft machte, als er eine Gewebeprobe des Tumors entnahm und daraus die erste permanente Kultur menschlicher Zellen schuf.

So entstand die erste unsterbliche Zelllinie, die man HeLa taufte. Henriettas Zellen werden in Laboratorien auf der ganzen Welt verwendet und konnten entscheidend bei zahllosen Forschungsprojekten dank ihrer Unsterblichkeit eingesetzt werden, die auf der Fähigkeit der Zellen zur unendlichen Vervielfachung beruht, solange sie dafür die entsprechenden Bedingungen vorfinden. Mithilfe von Henriettas Zellkulturen wurde ein Impfstoff gegen Kinderlähmung entwickelt und derzeit werden sie bei der Suche nach einem Mittel gegen Leukämie und Krebs benutzt. Sie dienen aber darüber hinaus auch dazu, um das Verhalten von Zellen sowie das Wachstum von Viren zu erforschen, um Proteine zu synthetisieren und genetische Untersuchungen durchzuführen.

Das ewige Leben dieser Zellen warf lange Zeit Rätsel auf. Außerhalb des menschlichen Körpers sterben Zellen langsam, aber unaufhaltsam ab, spätestens mit Erreichen der fünfzigsten Teilung. Zellen können ohne Unterstützung des Körpers nicht überleben, auch nicht künstlich, da sie altern und daher auf die eine oder andere Art zum Tode verurteilt sind. Ganz anders dagegen die HeLa-Zellen, die sich weiter ernähren, Abfall produzieren und sich unendlich vermehren, sogar im Reagenzglas. Sie sind unsterblich, nicht nur weil sie nicht auf den Körper angewiesen sind, sondern weil sie schlichtweg für immer jung bleiben.

Forscher vermuten, dass das aggressive Wachstum und die Widerstandsfähigkeit der HeLA-Zellen auf eine Kombination aus einer Virusinfektion durch humane Papillomviren (HPV) und einer Genmutation der Patientin selbst zurückzuführen seien, wodurch ein Gendefekt hervorgerufen wurde, der den Tumorsuppressor p53 inaktivierte.

Seit 1975 hat der Bekanntheitsgrad der HeLa-Zellen stark zugenommen, wodurch auch die Verwandten und Kinder Henriettas auf deren eindrucksvollen Beitrag zur Wissenschaft aufmerksam wurden – bis zu diesem Zeitpunkt war ihnen diese Tatsache verborgen geblieben.

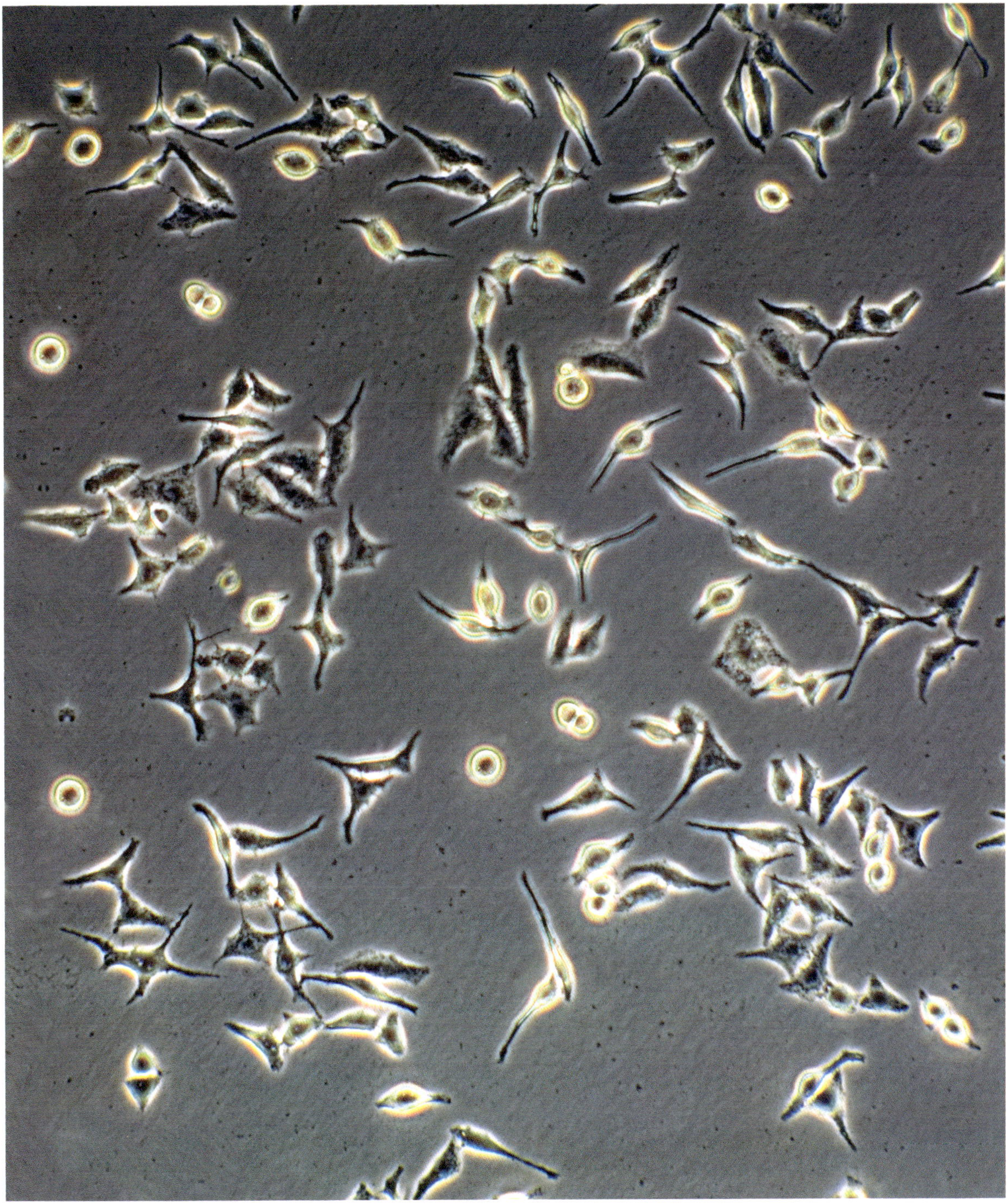

WELLEN

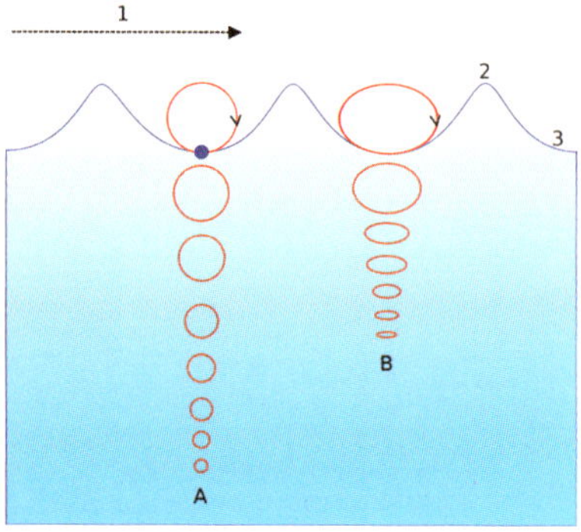

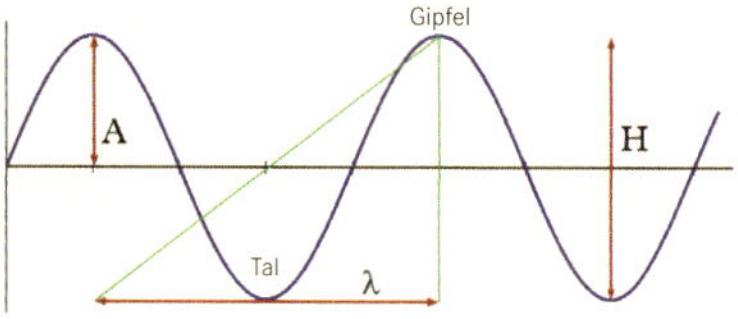

Wellen schlagen hart gegen die Klippen, bringen Schiffe zum Kentern oder plätschern beruhigend an den Strand, wo sie ihre weißen Schaumkronen zurücklassen. Die gewaltigen Wassermassen der Ozeane und Meere bilden den Schauplatz unendlicher Wellenbewegungen, die durch den Wind hervorgerufen werden. Der Wind übt Druck auf die Wasseroberfläche aus, wodurch kleine Wellen entstehen, die dem Wind einen stets größeren Widerstand entgegensetzen, was wiederum zu immer höheren Wellen führt.

Einmal geformt, ist eine Welle nicht mehr vom Wind abhängig, sondern von ihrer eigenen Schwerkraft: Sie fällt in das Tal der vorhergehenden Welle und pflanzt sich beinahe ohne Energieverlust fort, da sie keine Wassermasse bewegen muss. Mit zunehmender Windgeschwindigkeit verringert sich der Abstand zwischen den Wellenkämmen und die Wellen selbst werden immer steiler. Nachdem der Wind die Wasseroberfläche hoch gedrückt hat, zieht die Gravitation das Wasser wieder nach unten, sodass die kinetische Energie mit jedem Steigen und Fallen wächst. Die Welle wird ab einer bestimmten Höhe instabil und bricht, weil sie ihre eigene Masse nicht mehr halten kann. Wenn dieser Moment erreicht wird, wird die bis dahin akkumulierte kinetische Energie umgewandelt und zum Transport des Wassers benutzt.

Noch vor Kurzem nahm man an, dass Monsterwellen mit einer Höhe von bis zu 30 Meter Seemannsgarn waren, tatsächlich ereignen sie sich aber regelmäßig, wenn auch nicht häufig, auf allen offenen Meeren und Ozeanen. Eine besondere Art von Wellen sind Tsunamis, die nicht durch Wind ausgelöst werden, sondern durch Vulkanausbrüche über oder unter Wasser oder Seebeben, in deren Zentrum sich dann das Wasser explosionsartig hebt beziehungsweise senkt. In beiden Fällen verursacht die abrupte Bewegung eine Welle beängstigenden Ausmaßes, die sich mit einer Geschwindigkeit von bis zu 1.000 km/h fortsetzt und sich bis zu 20 Meter Höhe auftürmen kann. Tsunami-Katastrophen treten besonders häufig im Gebiet des Pazifischen Ozeans auf.

Mithilfe der Douglas-Skala, die eine Einteilung der Wellenhöhen von 0 bis 9 besitzt, kann man die Dünung auf See bestimmen. Sie wurde 1917 vom englischen Admiral Percy Douglas entwickelt, als er Chef des neu eingerichteten Wetterdienstes der britischen Marine war.

DIE UNZERSTÖRBARKEIT VON MATERIE

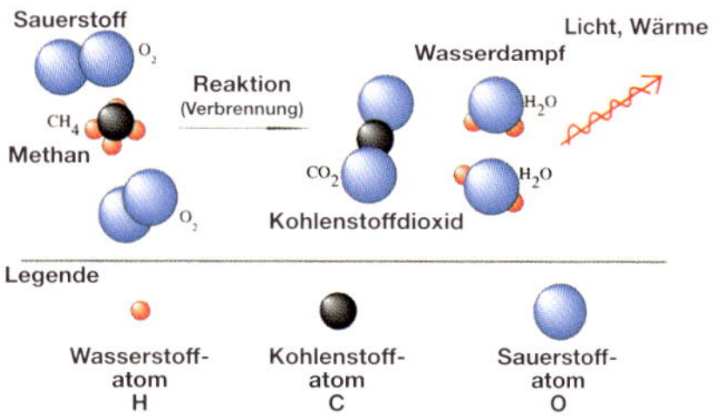

Der Massenerhaltungssatz ist ein grundlegendes naturwissenschaftliches Gesetz. Er wurde von Antoine Lavoisier (1743–1794) formuliert, der als Begründer der modernen Chemie gilt. Lavoisier untersuchte chemische Reaktionen und fand heraus, dass Masse (die Menge an Materie) permanent und unzerstörbar ist und trotz aller Veränderungen erhalten bleibt.

Verbrennung war eines der Hauptprobleme der Chemie im achtzehnten Jahrhundert. Lavoisier befasste sich mit diesem Sachverhalt, als er an einer Abhandlung zur Verbesserung der Technik der Pariser Straßenbeleuchtung arbeitete. Der Chemiker stellte 1772 fest, dass die Erhitzung von Zinn oder Blei in geschlossenen Gefäßen mit einer begrenzten Menge Luft eine Gewichtszunahme der Metalle bewirkte. Lavoisier bewies kurz darauf, dass die Ursache nicht in der geheimnisvollen Substanz Phlogiston zu suchen war, von der man annahm, dass sie während des Verbrennens Materialien entweiche.

1774 führte Lavoisier dann ein weiteres Experiment mit Zinn und Luft in einem geschlossenen Glasgefäß durch. Er erhitzte das Gefäß wieder und entdeckte, dass die Masse vor der Erhitzung (Glasgefäß + Zinn + Luft) und danach (Glasgefäß + erhitztes Zinn + der verbliebene Rest an Luft) jeweils gleich war. Lavoisier wies in weiteren Versuchen nach, dass das Produkt der Reaktion, Zinnoxid, nichts anderes war, als das ursprüngliche Zinn und ein Teil der Luft. Er folgerte aus seinen Beobachtungen, dass Sauerstoff essentiell für die Verbrennung ist, und verfasste anschließend den Massenerhaltungssatz, der besagt, dass die gesamte Masse von vorhandenen Substanzen vor einer chemischen Reaktion gleich der gesamten Masse nach der Reaktion ist. Materie wird diesem Gesetz nach weder erzeugt noch zerstört, sondern lediglich umgewandelt.

Der griechische Philosoph Demokrit von Abdera (um 460–370 v. Chr.) hatte die Unzerstörbarkeit der Materie bereits in seiner Atomtheorie beschrieben und fasste sie als grundsätzliches Prinzip folgendermaßen zusammen: Von nichts kommt nichts und nichts Bestehendes kann nicht zu nichts werden.

DER KOHLENSTOFFKREISLAUF

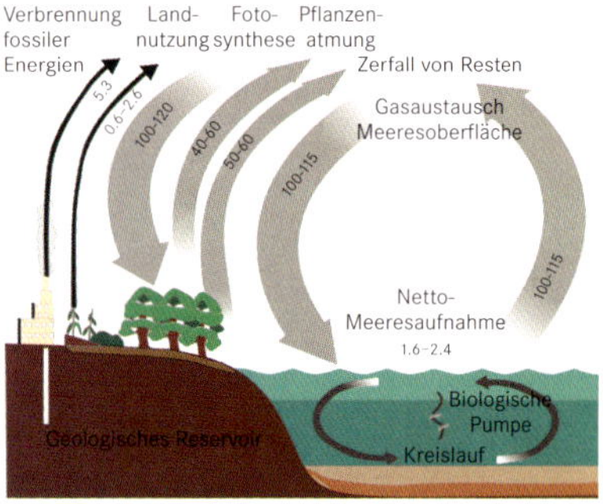

Gesamtkohlenstoff-Säule (Moleküle/cm²)

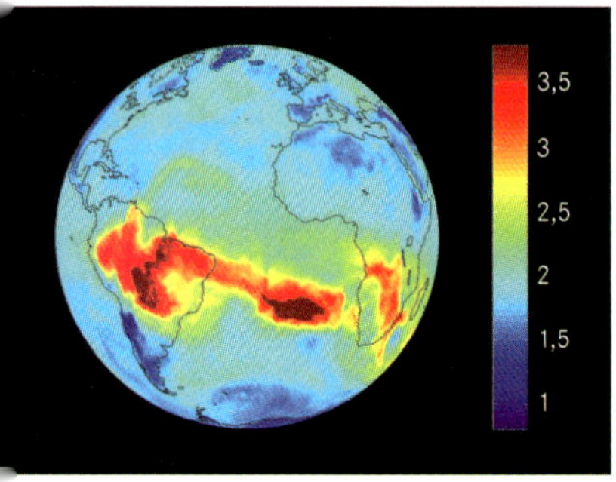

Kohlenstoff ist ein chemisches Element, das für das Leben essentiell ist und in der Natur auf verschiedene Arten vorkommt. Alle organischen Moleküle – Kohlenhydrate, Fette, Proteine, Nukleinsäuren – bestehen aus Ketten von Kohlenstoffverbindungen.

Kohlenstoff wird im Wasser, in der Luft und im Boden in Form eines Gases gespeichert, das man Kohlendioxid (CO_2) nennt. Pflanzen nehmen CO_2 aus der Atmosphäre auf und wandeln es durch Fotosynthese in Kohlenhydrate um. Wenn Herbivoren (Pflanzenfresser) diese Pflanzen fressen, dann verwerten sie diese in Form von Kohlenstoff. Ein Großteil davon wird von den Tieren als CO_2 durch Atmung wieder ausgestoßen, der Rest lagert sich in ihren Geweben ab. Im Laufe der Zeit gelangt auch dieser Kohlenstoff zurück in die Atmosphäre, sei es durch Stoffwechselprozesse oder dadurch, dass diese Tiere gefressen oder verzehrt werden. Wenn organische Stoffe abgebaut werden, zersetzen Bakterien und Pilze das tote pflanzliche oder tierische Material, wobei eine Menge an Kohlendioxid erzeugt wird, die so hoch ist wie beim Ausbruch eines Vulkans. Der in der Atmosphäre gelöste Kohlenstoff steht nun wieder pflanzlichen Organismen zur Verfügung, sodass der Kreislauf aufs Neue beginnen kann.

In der Hydrosphäre verläuft dieser Zyklus ganz ähnlich. Wasserpflanzen verwenden für ihre Fotosynthese gelöstes CO_2, das durch die Atmung der Meerestiere ins Wasser zurückgegeben wird. Wenn die Kohlenstoffkonzentration in den Meeren höher als in der Atmosphäre ist, erfolgt zwischen den beiden Elementen ein Kohlenstoffaustausch. Darüber hinaus werden die Kohlenstoffkonzentrationen durch eine bestimmte zusätzliche Menge beeinflusst, die infolge des natürlichen Kreislaufs emittiert wird. Auf diese Weise bildeten sich die sogenannten fossilen Brennstoffe wie Erdöl, Kohle und Erdgas, die vor Jahrmillionen aus den Überresten organischer Stoffe unter Sauerstoffabschluss entstanden.

Die Verbrennung fossiler Energien seit Beginn der Industriellen Revolution hat einen so gewaltigen Kohlenstoffausstoß verursacht, dass die Natur ihn nicht mehr kompensieren kann. Dies hat den bekannten Treibhauseffekt bewirkt, der einen Klimawandel nach sich zieht, durch den die Meeresspiegel steigen, die Niederschlagsmengen sich verändern und die Desertifikation der Böden zunimmt.

Kohlenstoff ist nach Wasserstoff und Sauerstoff das am häufigsten im menschlichen Körper vorkommende Element (17,5 %). Die Erdkruste besteht zu 0,09 Prozent aus Kohlenstoff. Er ist in großen Mengen im Sedimentgestein abgelagert und in festen sowie flüssigen Brennstoffen und bestimmten geologischen Schichten enthalten.

DIE GAIA-HYPOTHESE

Die Gaia-Hypothese besagt, dass die Biosphäre, die Ozeane und die Erdkruste als etwas Ganzes zu begreifen sind, das danach strebt, eine optimale physikalische und chemische Umgebung für das Leben zu realisieren. Dieser Theorie gemäß stellt der Planet Erde einen Makroorganismus aus Lebewesen dar, die miteinander agieren, um die Kontinuität des Lebens zu ermöglichen. Dieses Superwesen kann sich selbst mithilfe chemischer, biologischer und geologischer Prozesse regulieren und dadurch Bedingungen schaffen, die relativ konstant bleiben durch die aktive Überwachung der globalen Temperatur, der Bestandteile der Atmosphäre und des Salzgehalts der Meere. Die Theorie wurde 1969 vom Chemiker James Lovelock (* 1919) aufgestellt und 1979 publiziert. Der Name Gaia nach der griechischen Göttin der Erde wurde durch den britischen Schriftsteller und Nobelpreisträger für Literatur William Golding geprägt.

Gaia verhält sich wie ein System, das zum Gleichgewicht tendiert. Wenn eine Veränderung der Umwelt eintritt, die das Leben bedroht, wie zum Beispiel eine gewaltige Emission von Kohlendioxid durch den Ausbruch eines Vulkans, würde Gaia reagieren, um das Äquilibrium wiederherzustellen, indem mehr Phytoplankton in den Ozeanen erscheinen würde, um das Kohlendioxid im Wasser zu absorbieren.

Diese Hypothese geht davon aus, dass die vielen Lebensformen nicht nur gemeinsam ihre eigenen Lebensräume beeinflussen, sondern dass es das Leben selbst ist, das die Umwelt steuert und kontrolliert. Die aktuellen Bedingungen auf der Erde sind keineswegs einfach nur so entstanden, sie sind vielmehr das Ergebnis eines aktiven Eingreifens des Lebens. Bevor sich das Leben vor mehr als drei Milliarden Jahren auf der Erde entwickelte, war Kohlendioxid das beherrschende Element der Atmosphäre. Das Leben passte sich diesem Zustand schnell an, nahm das Gas auf und wandelte es in Stickstoff (durch Bakterien) und Sauerstoff (durch Fotosynthese) um.

Die globalen Temperaturen sind seit Millionen von Jahren stabil, obwohl die Sonneneinstrahlung beständig zugenommen hat. Dies hätte eigentlich zur Erwärmung der Erde führen müssen, was sich aber nicht ereignet hat. In dem Maße, in dem die Sonne heißer geworden ist, hat sich die Menge an Kohlendioxid mit seiner Eigenschaft als Wärmespeicher verringert. Mithilfe der Pflanzen sorgt Gaia dafür, dass die Temperaturen auf der Erde optimal für das Leben auf unserem Planeten gehalten werden können.

James Lovelacks Gaia-Hypothese entstand, als er für die NASA am Viking-Projekt mitarbeitete, bei dem es darum ging, eine Sonde auf den Mars zu senden, um die Existenz möglichen Lebens auf diesem Planeten zu erkunden.

BÄRTIERCHEN

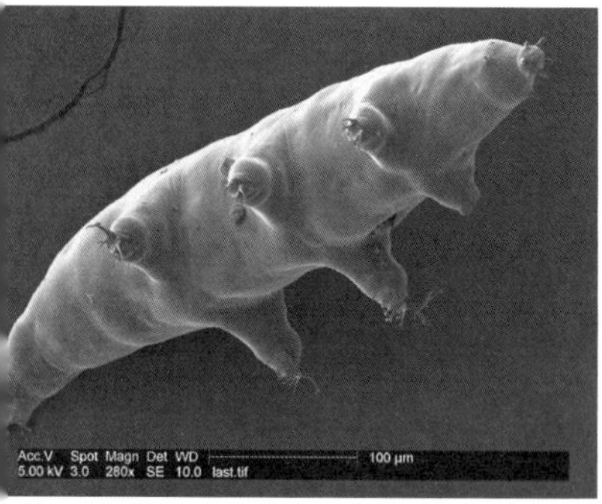

Bärtierchen, oft auch als Wasserbären bezeichnet, bilden eine Familie von mikroskopisch kleinen wirbellosen Tieren, die in feuchten Umgebungen leben. Man findet sie typischerweise auf Moosen und Farnen, aber sie sind auch in den Ozeanen, den Seen oder Flüssen heimisch. Erwachsene Tiere erreichen eine Größe zwischen 0,1 und 1,5 mm, die Jungtiere messen oft weniger als 0,05 mm.

Die Bärtierchen besitzen eine Eigenschaft, die sie zu einer der faszinierendsten Arten auf der Erde macht. Sie können sich in einen Zustand sogenannter Kryptobiose versetzen (die nahezu vollständige Beendigung des Stoffwechsels), wenn die Umgebung ihren Bedürfnissen nicht mehr förderlich ist. Sie verharren dann bis zu einigen Jahren in einer Art Winterschlaf. Infolge eines Dehydratationsprozesses (Austrocknung) schaffen sie es, ihre Körperflüssigkeit von 85 Prozent auf ganze 3 Prozent zu reduzieren, wodurch Wachstum, Fortpflanzung oder Stoffwechsel zeitweise stark eingeschränkt oder vollkommen gestoppt werden, bis sich ihre Lebensbedingungen wieder verbessern.

Diese Fähigkeit ermöglicht es Bärtierchen, extreme Kälte und Trockenperioden ebenso zu überleben wie intensive Strahlung, Hitze und jede Form von Umweltbelastungen. Untersuchungen haben gezeigt, dass sie bei Temperaturen nahe dem absoluten Nullpunkt (-273 °C) existieren können, aber auch solchen bis zu einer Höhe von 151 °C trotzen. Da kann es wenig überraschen, dass sie jede Ecke des Planeten von den Polarregionen bis zu den Tropen besetzt haben und auf dem Himalaya gleichermaßen anzutreffen sind wie in viertausend Meter tiefen Meeresgräben. Man hat zudem festgestellt, dass sie eine tausendfach höhere Strahlendosis vertragen können als andere Tiere.

Ein Bärtierchen kann einen kryptobiotischen Zustand über einen Zeitraum von sieben Jahren mehrfach überstehen. Es dauert danach jeweils zehn bis fünfzehn Minuten, dann ist das Tierchen wieder quicklebendig, lediglich gealterten Exemplaren und solchen, die nicht gleichmäßig dehydriert sind, gelingt der Sprung zurück ins Leben nicht. Der Wasserbär ist nicht unsterblich – seine Lebenserwartung wird auf rund siebzig Jahre geschätzt.

Die Widerstandskraft des Bärtierchens wurde 2007 dem härtesten aller Tests unterzogen, als man eine Reihe von ihnen an Bord des Raumschiffs Foton-M3 verfrachtete und sie dem Vakuum aussetzte. Die Wasserbären kamen nicht nur unbeschadet wieder daraus hervor, sondern pflanzten sich nach ihrer Rückkehr vollkommen unkompliziert weiter fort.

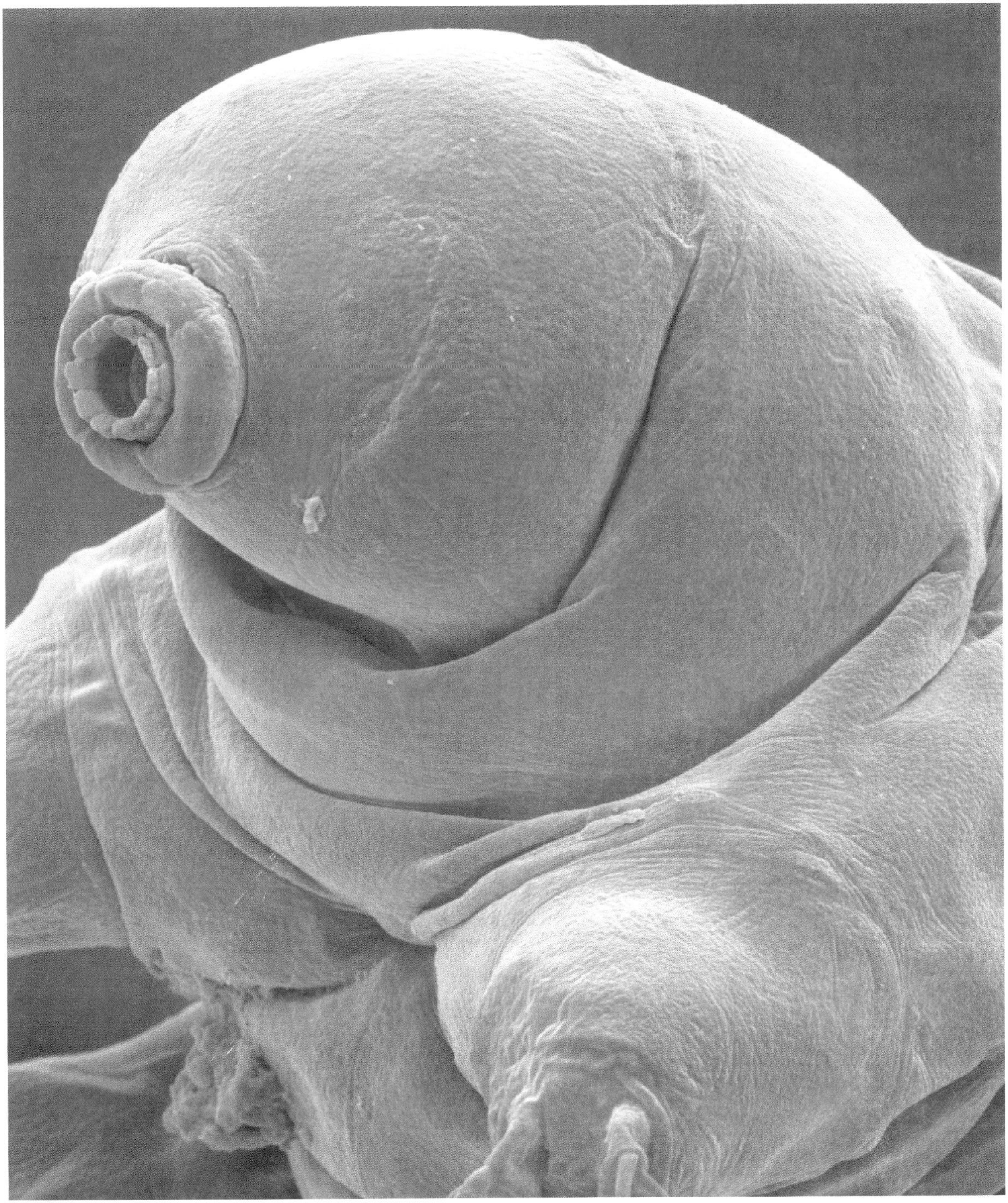

FARBEN

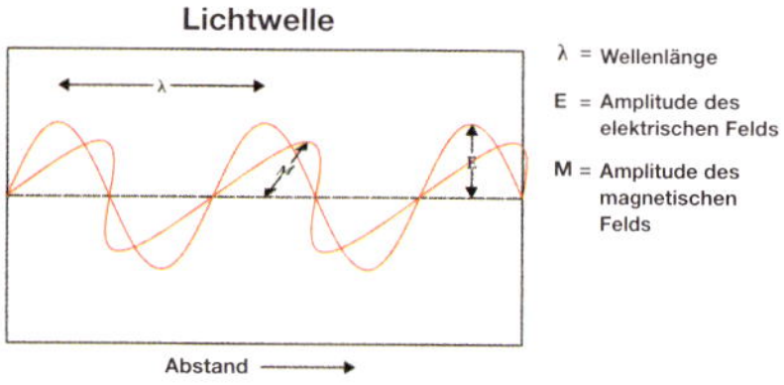

Seit jeher hat der Regenbogen eine große Faszination auf die Menschen ausgeübt. Hinter diesem einzigartigen Naturschauspiel verbirgt sich das Phänomen der Zerlegung von weißem Licht. Der Physiker Isaac Newton (1643–1727) untersuchte und wiederholte diesen Vorgang mithilfe eines Prismas. In seiner 1704 erschienenen Abhandlung *Opticks* konstatierte Newton, dass sich weißes Licht aus sieben Farben zusammensetzt, nämlich Rot, Orange, Gelb, Grün, Blau, Indigo und Violett.

Wenn Licht in der Luft durch einen Regentropfen hindurchgeht, dann wird es gebrochen und zeigt alle Farben, aus denen sichtbares Licht besteht. Jede dieser Farben entspricht im Spektrum sichtbaren Lichts unterschiedlichen Wellenlängen, deren Trennung durch verschiedene Brechwinkel erzeugt wird, sobald Licht aus einem Regentropfen wieder austritt.

Theoretisch gesehen, ist die Anzahl der Farben, die man wahrnimmt, umso größer, je besser das weiße Licht, das zerlegt wird. Auch wenn Newton nur sieben Farben festlegte, so existieren doch unendlich viele Farbnuancen, da der Übergang von einer Farbe in eine andere in einem Kontinuum erfolgt.

Das menschliche Auge besitzt drei Typen von Farbrezeptoren, die man Zapfen nennt. Die drei Zapfentypen reagieren gemäß ihrer jeweiligen Empfindlichkeit für bestimmte Wellenlängen auf die Primärfarben Blau, Rot und Grün. Nun könnte man annehmen, dass es deshalb lediglich drei Farben gibt, aber diese Trias kann nicht die Unendlichkeit an Farben hervorbringen, die das menschliche Auge erkennen kann oder die in der Kunst verwendet werden. Es lassen sich zwar die Sekundärfarben durch Kombinationen der Primärfarben des Ausgangstrios gewinnen, Pastellfarben beispielweise kann man jedoch so nicht erhalten, weil sie einen hohen Weißanteil aufweisen.

Newton führte nur sieben Farben auf, weil er ein Anhänger der Siebenzahl war, von der man seinerzeit annahm, sie regiere das Universum. In der Alchemie gab es sieben Metalle (Gold, Silber, Kupfer, Quecksilber, Blei, Zinn und Eisen), am Himmel standen sieben Sterne (Sonne, Mond, Venus, Merkur, Mars, Jupiter und Saturn), die Tonleiter setzte sich aus sieben Tönen zusammen und die Woche hatte sieben Tage.

MATHEMATIK

DIE LEIBNIZSCHE INFINITESIMALRECHNUNG

Gottfried Wilhelm Leibniz (1646–1716) war ein deutscher Philosoph, Mathematiker und Diplomat. Er gehörte zu den großen Gelehrten des siebzehnten und achtzehnten Jahrhunderts und gilt vielen als das „letzte Universalgenie". Sein Werk umfasst neben der Philosophie und Mathematik die Theologie, das Rechtswesen, die Politik, die Geschichte, die Philologie und die Physik.

Leibniz' wichtigster Beitrag zur Mathematik war die Entdeckung der Infinitesimalrechnung, die auch Isaac Newton (1643–1727) zugeschrieben wird. In den Jahren 1684 beziehungsweise 1686 publizierte Leibniz die beiden Methoden der Infinitesimalrechnung, die er im Wesentlichen in den 1670er-Jahren in Paris entwickelt hatte: das Differenzieren (das Finden einer Tangente an einer Kurve in einem Punkt, also einer Geraden, die die Kurve an diesem Punkt „berührt") und das Integrieren (das Finden der Fläche unter der Kurve). In der modernen Mathematik wird die Infinitesimalrechnung zur Bestimmung von Grenzwerten, Ableitungen, Integralen und unendlichen Reihen eingesetzt.

Leibniz' eigenen Aufzeichnungen zufolge benutzte er am 11. November 1675 erstmalig die Integralrechnung zur Bestimmung der Fläche unter der Kurve einer Funktion $y = f(x)$. Leibniz führte ein Zeichensystem ein, das auch heute noch gebräuchlich ist, unter anderem das Integralzeichen $\int$, ein langes *S*, das für lateinisch *summa* steht, oder den Buchstaben *d* für ein Differenzial, abgeleitet von lateinisch *differentia*. Das Leibnizsche Notationssystem stellt wahrscheinlich das Nachhaltigste seines gesamten Schaffens dar, weil es immer noch aktuell ist.

Die letzten Jahre seines Lebens waren geprägt von der Auseinandersetzung mit Newton hinsichtlich der Frage, wem die Ehre gebührte, die Analysis erfunden zu haben. Die Debatte um die Urheberschaft der Infinitesimalrechnung war zermürbend und zog sich über Jahre hin. Die zeitgenössischen Mathematiker waren in zwei Lager gespalten: In England ergriff man Partei für Newton, während man auf dem Kontinent Leibniz unterstützte, der für den Rest seines Lebens alles unternahm, um den Plagiatsvorwurf Newtons zu entkräften. Mittlerweile hat sich herauskristallisiert, dass beide unabhängig voneinander die Analysis entdeckt hatten, Newton allerdings vor Leibniz. Die Folgen dieses Streits waren für die britischen Mathematiker gravierend, da sie sich gegen die leibnizsche Methode entschieden hatten, die der newtonschen aber um Vieles überlegen war.

Neben Leibniz und Newton spielten auch die beiden Brüder Jakob (1654–1705) und Johann Bernoulli (1667–1748) eine wichtige Rolle bei der Entwicklung der Analysis.

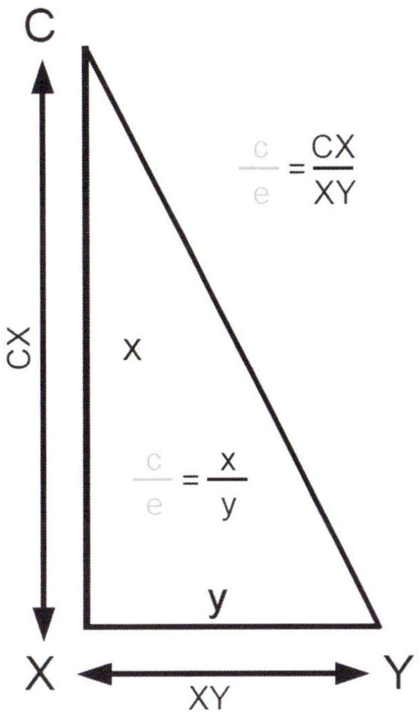
C
c/e = CX/XY
CX
x
c/e = x/y
y
X
Y
XY

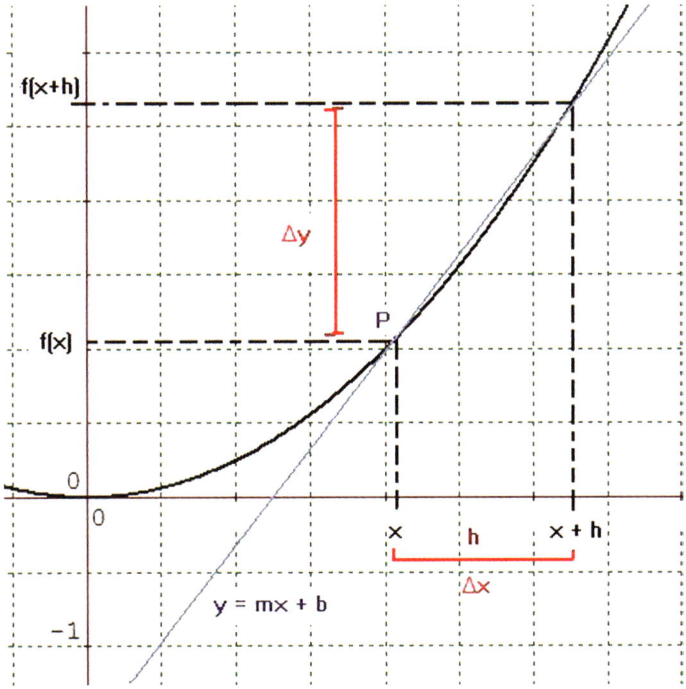
f(x+h)
Δy
P
f(x)
0
0
x
h
x + h
Δx
y = mx + b
-1

DER MENGER-SCHWAMM

Der Menger-Schwamm ist eines jener kuriosen und überraschenden mathematischen Objekte, die als Fraktale bezeichnet werden und eine Struktur aus sich wiederholenden, immer kleiner werdenden Formen besitzen.

Wenn man die Konstruktion eines Menger-Schwamms bis ins Unendliche fortsetzt, würde er sich auflösen. Er verfügt über eine unendliche Oberfläche, das eingeschlossene Volumen ist hingegen null. Beschrieben wurde er 1926 von dem österreichischen Mathematiker Karl Menger (1902–1985), dessen dreidimensionales Fraktal auf einem Sierpiński-Teppich beruht, den Mengers polnischer Mathematikerkollege Wacław Franciszek Sierpiński (1882–1969) 1916 vorgestellt hatte.

Ein Sierpiński-Teppich entsteht, wenn man ein Quadrat in neun gleiche Teile unterteilt und dann die Mitte entfernt. Aus den um das Loch herum verbliebenen acht Teilen wird wiederum jeweils die Mitte herausgenommen. Der Vorgang wird dann unendlich weitergeführt. Das Ergebnis ist schließlich eine Oberfläche aus verschiedengroßen Löchern mit einem Flächeninhalt, der gegen null strebt, je größer die Anzahl der Iterationen wird.

Der Menger-Schwamm ist eine dreidimensionale Darstellung des Sierpiński-Teppichs, also ein Würfel. Er wird konstruiert, indem zunächst jede Seite des Würfels in neun Quadrate aufgeteilt wird, sodass 27 kleinere Würfel resultieren. Dann werden der jeweils mittlere Würfel auf jeder Seite und der Würfel im Inneren des großen Würfels herausgelöst. Der Würfel besteht jetzt aus noch 20 Würfeln. Wird dieser Prozess unendliche Male wiederholt, erhält man den Menger-Schwamm.

Karl Menger promovierte 1924 an der Wiener Universität, wo er von 1927 bis 1938 als Professor für Geometrie arbeitete. Er war Mitglied des sogenannten Wiener Kreises und befasste sich unter anderem mit der Topologie sowie der Kurven- und Dimensionstheorie und der allgemeinen Lehre vom Raum und von räumlichen Gebilden. Nach ihm ist ein Satz in der Graphentheorie benannt worden.

DIE ZAHL *e*

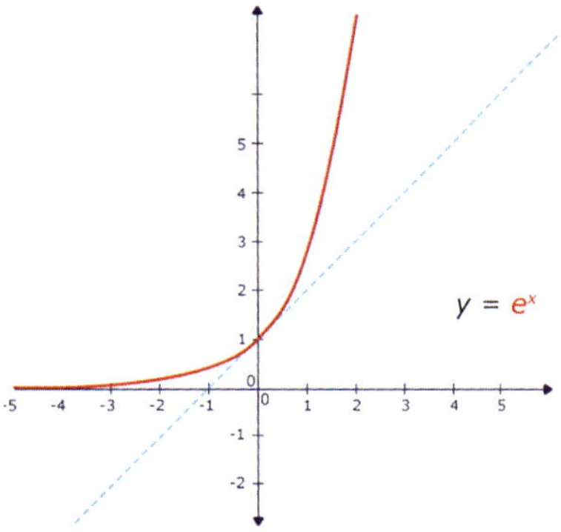

$$e^{i\pi} + 1 = 0$$

$e = 2{,}71828\,18284\,59045\,23536\,02874\,71352\,66249\,77572\,47093\,69995$
$95749\,66967\,62772\,40766\,30353\,54759\,45713\,82178\,52516\,64274$
$27466\,39193\,20030\,59921\,81741\,35966\,29043\,57290\,03342\,95260$
$59563\,07381\,32328\,62794\,34907\,63233\,82988\,07531\,95251\,01901\ldots$

Die Zahl *e*, auch Eulersche Zahl oder Napiers Konstante genannt, ist eine irrationale Zahl (eine mit nichtperiodischen unendlich vielen Dezimalstellen), der in der Analysis eine zentrale Bedeutung zukommt. Diese Konstante ist die Basis des natürlichen Logarithmus. Sie erschien erstmalig 1618 in einem Anhang zu John Napiers (1550–1617) Tabellenwerk über Logarithmen und bildet auch die Basis der (natürlichen) Exponentialfunktion. Wie es zur Bezeichnung *e* durch Leonhard Euler (1707–1783) kam, ist umstritten, man nimmt aber an, dass es sich um eine Abkürzung für „exponentiell" handelt. Die Exponentialfunktion zur Basis *e* ist die einzige Funktion, deren Ableitung wieder die Funktion selbst ergibt.

Als *e* im bereits erwähnten Appendix Anfang des 17. Jahrhunderts auftauchte, da war der Zahl kein spezifischer Wert zugewiesen, sondern sie diente lediglich der Berechnung einer Reihe aufgelisteter Logarithmen zur Basis *e*. Es blieb Leonhard Euler vorbehalten, 1727 das Symbol *e* als Erster in einem Brief zu benutzen und es 1736 in seinem Werk *Mechanica* abzudrucken und damit auch zu etablieren. 1748 bestimmte er dann die ersten 18 Dezimalstellen von *e*.

Die Zahl *e* wird in vielen Bereichen der Wissenschaft und Ökonomie angewandt, etwa in der Biologie, um das exponentielle Wachstum zu berechnen, das bei gewissen Bakterienpopulationen oder bei der Rekultivierung von durch Brand vernichteten Wäldern eine Rolle spielt. Im Finanzwesen wird sie darüber hinaus zur Ermittlung der Zinseszinsen gebraucht und auf vielen technischen Gebieten wird *e* zur Beschreibung von elektrischen und elektronischen Phänomenen eingesetzt.

Die ersten 18 Nachkommastellen der Zahl *e*, die Euler berechnete:

$e \approx 2{,}718281828459045235\ldots$

Man glaubt, dass der griechische Mathematiker und Philosoph Hippasos von Metapont (spätes sechstes oder frühes fünftes Jahrhundert v. Chr.) die irrationalen Zahlen entdeckte, als er versuchte, die Quadratwurzel aus 2 als Bruch (oder Verhältnis) darzustellen, daran aber scheiterte und daraus folgerte, dass sie irrational sein müsse.

e = 2.7182818

DER VIERFARBENSATZ UND EINE UNENDLICHE ZAHL AN LÄNDERN

Der Vierfarbensatz besagt, dass nicht mehr als vier Farben benötigt werden, um eine Karte einzufärben mit unendlich vielen Ländern, ohne dass zwei aneinandergrenzende Staaten denselben Farbton aufweisen. Dabei wird unterstellt, dass jedes Land nur ein Territorium hat und die Welt rund beziehungsweise eben ist. Die genaue Form eines Landes spielt keine Rolle, entscheidend ist lediglich, welches Land eine gemeinsame Grenze mit einem anderen besitzt.

Seit der Renaissance wissen Kartografen, dass vier Farben ausreichen, um zu vermeiden, dass zwei nebeneinanderliegende Staaten dieselbe Kolorierung erhalten, und bis zum neunzehnten Jahrhundert hat sich auch niemand darum gekümmert, ob dies etwas mit Mathematik zu tun haben könnte, geschweige denn, dass es einen Beweis geben könnte, der für jede Karte Gültigkeit hätte.

Diese Fragestellung wurde zunächst als das Guthrie-Problem bekannt, da es Francis Guthrie (1831–1899) war, der sich als Student am University College in London 1852 als Erster damit befasste. Da er allerdings mit seiner Beweisführung nicht zufrieden war, wandte er sich an seinen Bruder Frederick, der das Problem seinem Dozenten, dem berühmten Mathematiker Augustus De Morgan (1806–1871), vorlegte, der es wiederum verschiedenen Kollegen präsentierte.

Der erste Beweis erschien dann am 17. Juli 1879 im Magazin *Nature*, den der Mathematiker Alfred Bray Kempe (1849–1922) formuliert hatte, der dafür Fellow of the Royal Society wurde. 1890 wies der englische Mathematiker John Heawood (1861–1955), der sechzig Jahre seines Lebens dem Vierfarbenproblem gewidmet hat, Kempe jedoch einige Fehler in seinen Ausführungen nach. Erneut war der Vierfarbensatz zur bloßen Vermutung geworden.

Knapp einhundert Jahre später konnten 1976 die beiden Mathematiker Kenneth Appel (* 1932) und Wolfgang Haken (* 1928) mithilfe eines Computerspezialisten den Vierfarbensatz anhand Kempes Methode beweisen. Sie brauchten 1200 Stunden und mehr als 1500 mögliche Kartenkonfigurationen, um ein Computerprogramm zu schreiben, das den Nachweis erbringen konnte, dass nicht mehr als vier Farben für jede Karte notwendig sind.

Es war das erste Mal, dass eine in wesentlichen Teilen auf Computerberechnungen beruhende Beweisführung in Mathematikerkreisen akzeptiert wurde, wenngleich dies dennoch eine heftige Kontoverse auslöste, die eine der größten Krisen in der Geschichte der Mathematik verursachte.

Dem Vierfarbensatz gemäß sind nicht mehr als vier Farben nötig, um eine Karte mit unendlich vielen Ländern einzufärben, ohne dass zwei aneinandergrenzende Staaten denselben Farbton erhalten.

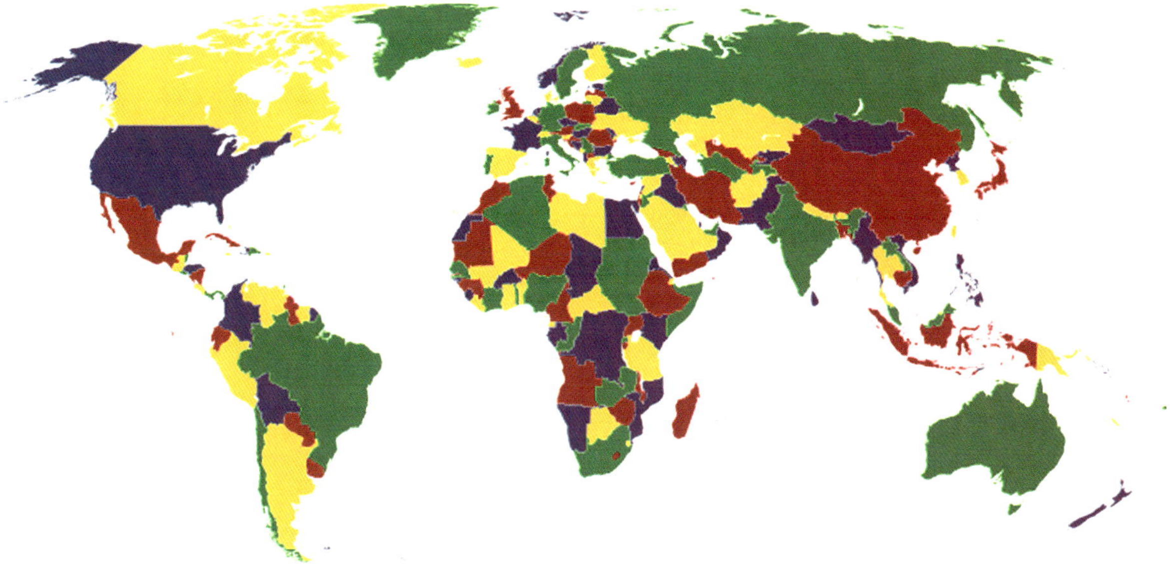

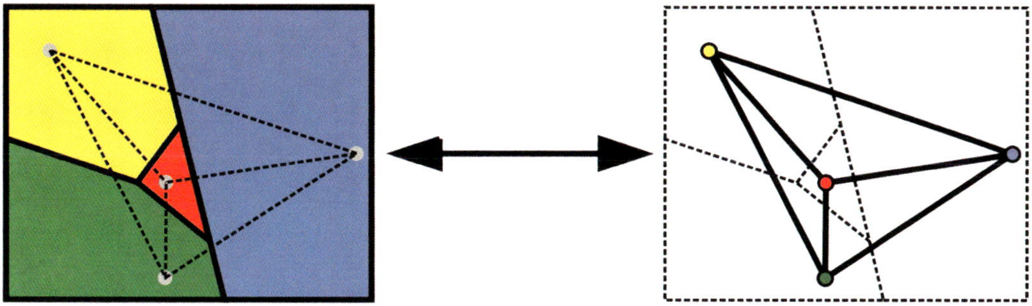

DAS THEOREM DER ENDLOS TIPPENDEN AFFEN

Dieses Theorem besagt, dass eine Gruppe von Affen, die unendlich lange zufällig auf einer Schreibmaschine herumtippen, fast sicher irgendein Buch aus der französischen Nationalbibliothek schreiben wird. In Versionen neueren Datums, insbesondere im englischen Sprachraum, geht es um das Abtippen der Werke Shakespeares. In diesem Kontext steht „fast sicher" für einen Begriff aus der Wahrscheinlichkeitstheorie mit einer sehr präzisen Bedeutung und die Affen sind eine Metapher für die Erzeugung einer zufälligen Reihenfolge von Buchstaben.

Die ursprüngliche Idee wurde von dem französischen Mathematiker Émile Borel (1871–1956) in seinem Artikel „Mécanique statistique et irréversibilité" formuliert, der 1913 erschien. Borel stellte fest, dass, wenn eine Million Affen zehn Stunden am Tag tippen würden, es äußerst unwahrscheinlich wäre, dass sie irgendetwas hervorbringen könnten, was dem Inhalt der Bücher der bestausgestatteten Bibliothek der Welt gleichkommen könnte. Allerdings, so Borel weiter, wäre es noch weitaus unwahrscheinlicher, dass die Gesetze der Statistik verletzt würden, und sei es auch nur leicht. Der Zweck dieser Affen-Metapher bestand für Borel darin, die Größenordnung eines äußerst unwahrscheinlichen Ereignisses anschaulich zu machen.

In den 1970er-Jahren wurde dieses Bild in die Unendlichkeit ausgedehnt mit einer unendlichen Anzahl unendlich lang tippender Affen. Beides der Unendlichkeit zu überantworten, erscheint ein wenig übertrieben – ein einzelner unsterblicher Affe, der unendlich lang eine Schreibmaschine traktiert, hätte zur Formulierung des Theorems allemal gereicht.

Man kann es kaum glauben, aber es hat sogar mehrere praktische Experimente gegeben, die diese Situation nachempfunden haben. Einer der berühmtesten Tests wurde 2003 von einer Gruppe Wissenschaftler der Universität Plymouth (England) im Zoo von Paington durchgeführt. Man platzierte zu diesem Zweck einen Monat lang eine Computertastatur in einen Käfig mit sechs Mohrenmakaken. Die Affen produzierten in dieser Zeit ganze fünf Seiten mit langen Reihen der Buchstaben g, s und q und begannen schon bald damit, die Tastatur mit Steinen zu bearbeiten und ihren Kot darauf auszuscheiden.

$$\sum_{n=1}^{\infty} P(A_n) = \infty \Rightarrow P(\limsup A_n) = 1$$

Émile Borel war ein Pionier der Maßtheorie und ihrer Anwendung in der Wahrscheinlichkeitstheorie. Er leistete darüber hinaus grundlegende Beiträge zur Spieltheorie.

GEORG CANTOR UND DIE MENGENLEHRE

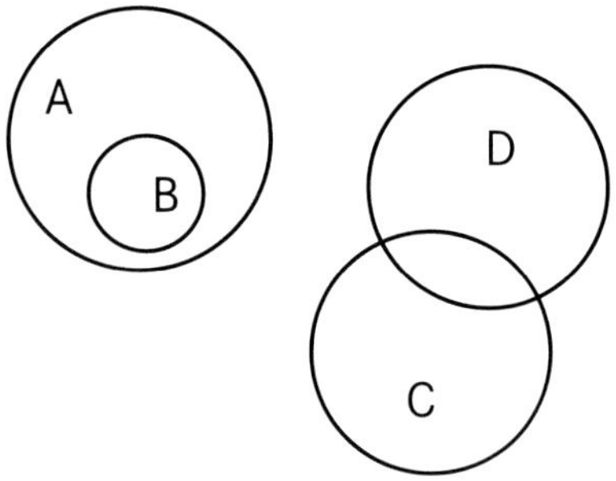

$M = \{4,6,2,8\}$

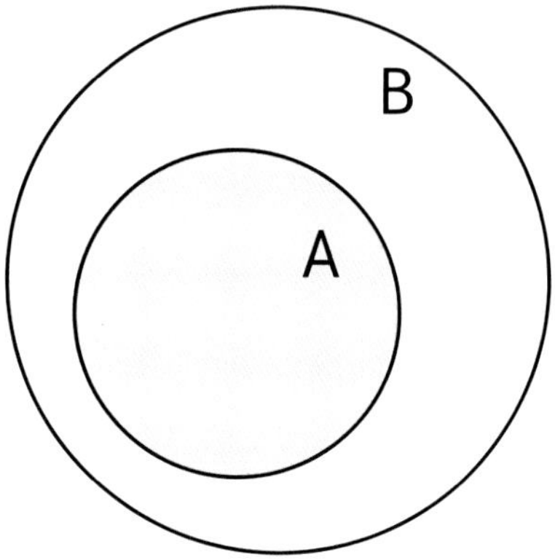

Georg Cantor (1845–1918) war ein deutscher Mathematiker russischer Herkunft, der zusammen mit Richard Dedekind (1831–1916) und Gottlob Frege (1848–1925) die Mengenlehre erfand, die das Fundament der modernen Mathematik bildet. Cantor war der Erste, der infolge seiner Untersuchungen zur Unendlichkeit den Begriff des Unendlichen in Form der transfiniten Zahlen formalisieren konnte. Seine erste Abhandlung über die Mengentheorie erschien 1874 in der renommierten mathematischen Fachzeitschrift *Crelles Journal.* Cantor fand heraus, dass unendliche Mengen nicht immer gleich groß sind: Es gibt verschiedene Unendlichkeiten unterschiedlicher Größe.

Die Menge, die jedermann vertraut ist, umfasst die natürlichen Zahlen, die aus der Folge 1,2,3,4 ... gebildet werden. Besitzt diese Menge eine beschränkte Anzahl an Elementen oder ist sie unmessbar groß? Das Erste, was Cantor entdeckte, war, dass die Menge der natürlichen Zahlen aus anderen Mengen besteht, die dieselbe Anzahl an Elementen aufweisen wie die der natürlichen Zahlen selbst. Die Menge der natürlichen geraden Zahlen beispielsweise hat dieselbe Anzahl an Elementen wie die der gesamten natürlichen Zahlen. Wenn man nämlich die Elemente der Menge der natürlichen geraden Zahlen in Beziehung zu denen der Menge aller natürlichen Zahlen setzt, dann erkennt man, dass jeder natürlichen Zahl genau eine natürliche gerade Zahl entspricht. Das bedeutet, dass die natürlichen Zahlen eine unendlich große Menge sind, die eine ebenfalls unendliche Teilmenge enthält, da die Menge der natürlichen geraden Zahlen ein Teil der natürlichen Zahlen ist.

Cantor stellte zudem fest, dass es Zahlenmengen gibt, die nicht eins zu eins der Menge der natürlichen Zahlen entsprechen und diese sogar noch übertreffen. Daraus folgerte er, dass Unendlichkeiten existieren, die unendlicher als andere sind. Diese Entdeckung führte Cantor dazu, das Konzept der transfiniten Zahlen zu formulieren, um die „Größe" der Unendlichkeit einer unendlichen Menge angeben zu können. Seit Cantor wissen wir, dass die Unendlichkeit unterschiedliche Grade besitzt und es von diesen Graden unendlich viele gibt und dass die Anzahl der Teilmengen unendlicher Mengen die Anzahl der ursprünglichen Elemente bei weitem übersteigt. Zur Kennzeichnung der unterschiedlichen Stufen von Unendlichkeit unendlicher Mengen verwendete er den ersten Buchstaben des hebräischen Alphabets Aleph.

Cantors Lehrer, der Mathematiker Leopold Kronecker (1823–1891), bezeichnete Cantors Überlegungen zur Unendlichkeit als mathematischen Irrsinn. Die ablehnende Haltung in Mathematikerkreisen gegenüber seiner Theorie und sein vergebliches Bemühen, die Kontinuumshypothese zu begründen (unbeweisbar innerhalb der Mengentheorie), zehrten ihn auf, und 1884 zeigten sich die ersten Zeichen einer manisch-depressiven Erkrankung, die ihn schubweise für den Rest seines Lebens heimsuchte und immer wieder psychiatrische Behandlungen notwendig machte. Er starb schließlich verarmt in einem Sanatorium.

Cantors Theorem zeigt, dass zu jeder Unendlichkeit eine größere existiert und es deshalb unendlich viele Unendlichkeiten gibt.

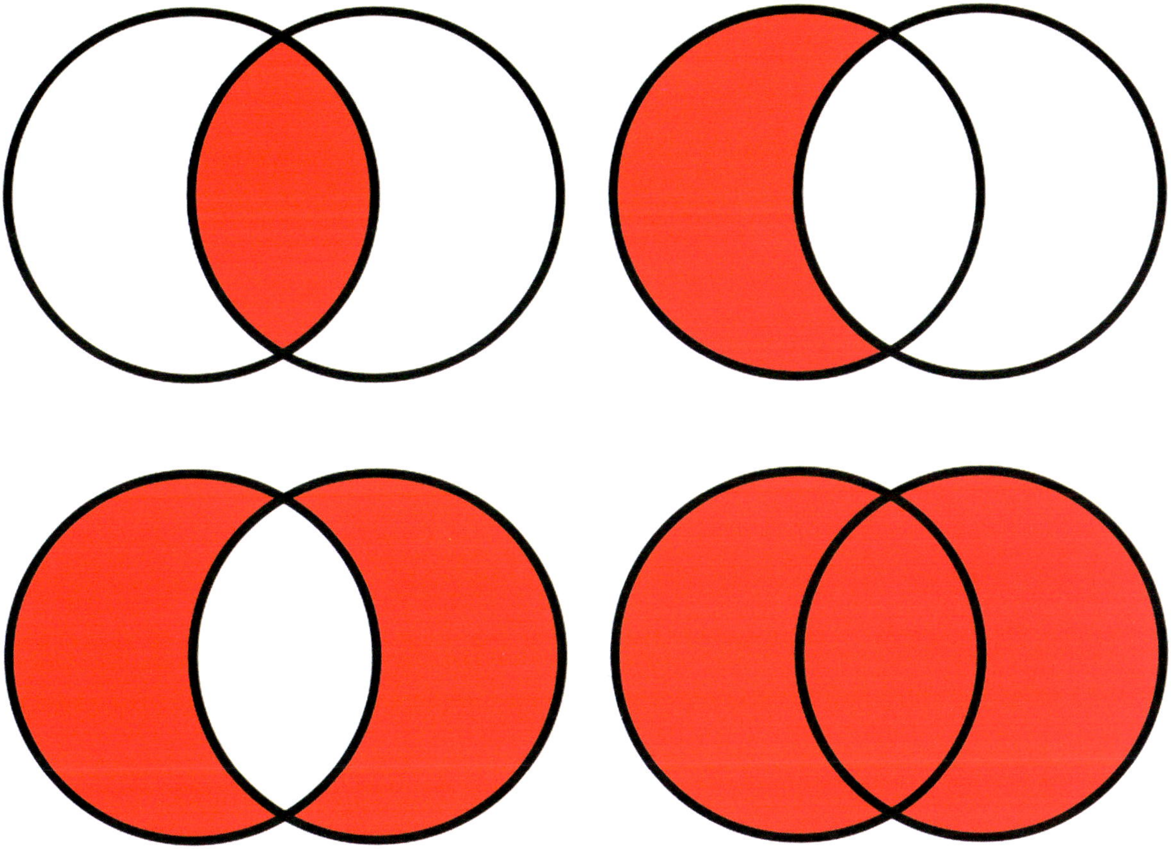

DER GOLDENE SCHNITT

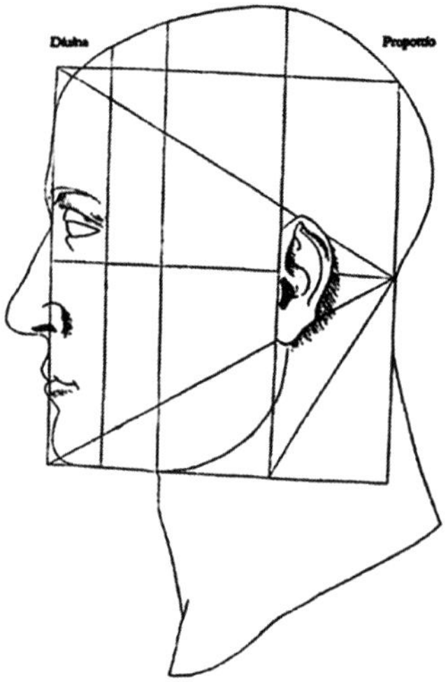

Die Goldene Zahl, die man auch Goldener Schnitt oder Göttliche Proportion nennt, wird zu Ehren des griechischen Bildhauers und Architekten Phidias (um 490 – 431 v. Chr.) mit dem griechischen Buchstaben φ (Phi) bezeichnet. Phi ist eine irrationale Zahl, also eine solche mit unendlich vielen nichtperiodischen Dezimalstellen. Diese Zahl war bereits in der Antike bekannt, allerdings nicht als Einheit, sondern als Beziehung oder Verhältnis zweier Strecken zueinander.

Auch wenn diese Zahl ihr Symbol Phi erst im zwanzigsten Jahrhundert erhielt, so spielte sie jedoch bereits in der Architektur der griechischen Antike eine wichtige Rolle bei der Festlegung der Proportionen von Statuen und Tempeln, sowohl was den Grundriss als auch die Fassaden anbelangte. Das berühmteste Beispiel ist der unter der Leitung von Phidias um 433 v. Chr. fertiggestellte Parthenon in Athen. Euklid (um 325 – um 270 v. Chr.) war einer der Ersten, der diese Zahl als das Verhältnis zwischen zwei Strecken a und b mit der Formel $(a+b)/a = a/b$ beschrieb, die wie folgt definiert wurde: „Eine Strecke wird als nach dem äußeren und inneren Verhältnis geteilt betrachtet, wenn sich die gesamte Strecke zum größeren Teil verhält wie der größere zum kleineren."

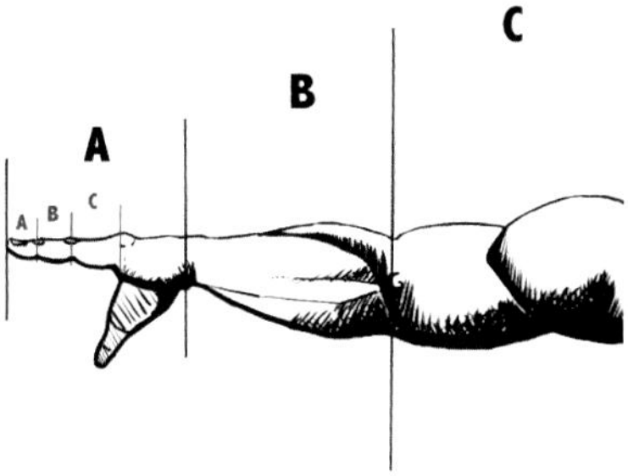

Der Goldene Schnitt wurde häufig in der Renaissance verwandt, insbesondere in der bildenden Kunst und der Architektur. Er galt als die Konstruktion, die zur Realisierung des perfekten Seitenverhältnisses eines Rechtecks diente, des Goldenen Rechtecks, und spielte eine wichtige Rolle in den Hauptwerken Leonardo da Vincis (1452–1519), dessen Interesse an Mathematik in der Kunst und Natur hinlänglich dokumentiert ist. Leonardos *Der vitruvianische Mensch,* eine Studie, die im 1509 erschienenen Buch *De Divina Proportione* von Luca Pacioli enthalten ist, zeigt, wie alle Körperteile des Menschen in Beziehung zum Goldenen Schnitt stehen. Auch Leonardos Meisterwerk, die *Mona Lisa*, beruht auf einem Goldenen Rechteck. Michelangelo (1475–1564) machte sich ebenfalls den Goldenen Schnitt zunutze, beispielsweise in seiner Marmorskulptur des *David*, um einerseits die Position des Nabels in Bezug auf die Körpergröße zu bestimmen, andererseits um die der Fingergelenke zu ermitteln.

Tagtäglich hantieren wir mit Gegenständen, die nach den Regeln des Goldenen Schnitts entworfen wurden, etwa Kreditkarten, die zumeist ein Goldenes Rechteck bilden. In der Natur finden sich viele Beispiele für den Golden Schnitt, etwa bei der Anordnung von Blättern verschiedener Pflanzen, aber auch in der menschlichen Anatomie. Schon im sechzehnten Jahrhundert entdeckte man einen engen Zusammenhang zwischen der Fibonacci-Folge und dem Goldenen Schnitt, da sich das Verhältnis zweier aufeinanderfolgender Fibonacci-Zahlen der Zahl 1,618... annähert, die den Goldenen Schnitt beschreibt.

Die Formel für den Goldenen Schnitt lautet:

$$\phi = \frac{1+\sqrt{5}}{2} \approx 1{,}6180339887498948482045868343656381177203 09\ldots$$

Phidias schuf um 432 v. Chr. die Kolossalstatue des Zeus in Olympia, eines der sieben Weltwunder der Antike.

Φφ

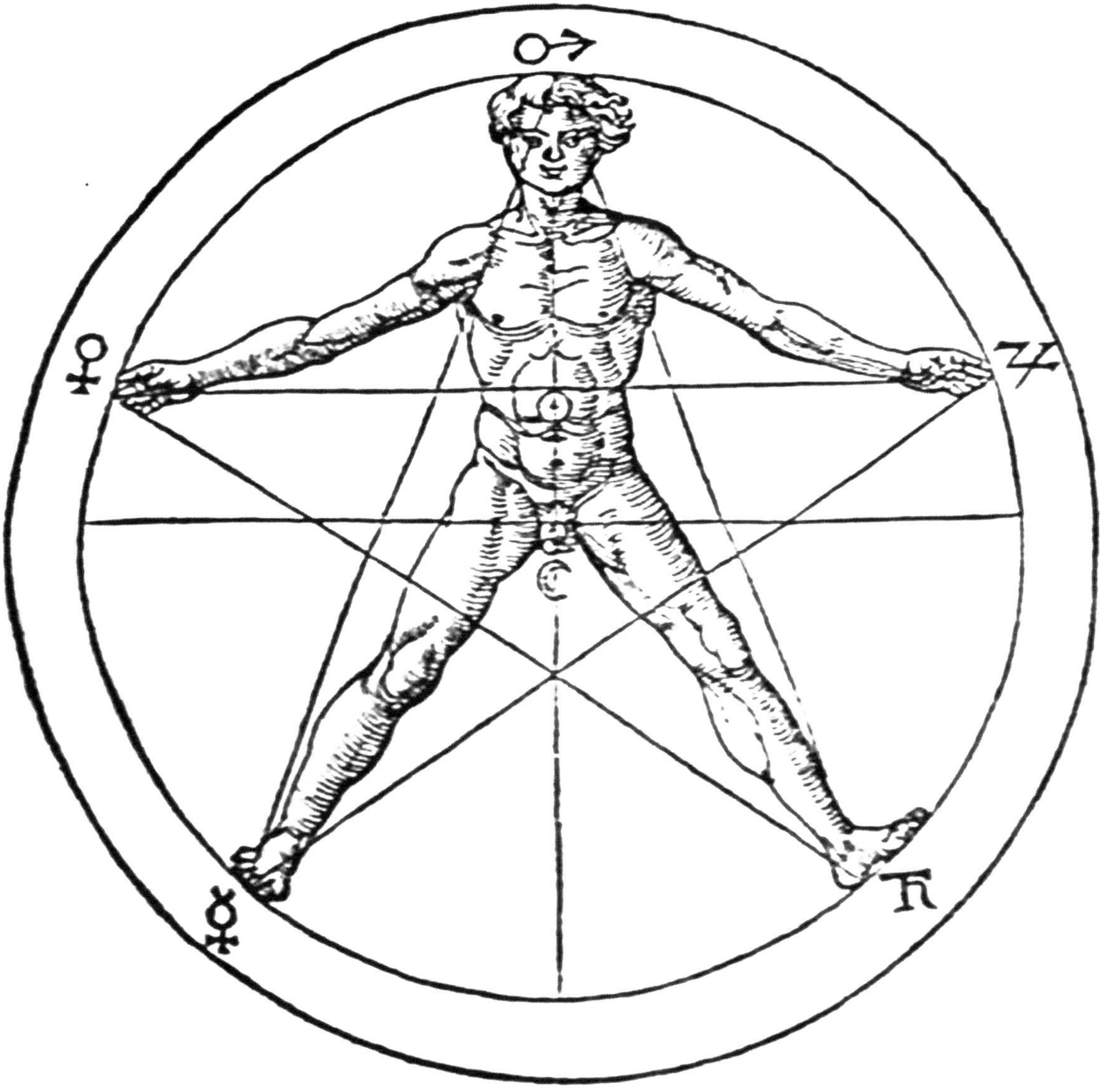

DAS MÖBIUSBAND

August Ferdinand Möbius (1790–1868) war ein deutscher Mathematiker und Astronom. Er ist berühmt geworden als Entdecker des Möbiusbands, einer zweidimensionalen Struktur mit nur einer Fläche und einer Kante. Das auch als Möbiusschleife bezeichnete Gebilde ist das klassische Beispiel einer nicht orientierbaren Fläche, weil man innen und außen nicht unterscheiden kann. Dieses Band hat auch der deutsche Mathematiker Johann Benedict Listing (1808–1882) gleichzeitig mit Möbius beschrieben.

Man kann das Möbiusband selbst konstruieren, indem man einen längeren Papierstreifen um 180° entlang der Längsachse dreht und dann an den Enden aneinanderklebt. Es entsteht eine Figur mit lediglich einer Fläche, auch wenn es so aussieht, als besitze sie zwei. Dass dies nicht der Fall ist, lässt sich leicht mit einem Bleistift beweisen, wenn man eine Linie auf den Streifen zeichnet und feststellt, dass man an den Anfangspunkt zurückgelangt, ohne eine Kante passiert zu haben. Dies demonstriert eine weitere Eigenschaft des Möbiusbands, dass es nämlich nicht orientierbar ist, man also nicht oben oder unten beziehungsweise rechts oder links voneinander unterscheiden kann.

Das unendliche Möbiusband wird in verschiedener Form technisch eingesetzt. Man denke beispielsweise an irgendein Band, das über Zylinder läuft und durch die Drehbewegung eine an einem Ort erzeugte Kraft auf einen anderen überträgt, wie etwa ein Keilriemen beim Auto oder eine Kette beim Fahrrad. Infolge der Nutzung reibt sich ein Band oder Riemen an den Zylindern oder Scheiben und verschleißt. Riemen, die nicht in sich verdreht sind, zeigen Abnutzungserscheinungen an der Innen-, aber nicht an der Außenseite. Wird ein Riemen allerdings wie ein Möbiusband hergestellt, würde nach der ersten Umdrehung die „andere Seite“ verwendet werden und während dieser Phase abgenutzt, wenngleich es strenggenommen eigentlich nur eine Seite gibt. Auf diese Weise ist der Verschleiß auf beiden Seiten gleich und die Lebensdauer des Riemens doppelt so hoch. Dieses Prinzip findet sich darüber hinaus auch bei Förderbändern oder Aufzeichnungsbändern, bei letzteren stehen dadurch beide Seiten für Aufnahmen zur Verfügung und ermöglichen somit eine doppelte Spielzeit.

Wenn man ein Möbiusband der Länge nach zerschneidet, zerfällt es nicht in zwei Hälften gleicher Größe, sondern es entsteht ein neues Band doppelter Länge. Wenn man dieses nun erneut entlang der Längsachse durchtrennt, bilden sich ein Möbiusband und ein damit verschlungener Ring, der doppelt verdrillt ist.

DIE ARCHIMEDISCHE SPIRALE

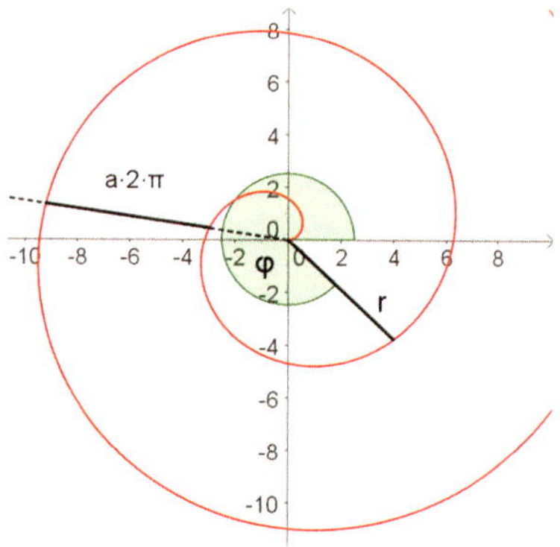

Die archimedische oder arithmetische Spirale ist nach dem bedeutenden griechischen Mathematiker Archimedes (um 287 – um 212 v. Chr.) benannt, der die meiste Zeit seines Lebens auf Sizilien verbrachte. Er bestimmte die Spirale wie folgt: „Wenn ein Halbstrahl sich innerhalb einer Ebene um seinen Endpunkt mit gleichförmiger Geschwindigkeit dreht, bis er wieder in seine Ausgangsstellung zurückkehrt, gleichzeitig aber sich ein Punkt auf diesem Halbstrahl mit gleichförmiger Geschwindigkeit vom Endpunkt des Halbstrahls aus bewegt, so wird der Punkt eine Spirale beschreiben."

Diese Definition findet sich in seinem Werk *Über Spiralen*. Die besonderen Merkmale dieser Spirale sind, dass die konstante Geschwindigkeit, mit der sie rotiert, proportional zu der ist, mit der sie sich vom Zentrum entfernt, und dass zwischen zwei aufeinanderfolgenden Umläufen die Abstände konstant bleiben.

Die archimedische Spirale ist für zahlreiche Anwendungen eingesetzt worden, wie etwa beim Scrollkompressor, der aus zwei ineinander verschachtelten Spiralen besteht, die zur Verdichtung von Gasen verwendet werden. Die Rillen auf den ersten Schallplatten und später den Vinyls bildeten ebenfalls eine archimedische Spirale, die aufgrund ihres gleichmäßigen Abstands die Abspieldauer maximierte. Archimedische Spiralen spielen auch im Rahmen neurologischer Untersuchungen eine Rolle, um bei Patienten anhand von ihnen gezeichneter Spiralen das Stadium eines Tremors diagnostizieren zu können.

Im Bereich der Projektionstechnik dienen die Spiralen dazu, den sogenannten Regenbogeneffekt zu minimieren, damit es so aussieht, als ob die verschiedenen Farben gleichzeitig projiziert würden, während sie tatsächlich aber in einem raschen Wechsel von Rot, Grün und Blau nacheinander abgebildet werden.

In seinem Buch *Über Spiralen* benutzt Archimedes die Spirale zur Berechnung der Bogenlänge, zur Quadratur des Kreises (die Konstruktion eines Quadrats aus einem gegebenen Kreis mit demselben Flächeninhalt wie der Kreis) und zur Trisektion eines Winkels (die Aufteilung eines beliebigen Winkels in drei gleich große Teile). Archimedes konnte mit seiner Kurve zwei der drei klassischen Probleme der antiken Mathematik bearbeiten, die Quadratur des Kreises und die Dreiteilung eines Winkels. Die klassische Anforderung in der griechischen Antike an eine Lösung, ihre ausschließliche Konstruktion mit Lineal und Zirkel, konnten die beiden Beweise von Archimedes allerdings nicht erfüllen, da die arithmetische Spirale selbst auf diese Weise nicht konstruierbar ist.

Archimedes gehörte zu den bedeutendsten Mathematikern und Naturwissenschaftlern der Antike. Er befasste sich unter anderem mit der Hydrostatik, formulierte die Hebelgesetze und konstruierte eine Reihe von Maschinen.

ALBRECHT DÜRER UND SPIRALEN

Albrecht Dürer (1471–1528) ist der bedeutendste deutsche Künstler der Renaissance. Seine Gemälde, Zeichnungen und Radierungen sind ebenso berühmt wie seine theoretischen Schriften zur Kunst, die die Werke vieler Künstler im sechzehnten Jahrhundert prägten.

Die Qualität von Dürers Arbeiten und die ungeheure Anzahl an Kunstwerken, die er schuf, sowie der große Einfluss, den er auf seine Zeitgenossen ausübte, waren in der Geschichte der Kunst von eminenter Bedeutung. Sein Interesse für Geometrie und Mathematik, sein tiefgreifendes Verständnis für die Geschichte und seine Beobachtungen der Natur sowie sein Bewusstsein für die eigenen künstlerischen Fähigkeiten entsprachen dem Geist der Renaissance, der von ständiger intellektueller Neugier bestimmt war.

Im Jahr 1525 erschien Dürers vierbändiges Geometriebuch *Underweysung der messung mit dem zirckel un richtscheyt in Linien ebenen und gantzen corporen.* Dieses faszinierende Werk richtete sich an Künstler, Handwerker und Mathematiker und zeigte, wie man auf verschiedene Weise geometrische Figuren zeichnen kann, darunter auch eine komplexe Art von Spiralen, die auf selbstähnlichem Wachstum beruhten, also Formen, die durch das wiederholte Aneinanderreihen ähnlicher geometrischer Figuren entstehen, deren Eckpunkte miteinander verbunden werden.

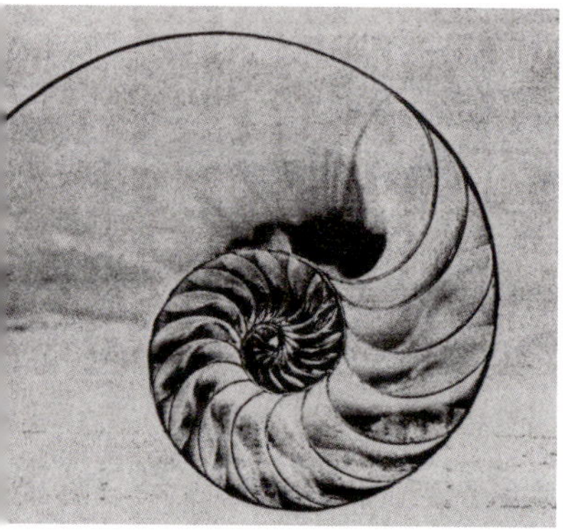

Eine dieser Spiralen, die bei Dürer „Schneckenlinien" heißen, war keine der dargestellten Konstruktionen archimedischer Spiralen oder deren Variationen, sondern beschrieb erstmalig einen neuen Spiraltypus, eine logarithmische Spirale, die der Künstler „ewige Linie" nannte und freihändig zeichnete. Es ist eine Spirale, die auf dem Goldenen Schnitt beruht, oder genauer gesagt, auf dem Goldenen Rechteck.

Goldene Rechtecke werden mithilfe des Goldenen Schnitts konstruiert, das heißt, dass der Quotient zwischen der längeren und kürzeren Seite die Goldene Zahl Phi ergibt. Wenn man an die längere Seite eines Goldenen Rechtecks ein Quadrat anfügt, erhält man ein weiteres Goldenes Rechteck. Unterteilt man nun das Ausgangsrechteck dieses Goldenen Rechtecks erneut in ein kleineres Goldenes Rechteck und ein Quadrat, bildet sich ein neues kleineres Goldenes Rechteck. Wird dieser Vorgang beliebig weitergeführt und werden die zwei gegenüberliegenden Ecken aller Quadrate mit einem Viertelkreis verbunden, entsteht eine Goldene Spirale.

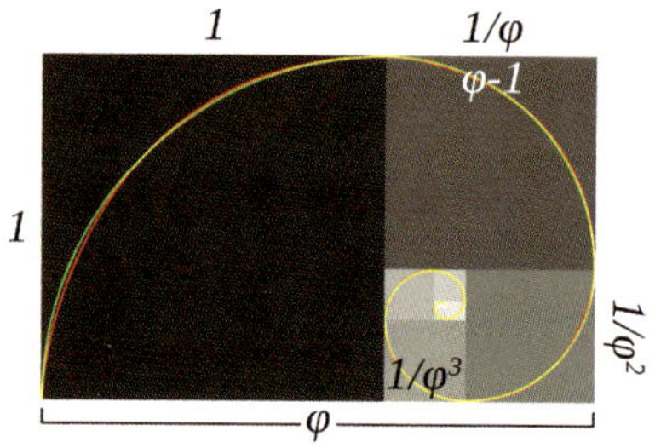

Die Goldene Spirale ist die einzige Spirale, die sich mit Zirkel und Lineal konstruieren lässt. Sie entsteht aus einem Rechteck, dessen Seitenverhältnis dem Goldenen Schnitt entspricht.

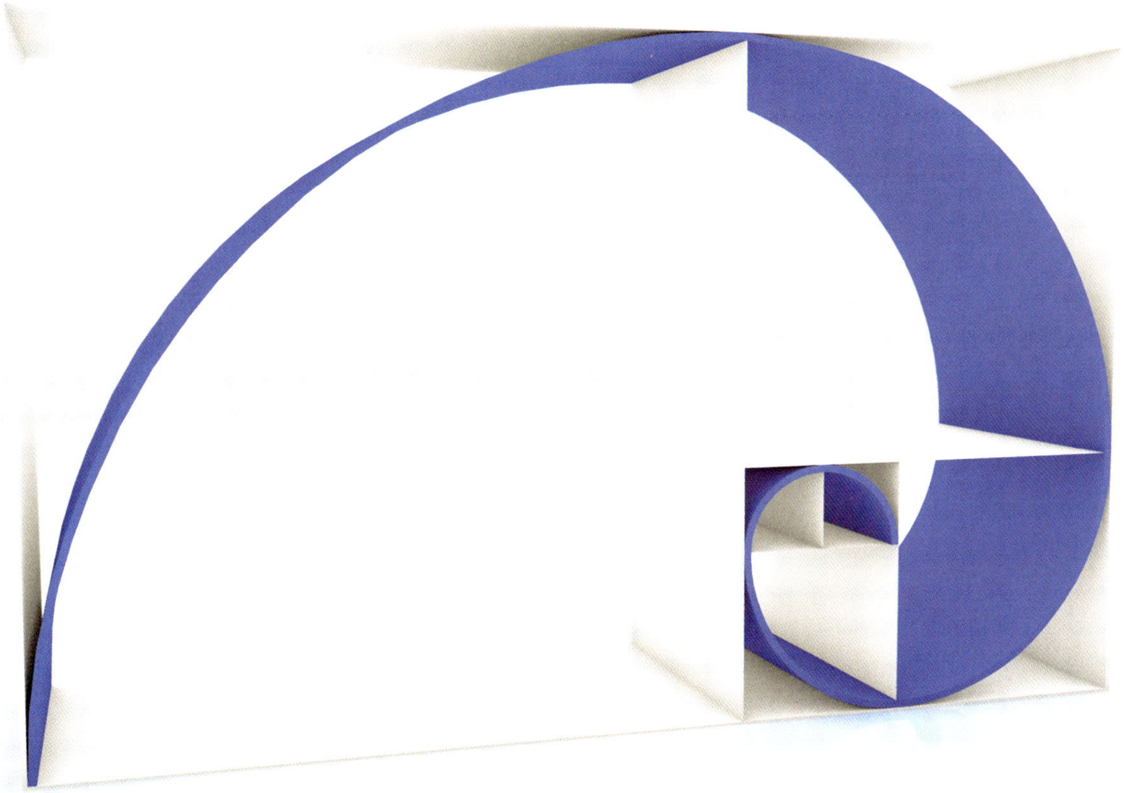

DIE LOGARITHMISCHE SPIRALE

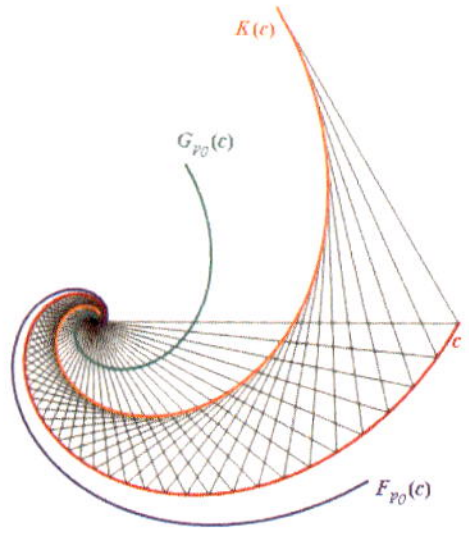

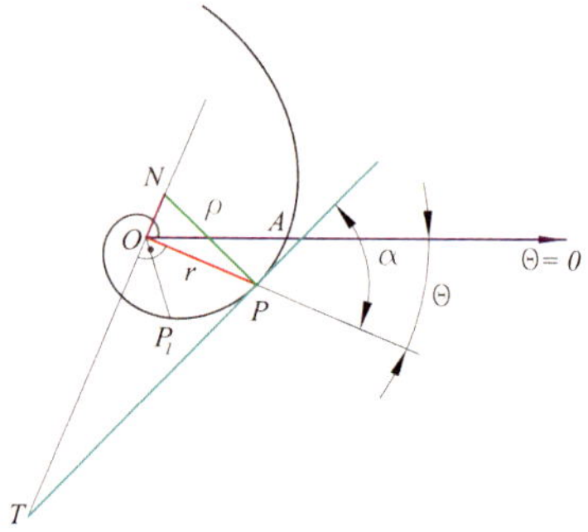

Der Mathematiker Jakob Bernoulli (1654–1705) soll sich einer Erzählung nach für seinen Grabstein die Figur einer logarithmischen Spirale und den lateinischen Spruch „eadem mutata resurgo" („Verwandelt kehr ich als dieselbe wieder") ausgesucht haben. Im Gegensatz aber zu seinem Wunsch bildeten die Steinmetze auf seinem Grabstein keine logarithmische Spirale ab, deren Radius bei jeder Windung um einen konstanten Faktor wächst, sondern eine archimedische Spirale, deren Radius bei jeder Windung um einen konstanten Summanden wächst.

Im siebzehnten Jahrhundert untersuchten René Descartes (1596–1650) und Evangelista Torricelli (1608–1647) die logarithmische Spirale. Ein Jahr nach Veröffentlichung seiner Abhandlung *La Géométrie* betrachtete Descartes sie als Lösung für das von Galilei aufgeworfene Problem, auf welcher Bahn sich ein fallender Körper auf einer rotierenden Erde bewegt. Torricelli war der Erste, der die Bogenlänge der logarithmischen Spirale bestimmte, wobei er ähnliche Methoden benutzte wie Archimedes.

Beide Mathematiker verfügten jedoch nicht über die von Leibniz und Newton entwickelte Infinitesimalrechnung, um die Spirale detailliert analysieren zu können. Diese Ehre wurde im 18. Jahrhundert Jakob Bernoulli zuteil, der ihr ein ganzes Buch widmete und sie wegen ihrer geometrischen Eigenschaften als „spira mirabilis", die Wunderspirale, bezeichnete.

Besonders interessant ist es, sich die Vielfalt anzusehen, mit der die logarithmische Spirale, auch gleichwinklige oder Wachstumsspirale genannt, in der Natur vorkommt, wo sie sich unter anderem im Pflanzenreich, in Form von Galaxien, in den Schalen einiger Weichtiere oder in zerstörerischen Orkanen manifestiert. In der Kunst lässt sich die Spirale bis in prähistorische Zeiten zurückverfolgen.

Logarithmische Spiralen manifestieren sich in der Natur unter anderem bei Meeresmuscheln, im Schwanz des Seepferdchens oder in den Hörnern und Stoßzähnen verschiedener Säugetiere.

DIE FIBONACCI-FOLGE

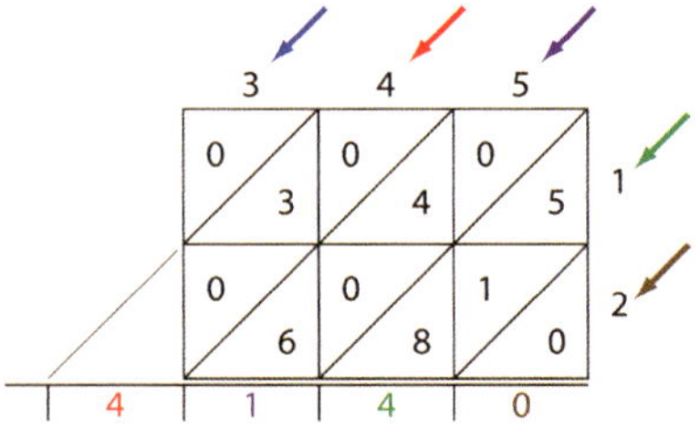

Leonardo von Pisa (um 1175–1250), auch Fibonacci genannt, ist in die Geschichte als der Mathematiker eingegangen, der das indo-arabische Stellenwertsystem mit der Basis 10 und die arabischen Ziffern inklusive des Zeichens für die Null in Europa einführte. Im Bewusstsein der Überlegenheit arabischer Ziffern reiste Fibonacci in die Mittelmeerländer, um sie dort mit den führenden Mathematikern seiner Zeit zu untersuchen. Er kehrte vermutlich um 1200 nach Pisa zurück.

1202 veröffentlichte er dann seine erworbenen Kenntnisse im *Liber Abaci* (Das Buch vom Abakus). Es enthielt zum ersten Mal in der westlichen Welt die neun indischen Zahlzeichen sowie das Symbol für die Null und beschrieb Regeln für das Rechnen mit ihnen sowohl für ganze Zahlen als auch für Brüche. Darüber hinaus formulierte es Regeln für einfache und komplexe Dreisätze, für Berechnungen der Quadratwurzel sowie für das Lösen von Gleichungen ersten und zweiten Grades.

Fibonacci ist allerdings vor allem berühmt geworden wegen einer merkwürdigen unendlichen Folge natürlicher Zahlen:

0, 1, 1, 2, 3, 5, 8, 13, 21, 34, 55, 89, 144...

Diese Folge, die indische Mathematiker bereits um 1135 entdeckt hatten, wurde erstmalig in Europa im *Liber Abaci* anhand des Wachstums einer Kaninchenpopulation dargestellt. Fibonacci ging von einem Kaninchenpaar in einem abgeschlossenen Raum aus und berechnete dann, wie viele Kaninchenpaare nach einer bestimmten Anzahl von Monaten entstehen würden, wobei er unterstellte, dass jedes Paar jeden Monat ein neues Paar erzeugt, welches aber selbst erst zwei Monate nach der Geburt geschlechtsreif würde, ehe es Nachwuchs hervorbringen kann.

Man kann leicht erkennen, dass sich jede Zahl der Folge – mit Ausnahme der beiden ersten – durch Addition des vorhergehenden Zahlenpaares ergibt. Jedes Glied dieser Folge bezeichnet man als Fibonacci-Zahl. Aber es besteht noch eine weitere interessante Beziehung zwischen diesen Zahlen: je größer eine Zahl in der Folge ist, desto mehr nähert sich der Quotient zweier aufeinanderfolgenden Zahlen dem Goldenen Schnitt, der Zahl Phi an, die bereits in der griechischen Antike bekannt war und für die Gestaltung von Skulpturen und bei der Konstruktion von Tempeln verwendet wurde. Die Fibonacci-Folge wird in der Informatik, der Mathematik und der Spieltheorie angewendet, sie manifestiert sich aber auch in den Verästelungen von Bäumen, der Anordnung von Blättern bei Pflanzen und den Blütenständen von Artischocken oder den Proportionen zwischen den Knochen der menschlichen Hand.

Mit seinem Buch Liber Abaci *löste Fibonacci die römischen Zahlen durch das System der arabischen Ziffern ab.*

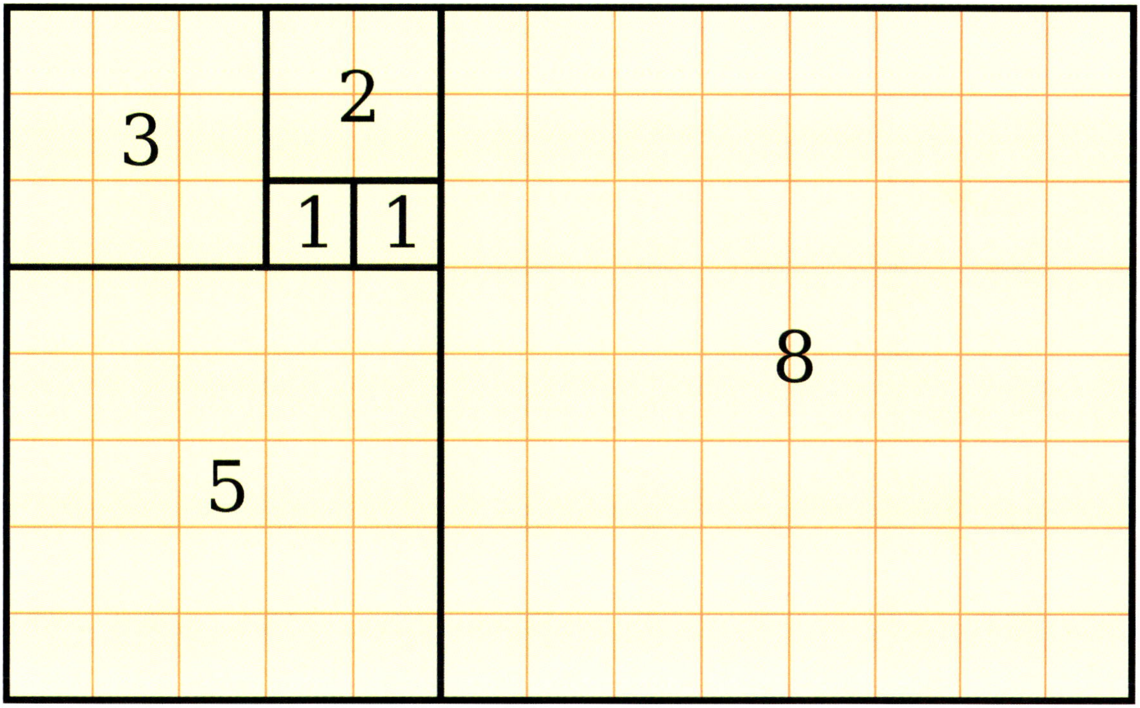
3
2
1
1
5
8

DIE MANDELBROT-MENGE

Der Mathematiker Benoît Mandelbrot (1924–2010) gehörte zu den Pionieren der fraktalen Geometrie, der Mathematik der Unregelmäßigkeiten. Er interessierte sich für Phänomene, denen Wissenschaftler kaum Beachtung schenkten, wie beispielsweise den Mustern, die in der Natur von Rauheit, Brüchen oder Zersplitterungen gekennzeichnet sind. Mandelbrot wies darauf hin, dass Fraktale in vielerlei Hinsicht natürlicher, und daher auch für Menschen intuitiv leichter verstehbar seien, als die auf der klassischen Geometrie beruhenden Objekte, deren Umrisse künstlich geglättet worden seien. Eines der beliebtesten Objekte der fraktalen Geometrie ist die Mandelbrot-Menge.

1975 prägte Mandelbrot den Begriff „fraktal", den er von lateinisch „fractus" (gebrochen) ableitete. Sieht man einmal von wenigen Ausnahmen ab, sind die Formen der Natur rau, unregelmäßig und nicht homogen. Mathematiker hatten sich daher auf einfache Figuren konzentriert, ehe die Untersuchungen von Fraktalen einsetzten. Eine Definition dieser Formen war äußerst kompliziert, zwar waren ihre Eigenschaften bekannt, doch die Schwierigkeit lag darin, eine universelle und absolute Beschreibung von „fraktal" zu formulieren. Ein grundsätzliches Kennzeichen von Fraktalen ist die Selbstähnlichkeit, die eine gewisse Skaleninvarianz impliziert, oder anders ausgedrückt, wenn man Teile einer Struktur oder einer Abbildung untersucht, dann erscheint die gesamte Struktur oder Abbildung exakt auch im verkleinerten Maßstab. Dasselbe Muster wiederholt sich also in derselben Struktur bei einer unendlichen Anzahl an Größenverhältnissen.

Die Beziehung zwischen Fraktalen und dem Unendlichen ist eigenartig. Sie wird durch das Paradox illustriert, das Mandelbrot in seinem 1967 im Magazin *Science* veröffentlichten Artikel „How long is the coast of Britain?" beschreibt, in dem er feststellt, dass jeder, der eine Küstenlinie vermessen will, abhängig vom Maßstab und vom Grad der Detailliertheit ein anderes Messergebnis erhält. Mandelbrot behauptet in seinem Beitrag nicht, dass jede Küstenlinie oder geographische Grenze wirklich ein Fraktal bilden, was physikalisch vollkommen unmöglich ist, sondern er konstatiert lediglich, dass die Länge einer Küstenlinie sich empirisch wie ein Fraktal verhalten kann, je nachdem in welcher Größenordnung gemessen wird. Als ein ideales Fraktal wäre die Küstenlinie oder jede andere raue Umrandung unendlich lang.

In seinem Buch The Fractal Geometry of Nature *verdeutlichte Mandelbrot die Existenz von Fraktalen in der Natur mit folgenden anschaulichen Beispielen: „Wolken sind keine Kugeln, Berge keine Kegel, Küstenlinien keine Kreise. Die Rinde ist nicht glatt – und auch der Blitz bahnt sich seinen Weg nicht gerade."*

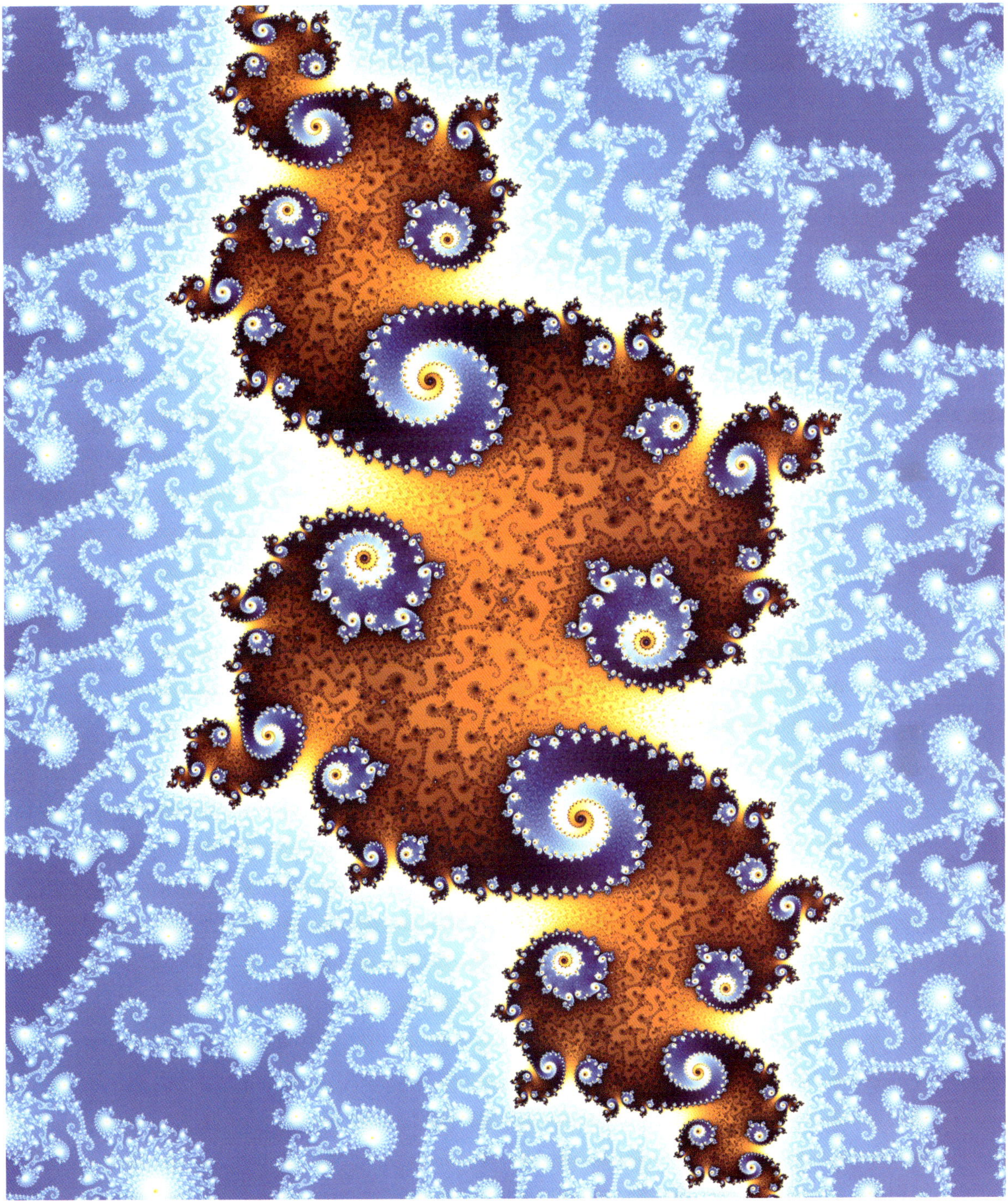

HILBERTS HOTEL

Hilberts Hotel ist ein gedankliches Konstrukt des deutschen Mathematikers David Hilbert (1862–1943), um paradoxe Fakten rund um das mathematische Konzept der Unendlichkeit auf anschauliche Weise zu erklären. Hilbert stellte sich ein Hotel mit unendlich vielen Zimmern vor, die bei 1 beginnend bis unendlich durchnummeriert sind. Man mache sich bewusst, dass unendlich nicht eine „große Anzahl" bedeutet, sondern dass es eine immer noch größere Anzahl gibt, indem man nämlich zur großen Anzahl + 1 addiert. Herzlich willkommen im Grand Hotel!

Nachdem das Hotel seine Pforten geöffnet hat, strömen die Menschen ins Hotel und schnell sind seine unendlich vielen Zimmer mit unendlich vielen Gästen besetzt. Das führt zum ersten Paradox, sodass das Hotel folgende Maßnahme ergreift: grundsätzlich wird jedem Gast ein Zimmer garantiert, allerdings unter der Prämisse, dass jeder Gast bereitwillig sein Zimmer wechselt, wenn er darum gebeten wird.

Nun betritt ein Gast das bereits voll belegte Hotel. Er ist aber keineswegs weiter besorgt, hat das Hotel doch zugesagt, dass es für jeden ein Zimmer bereitstellt. Er fragt also nach einem freien Zimmer, woraufhin der Empfangsmitarbeiter alle Gäste bittet, in das Zimmer mit der jeweils nächsthöheren Nummer umzuziehen. So kann es sich der Neuankömmling in Zimmer 1 gemütlich machen. Was aber ist mit dem Gast im letzten Zimmer? Ganz einfach, es existiert ja kein letztes Zimmer.

Im Anschluss daran erscheint ein Reiseleiter. Er braucht für einen Bus voll mit unendlich vielen Touristen Zimmer zur Übernachtung im Hotel. Die Anforderung lautet also, Platz für eine Gruppe mit unendlich vielen Touristen im Hotel der unendlichen Zimmer zu schaffen, in dem doch bekanntermaßen keine Zimmer mehr frei sind. Aber erneut kein Problem für den Herrn am Empfang! Er greift zu seinem Mikro und fordert alle Gäste auf, jeweils das Zimmer zu beziehen, das sich aus der Multiplikation der aktuellen Zimmernummer mit 2 ergibt. Alle Gäste wohnen nun in Zimmern mit geraden Zahlen, während die mit ungeraden Zahlen wieder verfügbar sind. Da es sich um eine unendliche Menge an Zimmern mit ungeraden Nummern handelt, können die unendlich vielen Neuankömmlinge darin übernachten.

Schließlich kommt noch ein zweiter Reiseleiter mit großen Sorgenfalten an die Rezeption, muss er doch für eine unendliche Menge an Bussen mit jeweils unendlich vielen Touristen Unterkünfte haben. Der Mann am Empfang bleibt gelassen, nimmt sein Mikro und ersucht alle Gäste mit Zimmernummern, die einer Primzahl oder einer Potenz davon entsprechen, ihre jeweiligen Zimmernummern (n) zum Exponenten der Zahl 2 zu erheben, also 2^n, und dann das jeweilige neue Zimmer aufzusuchen. Dann weist er jeder Busladung eine Primzahl (größer als 2) zu und jedem Touristen in jedem Bus eine ungerade Zahl, sodass sich die Zimmernummer für jeden Touristen errechnet aus der jeweiligen Primzahl seiner Busladung (p) und seiner zum Exponenten erhobenen jeweiligen Zahl, die er im Bus bekommen hat (t), also pt. Da es eine unendliche Anzahl an Primzahlen gibt und eine unendliche Anzahl an ungeraden Zahlen, kann eine zusätzliche unendliche Anzahl an Gästen im Hotel logieren.

Hillberts Hotel bezieht sich auf Cantors transfinite Zahlen, mit denen die Mächtigkeit verschiedener unendlicher Mengen gemessen wird.

TORRICELLIS TROMPETE

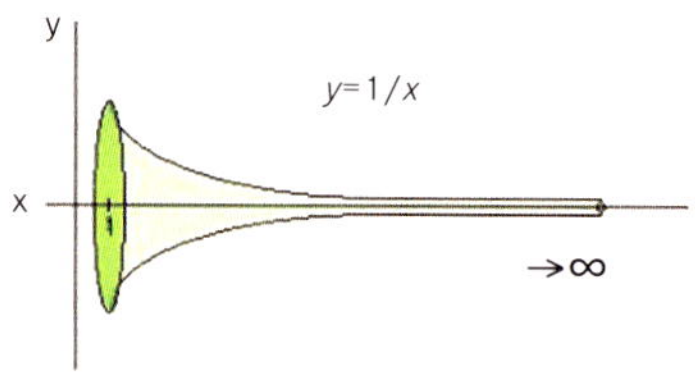

Evangelista Torricelli (1608–1647) war ein italienischer Mathematiker und Physiker. Er verwaiste bereits sehr früh und wurde unter Obhut seines Onkels Jacobo Torricelli erzogen, einem Mönch, der ihn in den Geisteswissenschaften unterrichtete. 1627 wurde er nach Rom gesandt, um dort Mathematik und Philosophie bei Benedetto Castelli zu studieren, einem Mathematikprofessor, der an der Universität La Sapienza lehrte und zu Galileo Galileis ersten Schülern zählte.

1643 entdeckte er das Prinzip des Barometers, das die Existenz von Luftdruck bewies, und formulierte kurz darauf den Torricellischen Lehrsatz, der fundamental in der Hydrodynamik ist. Er schuf zudem eine merkwürdige als Gabriels Horn oder Torricellis Trompete bezeichnete geometrische Figur mit einer unendlichen Oberfläche, aber nur endlichem Volumen. Dieses offensichtliche Paradox lässt sich anschaulich so umschreiben: Man würde eine unendliche Menge Farbe benötigen, um die Innenfläche der Trompete vollständig zu streichen, allerdings reicht eine endliche Menge aus, um das Innere des Horns mit Farbe zu füllen.

Mithilfe einer Kurve $y = 1/x$, die sich um die x-Achse im Bereich von $[1, \infty)$ dreht, wird die unendliche Oberfläche des Objekts erzeugt und dadurch auch sein endliches Volumen definiert. Das Volumen wird berechnet aus der unendlichen Summe von Kreisflächen mit dem Radius y (weil die Kurve um die x-Achse rotiert), wobei $y = 1/x$, was zu einem endlichen Volumen führt. Die Oberfläche ergibt sich aus der Summe der Umfänge der Kreise mit dem Radius y, wodurch eine unendliche Fläche entsteht.

Die Lösung des Paradoxes ist somit, dass zwar eine unendliche Fläche eine unendliche Menge Farbe erfordert, vorausgesetzt, die Farbschicht wird gleichmäßig dick aufgetragen. Dies gilt aber nicht für das Innere der Trompete, da die Farbe einen großen Teil des Objekts nicht erreichen kann, besonders wenn sein Durchmesser kleiner als ein Farbmolekül ist. Zieht man einen Anstrich mit üblicher Dicke in Betracht, dann bräuchte man unendlich viel Zeit, ehe man an „das Ende" des Horns gelangt wäre.

Zweifellos kommt man irgendwann an einen Punkt, an dem der Durchmesser der Trompete geringer ist als der eines Farbmoleküls, sodass ein Tropfen Farbe genügen würde, um den Rest der Innenfläche der Trompete zu bedecken, selbst wenn diese unendlich wäre. Die Tatsache, dass die Oberfläche dieser Trompete unendlich ist, bedeutet also nicht, dass man auch eine unendliche Menge Farbe aufwenden muss.

Torricellis Trompete ist eine geometrische Figur, die sich durch eine unendliche Oberfläche und ein endliches Volumen auszeichnet.

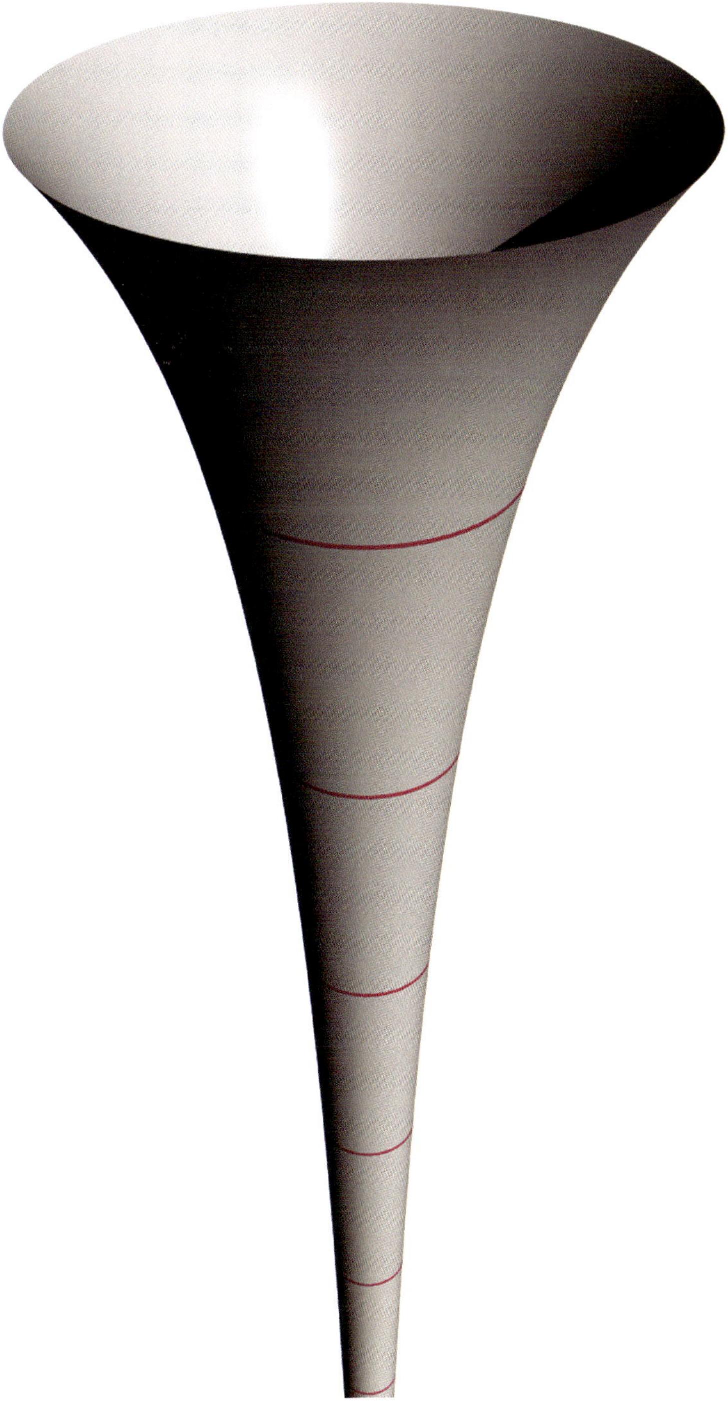

PEDRO NUNES UND DIE LOXODROME

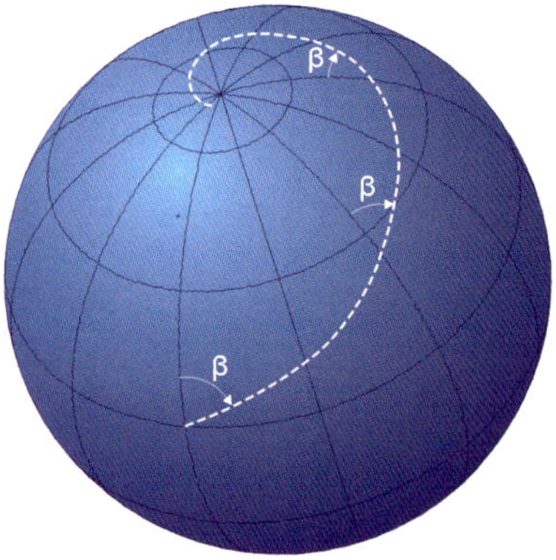

Eine Kurs- oder Winkelgleiche oder Loxodrome (*loxos* = schief, *dromos* = Lauf) ist eine Kurve, die zwei Punkte auf der Erdoberfläche miteinander verbindet, wobei sie stets die Nord-Süd-Meridiane im gleichen Winkel schneidet. Sie wird für die Zwecke terrestrischer Navigation eingesetzt und erlaubt das kontinuierliche Navigieren in dieselbe Kompassrichtung. Die Darstellung einer Loxodrome auf einer Karte hängt von der Art der Projektion ab, so erscheint sie auf einer Mercatorprojektion beispielsweise als gerade Linie, auf einem Globus aber als Spirale.

Diese Kurve untersuchte der portugiesische Geograf Pedro Nunes (1502–1578) detailliert, bevor er seine Entdeckung 1546 veröffentlichte. Man glaubte zuvor, dass, wenn man sich auf der Erdoberfläche in eine festgelegte Richtung bewegt, das heißt in einem konstanten Winkel zum Meridian, die dabei erzeugte Linie einen Großkreis beschreibt. Ein Schiff, das dieser Route folgen würde, würde dabei einmal den Erdball umrunden und wieder an seinen Ausgangspunkt zurückgelangen.

Nunes war der Erste, der die Problematik dieser Idee formulierte. Er bewies, dass die Loxodrome sich den Polen annähert, sie aber nie erreicht und sich unendlich um die Polarregionen windet. Mathematisch ausgedrückt bedeutet das, dass sie sich dem Pol asymptotisch nähert, weil der Abstand zwischen zwei Punkten auf dieser Kurve, die auf demselben Meridian liegen, in dem Maße abnimmt, wie ihre geografische Breite zunimmt.

Pedro Nunes (latinisiert Petrus Nonius) war einer der bedeutendsten Mathematiker, Astronomen und Geografen des sechzehnten Jahrhunderts. Er untersuchte die Dämmerungsdauer auf verschiedenen Breitengraden und schuf den nach ihm benannten Nonius, eine bewegliche Längenskala zur Verbesserung der Ablesegenauigkeit auf Winkel- und Längenmessgeräten, mit der auch Bruchteile von Streckenlängen bestimmt werden können.

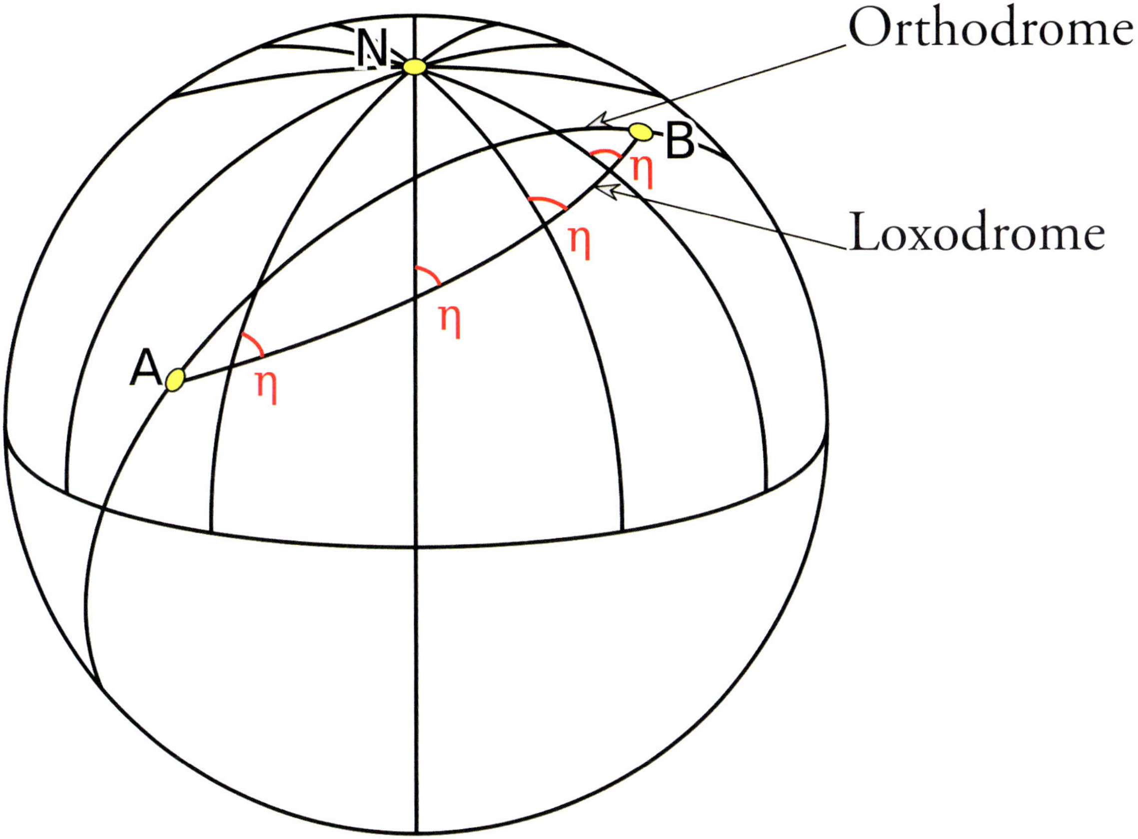
N
B
A
η
η
η
η
η
Orthodrome
Loxodrome

DIE AVOGADRO-ZAHL

$$N_A = 6{,}022\,141\,29\,(27) \cdot 10^{23}\ \mathrm{mol}^{-1}$$

Amedeo Avogadro (1776–1856), Graf von Quaregna und Cerreto, war ein italienischer Physiker und Chemiker. Er wurde 1820 als Professor für Mathematische Physik an die Universität von Turin berufen, wo er bis zu seinem Ruhestand 1850 Vorlesungen hielt. Er formulierte das sogenannte Avogadrosche Gesetz, das besagt, dass gleiche Volumina verschiedener Gase bei gleichen Temperatur- und Druckbedingungen die gleiche Anzahl an Teilchen enthalten. Avogadro entdeckte, dass einfache Gase wie Sauerstoff und Wasserstoff zweiatomig sind (H_2, O_2) und bestimmte die Formel des Wassers durch das Symbol H_2O.

Die Anzahl an Teilchen in einem Mol Stoffmenge wird nach ihm als Avogadro-Konstante oder -Zahl (N_A) bezeichnet. Ihr Wert beträgt $6{,}023 \times 10^{23}$, eine sehr große Zahl, beinahe eine Quadrillion: 602.300.000.000.000.000.000.000.

Die Definition von Mol verdeutlicht, was die physikalische Größe namens „Stoffmenge" im Unterschied zur Masse bedeutet: Materie besteht aus elementaren Einheiten (Atomen, Ionen, Molekülen, Elektronen etc.), die als Reaktionspartner an jedem chemischen Prozess beteiligt sind. Zwei unterschiedliche Proben von Materie, die die gleiche Zahl an Atomen, Ionen oder Molekülen besitzen, weisen die gleiche Stoffmenge auf. Die Definition des Mols legt nun eine Zahl für diese Teilchen fest. Ein Mol enthält N_A elementare Teilchen. Ein Mol Wasserstoffatome besteht somit aus $6{,}023 \times 10^{23}$ Atomen Wasserstoff und ein Mol Wasserstoffmoleküle hat $6{,}023 \times 10^{23}$ Moleküle Wasserstoff. Wenn der Begriff Mol benutzt wird, muss die Art der betrachteten Einzelteilchen angegeben werden, etwa die Atome oder Moleküle.

Die Präzision der Definition des Mols macht Konzepte wie Grammatom (molare Masse von Atomen) oder Grammmolekül (die Masse eines Mols von Molekülen) überflüssig; diese Werte lassen sich aus der relativen Atommasse beziehungsweise aus der relativen Molekularmasse einer gegebenen Substanz errechnen.

Die Avogadro-Konstante gibt die Anzahl an Atomen in jener Menge eines Elements an, deren Gewicht in Gramm der Atommasse dieses Elements entspricht. Die Atommasse von Kohlenstoff beträgt ungefähr 12, somit enthalten 12 Gramm Kohlenstoff N_A Kohlenstoffatome.

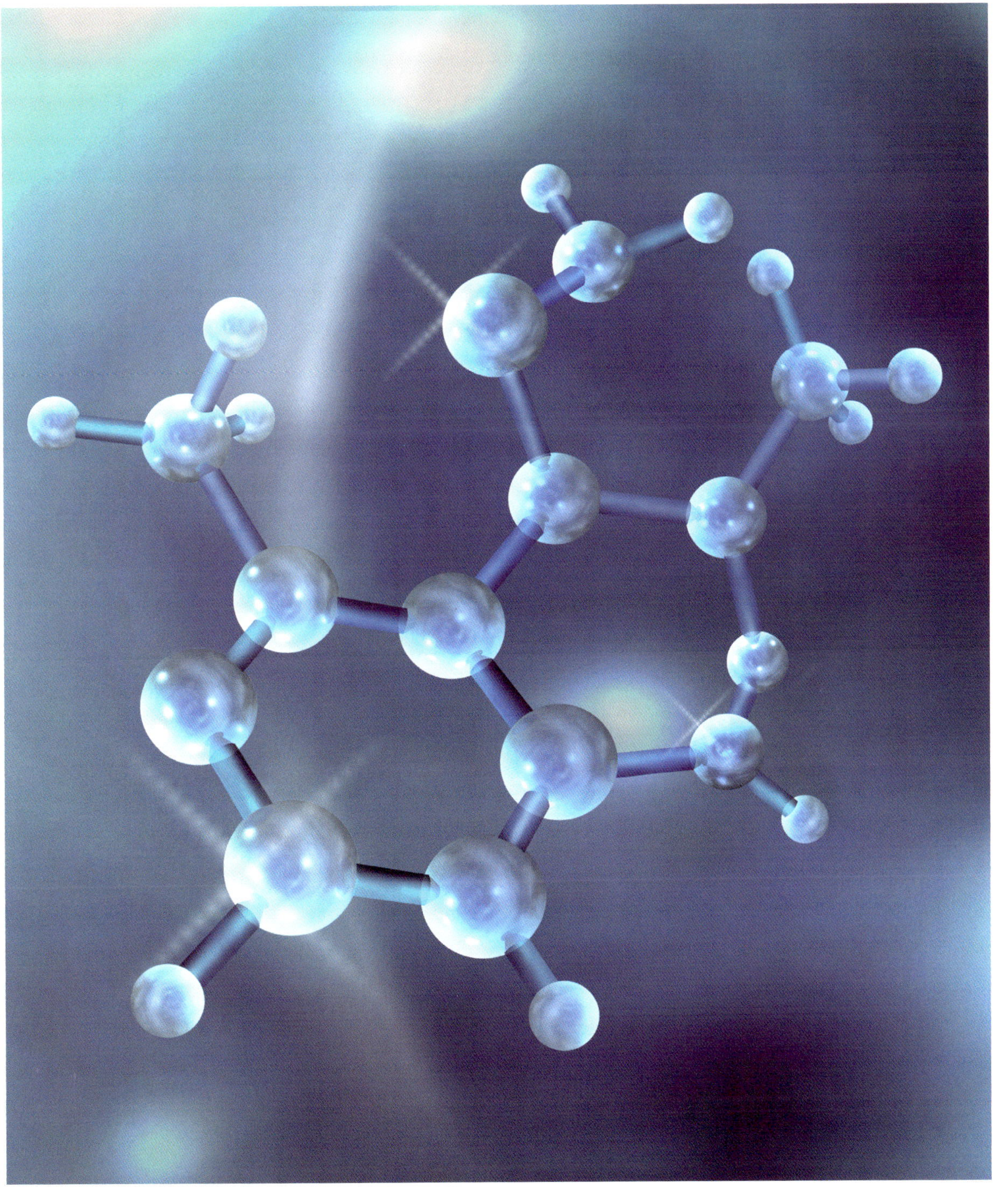

DIE GOSPER-KURVE

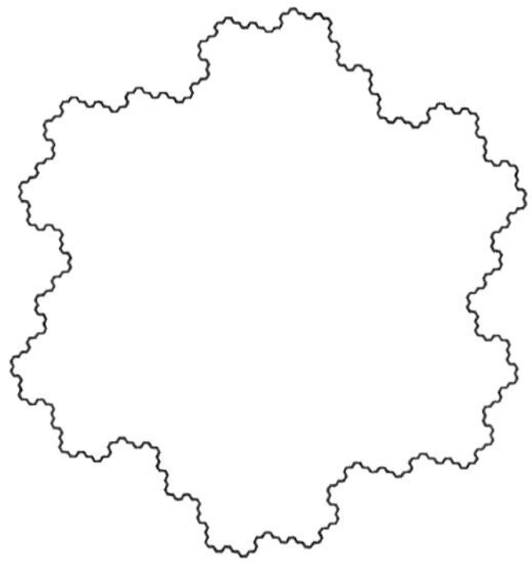

Bill Gosper (* 1943) ist ein amerikanischer Mathematiker und Programmierer. Er gilt zusammen mit Richard Greenblatt als Begründer der Hackergemeinschaft und genießt ein hohes Ansehen innerhalb der Lisp-Gemeinschaft. (Lisp ist eine Familie von Programmiersprachen.) Er wurde bekannt durch seine Beiträge über die Darstellung von Kettenbrüchen reeller Zahlen und durch die Entwicklung eines nach ihm benannten Algorithmus, um geschlossene Formen hypergeometrischer Funktionen zu finden.

1973 untersuchte er eine Variante der Koch-Insel, die auf einem Sechseck beruht. Ihre Haupteigenschaft ist die Parkettierung, das heißt, dass sie die Ebene vollständig überdecken kann. Wie alle fraktalen Objekte ist auch diese Variante selbstähnlich. Gosper konstruierte dafür eine elegante flächenfüllende Kurve, die Gosper-Kurve. Man erhält sie als Grenzkurve einer Folge von Polygonen, die eine Ausgangsstrecke zerlegen und mit jeder Iteration eine andere Richtung einschlagen. Die Fläche, die von der Gosper-Kurve beschrieben wird, ist ein Fraktal, das als Gosper-Insel bezeichnet wird und wie ein Zahnrad oder eine Schneeflocke aussieht.

Die Insel ist in sieben Gebiete (Sechsecke) unterteilt, die verkleinerte Kopien des Ganzen sind. Man kann andererseits sieben Kopien der Gosper-Insel aneinanderfügen, um eine geometrisch ähnliche Form zu bilden, die allerdings in beiden Dimensionen der Ebene um den Faktor $\sqrt{7}$ größer ist als jedes einzelne Teil.

Es lassen sich zwar nicht mehr als jeweils sieben Sechsecke zu einem größeren Sechseck nebeneinander legen, jedes Sechseck lässt sich aber wieder in sieben Teil-Sechsecke zerlegen. In gleicher Weise kann man die Gosper-Kurve zu einer unendlich langen Kurve ausdehnen, die die Fläche vollständig bedeckt.

Obwohl die Fläche der sieben Inseln siebenmal größer ist als die der mittleren Insel, so ist der Umfang lediglich dreimal größer als der der Insel im Zentrum und sogar nur 2,6-mal größer, wenn er auf traditionelle Weise errechnet wird.

DIE LEMNISKATE

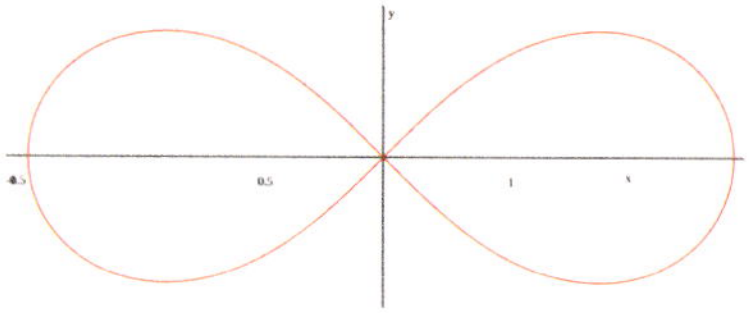

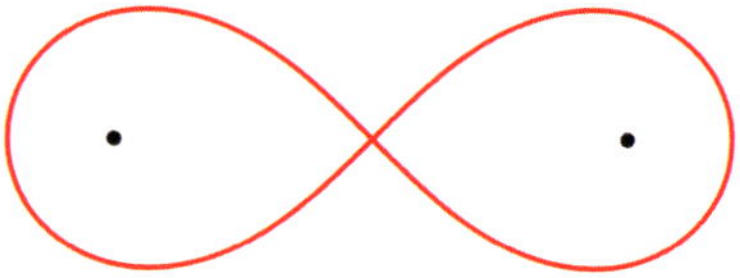

Der englische Mathematiker John Wallis (1606–1703), Wegbereiter der Infinitesimalrechnung, führte die Verwendung des Symbols ∞ für die Unendlichkeit in seinem Werk *Arithmetica infinitorum* (1656) ein. Dieses Zeichen wird als Lemniskate bezeichnet. In der Mathematik ist eine Lemniskate eine Kurve, die von der folgenden Gleichung in kartesischen Koordinaten bestimmt wird:

$$(x^2 + y^2)^2 = 2a^2 (x^2 - y^2)$$

Die grafische Darstellung dieser Gleichung erzeugt eine Kurve, die einer liegenden Acht (∞) ähnelt.

Die Lemniskate wurde erstmalig 1694 von Jakob Bernoulli (1654–1705) beschrieben als Abwandlung einer Ellipse, einer Kurve, die als die Menge aller Punkte definiert wird, für die die Summe ihrer Abstände von zwei Brennpunkten konstant ist. Die Lemniskate ist hingegen die Menge aller Punkte, für die das Produkt dieser Abstände gleich ist. Bernoulli nannte sie „lemniscus", lateinisch für „Schleife".

Man kann eine Lemniskate auch durch die Inversion (Kreisspiegelung) einer Hyperbel erhalten, wobei die Mittelpunkte von Hyperbel und Inversionskreis zusammenfallen.

Die Bestimmung der Bogenlänge der Lemniskate führte im achtzehnten Jahrhundert zur Entdeckung der elliptischen Integrale. Um 1800 untersuchte Carl Friedrich Gauß (1777–1855) die dabei auftretenden elliptischen Funktionen. Seine Ergebnisse wurden sehr viel später veröffentlicht, wenngleich er sich schon in seinen Anmerkungen zu den *Disquisitiones Arithmeticae* (1801) auf sie bezieht. Die Basis des hierbei auftretenden Periodengitters (ein geordnetes Paar komplexer Zahlen) hat eine spezielle Form. Die Werte sind proportional zu den Gaußschen ganzen Zahlen.

Zeit seines Lebens lieferte John Wallis wichtige Beiträge zur Trigonometrie, zur Infinitesimalrechnung, zur Geometrie und zur Analyse unendlicher Reihen.

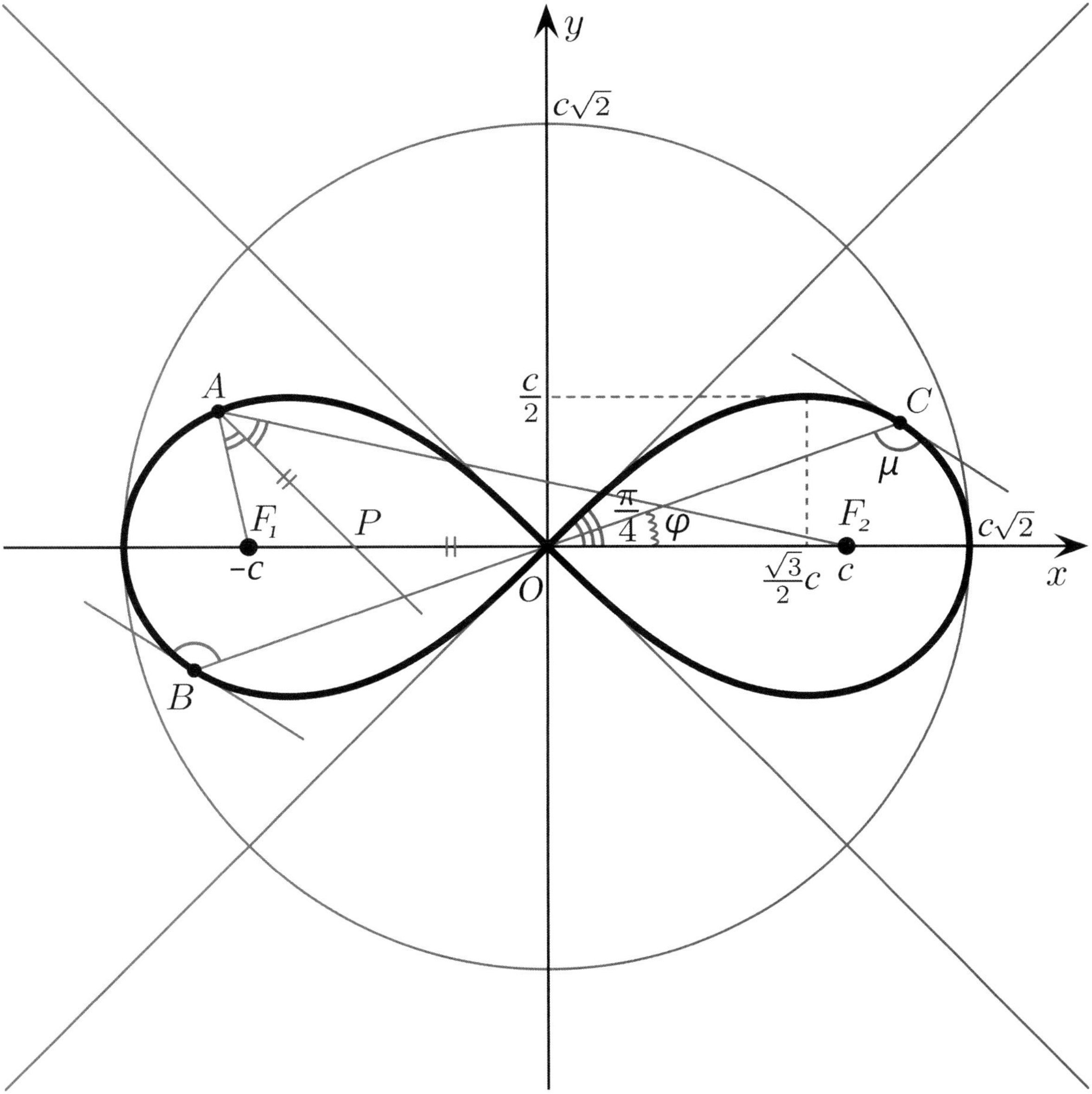
y
$c\sqrt{2}$
A
C
$\frac{c}{2}$
μ
F_1
P
$\frac{\pi}{4}$
φ
F_2
$c\sqrt{2}$
$-c$
O
$\frac{\sqrt{3}}{2}c$
c
x
B

TEILEN DURCH NULL

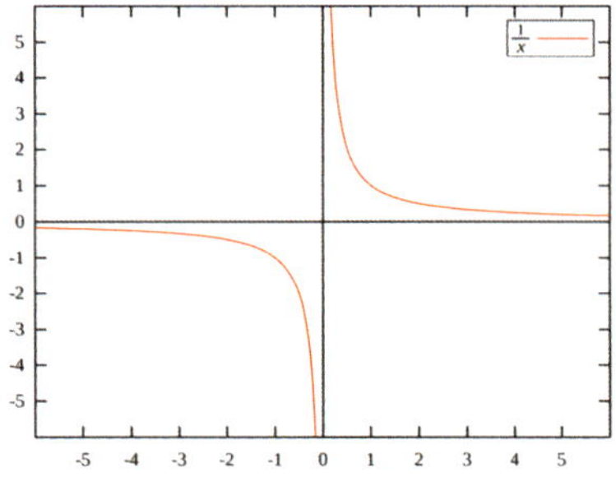

In der Mathematik ist das Dividieren durch null eine Division, bei der der Divisor null ist. Die Null ist die einzige Zahl, durch die man nicht dividieren kann, weil sie nämlich als einzige reelle Zahl kein multiplikatives Inverses besitzt, da für alle n das Produkt $n \cdot 0 = 0$.

Dieses Problem wurde Mitte des siebten Jahrhunderts deutlich, als die Verwendung der Null und negativer Zahlen in Indien aufkam. Der Erste, der eine Lösung dafür suchte, war der indische Mathematiker Bhaskara (um 600 – um 680), er folgerte, dass $\frac{n}{0} = \infty$ sei.

Der Ausdruck $\frac{n}{0}$ ist nicht eindeutig definiert. Wenn $n = 0$, dann erhält man den Term $0/0$, und der ist unbestimmt. Ausdrücke wie 8:0 oder 0:0 sind inhaltsleer, weil es ebenso wenig Sinn macht, 8 unter niemandem zu „verteilen“ wie nichts an niemanden. Dies ist intuitiv richtig und mit gesundem Menschenverstand nachvollziehbar.

In der Analysis kann die nicht eindeutige Teilung durch null mithilfe des Grenzwertbegriffs gelöst werden. Gegeben sei die Gleichung:

$$f(x) = \frac{n}{x}$$

wobei n eine natürliche Zahl ist (weder null noch unendlich). Um die Werte von $f(0)$ zu berechnen, kann eine Annäherung an den Grenzwert von rechts erfolgen

$$f(0) \simeq \lim_{x \to 0^+} \frac{n}{x} = +\infty$$

oder von links

$$f(0) \simeq \lim_{x \to 0} \frac{n}{x} = -\infty$$

Wenn sich die Werte von x null annähern, nimmt n/x immens große Werte an (positiv wie negativ). Das wird zumeist durch die Formulierung ausgedrückt, dass, wenn sich x null annähert, n/x gegen unendlich geht:

$$f(0) = \frac{n}{0} \simeq \infty$$

Auch wenn dies in der Praxis akzeptabel scheint, so kann diese Lösung zu mathematischen Paradoxa führen.

In der Computerprogrammierung gilt eine Division durch null als ein klassischer Logikfehler. Da viele klassische Divisionsalgorithmen in der Programmierung die Methode sukzessiver Subtraktion verwenden mit der Null als Divisor, bleiben Reste, die unendlich weiterberechnet werden, weil sich der Dividend nicht ändert. Diese Anwendung durchläuft dann eine unendliche Schleife.

DIE WAHRSCHEINLICHKEITSTHEORIE

$$P(A_1 \dot{\cup} A_2 \dot{\cup} \cdots) = \sum P(A_i)$$

$$0 \leq P(A) \leq 1$$

Die Wahrscheinlichkeitstheorie, ein Teilbereich der Mathematik, befasst sich mit den Eigenschaften von Zufallsereignissen, um deren Verhalten vorherzusagen, und kombiniert so wissenschaftliche Genauigkeit mit der Unsicherheit des Zufalls.

Die Wahrscheinlichkeitstheorie hat sich aus verschiedenen Konzepten zur Wahrscheinlichkeit entwickelt. Die klassische Theorie beruht auf der Annahme, dass jedes mögliche Ergebnis mit der gleichen Wahrscheinlichkeit eintreten kann. In Unkenntnis über den Ausgang eines Zufallsexperiments werden die Wahrscheinlichkeiten a priori eingeschätzt. Da ein solches Experiment n mögliche Ergebnisse hat, die alle gleich wahrscheinlich sind, benutzt man die klassische Methode, um die Wahrscheinlichkeit jedes einzelnen Ereignisses vorherzubestimmen. Jedes Ereignis hat danach die Wahrscheinlichkeit von $1/n$. Man denke etwa an einen sechsseitigen Würfel. Die Wahrscheinlichkeit, dass man eine 5 wirft, ist ebenso wahrscheinlich wie jeder andere Wert, nämlich 1/6.

Die Häufigkeitstheorie definiert Wahrscheinlichkeit als die beobachtete relative Häufigkeit eines Ereignisses über eine große Anzahl von Versuchen oder als prozentualen Anteil, mit dem ein Ereignis über einen langen Zeitraum eintritt, wenn die Bedingungen konstant bleiben. Diese Methode verwendet die relative Häufigkeit des Eintretens eines vergangenen Ereignisses als seine Wahrscheinlichkeit. Man stellt also fest, wie oft sich ein Vorgang in der Vergangenheit zugetragen hat, um dann die Wahrscheinlichkeit seines erneuten Eintreffens vorherzusagen.

Ein Zufallsexperiment ist dadurch gekennzeichnet, dass es unter gleichen Bedingungen oftmals wiederholt wird und dass sich das Verhältnis zwischen der Anzahl des Auftretens eines Ereignisses und der Anzahl an Wiederholungen dem Wert der Wahrscheinlichkeit des Eintretens eines Ereignisses annähert. Diese Langzeitstabilität einer Zufallsvariable beschreibt das Gesetz der Großen Zahlen, das Jakob Bernoulli (1654–1705) formuliert hat. Die Methode der relativen Häufigkeit liefert geschätzte, nicht aber genaue Werte. Wenn die Zahl an Beobachtungen in einem Experiment allerdings groß genug ist, liegt der geschätzte Wert eines Ereignisses nahe an der Wahrscheinlichkeit seines Eintreffens. Wirft man beispielsweise eine Münze ausreichend oft, erhöht sich die Wahrscheinlichkeit mit jedem Wurf, dass man 50 Prozent Kopf und 50 Prozent Zahl erhält. Wenn man dies unendlich fortsetzen würde, dann würde sich ein Ergebnis von exakt fünfzig zu fünfzig einstellen.

Die Wahrscheinlichkeitstheorie begann mit der Untersuchung von Glücksspielen, aber mittlerweile wird sie in so unterschiedlichen Bereichen wie der Ökonomie, den Finanzen, der Quantenphysik oder Statistik eingesetzt.

LEGO® ODER UNENDLICHE KOMBINATIONSMÖGLICHKEITEN

LEGO® ist ein dänischer Spielzeughersteller, der weltberühmt ist durch seine Steckbausteine aus Kunststoff. Das Unternehmen erhielt 1934 seinen Namen LEGO, eine Abkürzung des dänischen „leg godt“, was sich mit „spiel gut“ übersetzen lässt.

Im Jahre 1916 gründete Ole Kirk Christiansen (1891–1958) in Billund einen Tischlereibetrieb, in dem einige Lehrlinge arbeiteten. Er verdiente seinen Unterhalt hauptsächlich mit der Fertigung von Häusern und Möbeln aus Holz für die Bauern der Umgegend. 1924 zerstörte ein Brand die Produktionsstätte. Ole Kirk sah in der Katastrophe allerdings die Gelegenheit, einen größeren Betrieb zu errichten, um sein Geschäft auszuweiten. Auf der Suche nach Möglichkeiten, die Kosten zu reduzieren, begann er damit, maßstabsgetreue Modelle für die Entwürfe von Firmenprodukten anzufertigen. Die solcherart entstandenen Miniaturleitern oder -bügeleisen regten ihn zur Herstellung von Spielzeugen an.

LEGO produzierte bis 1949 ausschließlich Holzspielsachen. Als sich die Verwendung von Kunststoff nach und nach durchsetzte, gab LEGO den Startschuss für seinen legendären Steckbaustein, der das Unternehmen zu Weltruhm führte. Die Steine aus Zelluloseazetat wurden im Stil traditioneller Holzklötzchen entwickelt, ließen sich aber aufeinanderstecken. Diese revolutionäre Idee beruhte auf der einfachen Tatsache, dass die Kunststoffsteine oben Noppen und unten Röhren besaßen, die das Zusammenstecken ermöglichten.

1969 erschien dann das DUPLO®-System, das für kleinere Kinder geschaffen wurde. DUPLO-Steine sind viel größer als LEGO-Steine und daher auch sicherer. Beide Systeme sind vollkommen miteinander kompatibel. Die LEGO-Steine lassen sich einfach mit den DUPLO-Steinen verbinden, wodurch Kindern der Übergang zu den kleineren LEGOs leichter fällt, wenn sie heranwachsen.

Eines der Hauptmerkmale von LEGO-Steinen besteht darin, dass jeder einzelne vor allem Teil eines ganzen Systems ist. Jedes Spiel oder jede Reihe, die neu herauskommen, fügen sich vollständig in das existierende System ein, sodass jedes LEGO-Teil unabhängig von seiner Größe, Form oder Funktion in irgendeiner Weise mit allen übrigen zusammenpasst. Wie immens die Verbindungsmöglichkeiten sind, lässt sich erahnen, wenn man bedenkt, dass sich allein mit acht 2×4-Steinen 8.274.075.616.387 Kombinationen ergeben.

Es gibt 2.000 verschiedene Teile in 55 Farben. Die gängigsten Farben sind Rot, Gelb, Blau, Weiß und Hellgrau. LEGO stellte für einige Zeit die Produktion von grünen Steinen ein, um zu verhindern, dass man damit Militärfahrzeuge bauen konnte und so die Steine für Kriegsspielzeug missbrauchte.

MATHEMATIK

GOOGOL UND GOOGOLPLEX

$$\mathrm{Googol}_{(n)} = n^{(n^2)}$$
$$\mathrm{Googol}_{(2)} = 2^{(2^2)} = 2^4 = 1.00.00_{(2)} = 16_{(10)}$$
$$\mathrm{Googol}_{(3)} = 3^{(3^2)} = 3^9 = 1.000.000.000_{(3)} = 19.683_{(10)}$$
$$\mathrm{Googol}_{(4)} = 4^{(4^2)} = 4^{16} = 1.0000.0000.0000.0000_{(4)} = 4.294.967.296_{(10)}$$
$$\mathrm{Googol}_{(10)} = 10^{(10^2)} = 10^{100}$$

Ein Googol ist eine 1 mit 100 Nullen oder zehn hoch einhundert, was dasselbe in mathematischer Notation ist. Diese Zahl entspricht ungefähr 70! (70 Fakultät). Ihre einzigen Primfaktoren sind 2 und 5 (jeweils einhundert Mal) und ihre binäre Darstellung umfasst 333 Bits.

Der Googol spielt in der Mathematik keine besondere Rolle und besitzt auch keine praktische Anwendung. Der Begriff Googol wurde 1938 von Mirlon Sirotta geprägt, dem neunjährigen Neffen des amerikanischen Mathematikers Edward Kasner (1878–1955), der das Konzept in seinem Buch *Mathematics and the Imagination* einführte. Kasner schuf den Googol, um den Unterschied zwischen einer undenkbar großen Zahl und der Unendlichkeit zu illustrieren, und manchmal wird der Googol zu diesem Zweck auch im Mathematikunterricht eingesetzt.

Etwas später ging ein anderer Mathematiker noch einen Schritt weiter und formulierte den Googolplex als die Zahl 10 hoch einem Googol (10^{googol}). Diese gewaltige Zahl ist eine 1 mit einem Googol Nullen und entzieht sich jeder Vorstellung. Ein Googol ist nach heutigem wissenschaftlichen Kenntnisstand größer als die Anzahl an Atomen im Universum, die auf 10^{78} geschätzt wird. Selbst wenn man es wollte, könnte man die Ziffern eines Googolplex nicht aufschreiben, da kein Stück Papier dafür auch nur annähernd groß genug wäre, würde es doch nicht einmal ins Weltall passen.

Die Ähnlichkeit von Googol mit dem Namen der berühmten Suchmaschine ist alles andere als Zufall. Die Gründer von Google wollten ihre Suchmaschine eigentlich Googol nennen, um ihre Absicht zu bekunden, eine gewaltige Anzahl von Websites damit abzudecken, was allerdings ein banaler Abschreibfehler von Larry Page zunichte machte. Dass das Hauptquartier von Google Googleplex heißt, ist angesichts dieser Tatsache nur allzu folgerichtig.

1 Googol = 10^{100} = 10.000.000.000.000.000.000.000.000.000.000.000.000.000.000.000.000.000.000.000.000.000.000.000.000.000.000.000.000.000.000.000.000.000.000.

Edward Kasner war emeritierter Hochschulprofessor an der mathematischen Fakultät der Columbia University, als er das Konzept des Googol entwickelte, um zu zeigen, wie immens groß die Unendlichkeit ist. Aber selbst diese undenkbar große Zahl reicht nicht aus, um auch nur annähernd eine wirkliche Vorstellung des Unendlichen zu erhalten.

DER SATZ VON EUKLID

Euklid war ein griechischer Mathematiker (um 325 – um 265 v. Chr.), der als Vater der Geometrie bezeichnet wird. Über sein Leben ist nur wenig überliefert. Er studierte wahrscheinlich in Athen und lebte in Alexandria, wo er eine mathematische Schule gründete. Seinen Ruhm verdankt Euklid zweifellos seinem Werk *Die Elemente*. Es gilt nach der Bibel als das weitverbreitetste Buch aller Zeiten und bildet noch heute die Grundlage des Geometrieunterrichts an allen Schulen der Welt.

Die Elemente bestehen aus dreizehn Büchern. Die ersten sechs befassen sich mit der Flächengeometrie, die folgenden vier sind der Arithmetik vorbehalten und beschreiben unter anderem so bekannte mathematische Verfahren wie Euklids Algorithmus, mit dem sich der größte gemeinsame Teiler zweier natürlicher Zahlen berechnen lässt. Die letzten drei Bücher behandeln die Raumgeometrie. Euklid benutzte für seine Beweise eine logische Struktur, die das Vorbild für den klassischen Aufbau einer mathematischen Aussage lieferte. Seine *Elemente* waren historisch gesehen die erste Abhandlung, die sich ausschließlich der Mathematik widmet.

Euklid war der Erste, der in Proposition 20 von Buch IX seiner *Elemente* bewies, dass die Menge der Primzahlen unendlich ist. Er verwendete dafür die sogenannte Methode der „Rückführung auf einen Widerspruch" („reductio ad absurdum"), indem er annahm, dass p die größte Primzahl sei. Sein Beweis ist einfach. Man unterstelle, dass p die größte Primzahl ist, und konstruiere dann eine größere Zahl q, die man durch Multiplikation aller Primzahlen einschließlich p erhält, und addiere dann 1.

$$q = (2 \cdot 3 \cdot 5 \cdot 7 \cdot \dots \cdot p) + 1$$

Das Ergebnis lautet, dass q eindeutig nicht durch irgendeine Primzahl teilbar ist, da sich immer ein Rest 1 ergeben würde, damit ist q nur durch 1 und sich selbst teilbar, also ist q eine Primzahl. Da q zudem größer ist als p, kann p nicht die größte Primzahl sein. Es existiert also keine „größte Primzahl" und die Menge der Primzahlen ist somit unendlich.

Seit Euklids Beweis, dass die Menge der Primzahlen unendlich ist, haben Mathematiker versucht, eine Formel zur Erzeugung von Primzahlen zu finden, was bislang aber noch nicht überzeugend gelungen ist.

DIE MERSENNE-PRIMZAHLEN

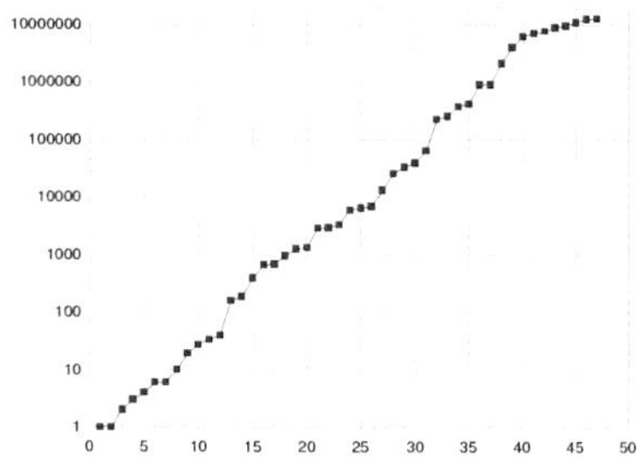

Marin Mersenne (1588–1648) war ein französischer Mönch, der sein ganzes Leben dem Studium der Wissenschaft im Geiste Galileis weihte, dessen Ideen er in seinen Büchern *Les mécaniques de Galilée* (1634) und *Les nouvelles pensées de Galilée* (1639) verbreitete. Mersenne, Begründer der Academia Parisiensis (1635), stellte ein wichtiges Bindeglied zwischen den europäischen Gelehrten der damaligen Zeit dar (wie Pascal, Fermat oder Descartes), indem er durch seine umfangreiche Korrespondenz mit ihnen die Entwicklung der Mathematik beförderte. Obwohl seine Hauptbeschäftigung nicht der Mathematik galt – er widmete sich vor allem der Theologie, Philosophie und Musik – so hat er doch auf dem Gebiet der Naturwissenschaften einige Beiträge geleistet, etwa in der Mechanik und Akustik (Saitenschwingung, Schallgeschwindigkeit).

1644 veröffentlichte er sein Werk *Cogita Physico-Mathematica,* in dem er die Mersenne-Zahlen und Mersenne-Primzahlen einführte. Er beschrieb darin, dass eine Zahl M eine Mersenne-Zahl ist, wenn sie um eins kleiner ist als die Potenz von 2 ($M_n = 2^n - 1$). Eine Mersenne-Primzahl ist eine Mersenne-Zahl, die zugleich eine Primzahl darstellt. (Eine Primzahl ist eine Zahl größer als 1, die nur durch sich selbst oder 1 teilbar ist.) Die Zahl 7 ist beispielsweise eine Mersenne-Primzahl, weil sie folgendes Kriterium erfüllt: $M_3 = 2^3 - 1 = 7$). Er fertigte zudem eine Liste mit Mersenne-Primzahlen an, deren Exponenten kleiner oder gleich 257 waren, und er vermutete, dass die angeführten Zahlen die einzigen waren. Seine Auflistung erwies sich aber als nicht fehlerfrei, weil M_{67} und M_{257} zusammengesetzte Zahlen sind und er darüber hinaus M_{61}, M_{89} und M_{107} übersehen hatte, die auch Primzahlen sind. Seine Vermutung hinsichtlich der Menge an Primzahlen ließ sich ebenfalls nicht halten, da man noch größere Mersenne-Primzahlen als 257 entdeckte. Mersenne machte keinerlei Angaben darüber, wie er an diese Liste gekommen war, deren gründliche Überprüfung nahm jedenfalls noch mehr als zwei Jahrhunderte in Anspruch.

Bislang sind insgesamt 49 Mersenne-Primzahlen bekannt, die größte von ihnen ist $M_{74.207.281} = 2^{74.207.281} - 1$, eine Zahl mit mehr als 22 Millionen Nullen im Dezimalsystem. Betrachtet man die Frage, welche Primzahl zu einem beliebigen Zeitpunkt in der Geschichte die größte war, so findet man bis auf wenige Ausnahmen immer eine Mersenne-Primzahl. Die vierzehn größten Mersenne-Primzahlen wurden im Rahmen des GIMPS-Projekts (Great Internet Mersenne Prime Search) ermittelt, das sich auf die Arbeit von Freiwilligen und ihren Rechnern stützt.

$$M_n = M_{ab} = 2^{ab} - 1 = (2^a)^b - 1^b = (2^a - 1)\sum_{k=0}^{b-1}(2^a)^k 1^{b-1-k} = (2^a - 1)\cdot\left(1 + 2^a + 2^{2a} + 2^{3a} + \ldots + 2^{(b-1)a}\right)$$

Die neun größten bekannten Primzahlen sind zugleich Mersenne-Zahlen. Die Formel für Mersenne-Zahlen ist nicht besonders kompliziert, deshalb gibt es relativ einfache Suchalgorithmen.

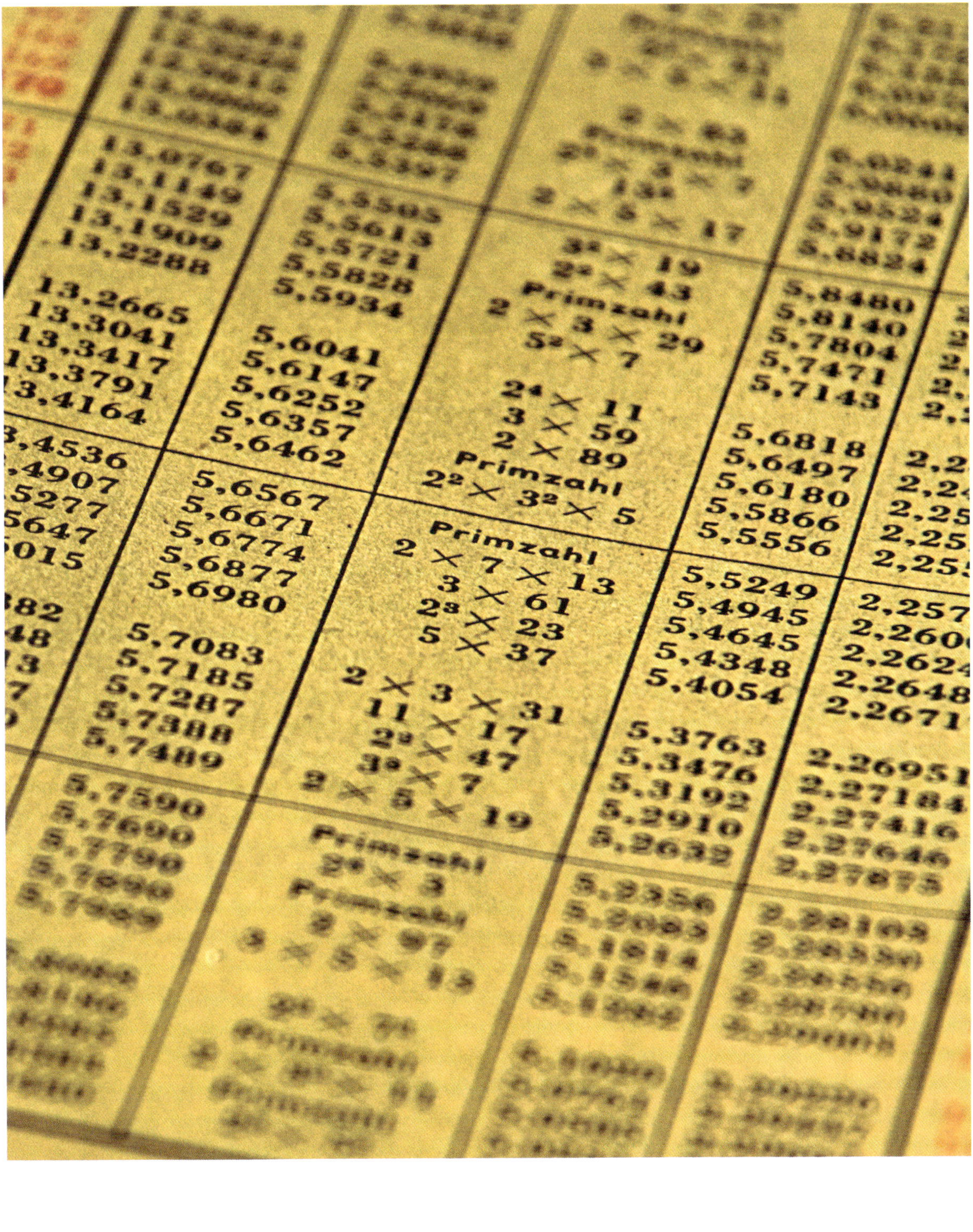
13,0767
13,1149
13,1529
13,1909
13,2288
13,2665
13,3041
13,3417
13,3791
13,4164
5,5505
5,5613
5,5721
5,5828
5,5934
5,6041
5,6147
5,6252
5,6357
5,6462
5,6567
5,6671
5,6774
5,6877
5,6980
5,7083
5,7185
5,7287
5,7388
5,7489
3² × 19
2² × 43
Primzahl
2 × 3 × 29
5² × 7
2⁴ × 11
3 × 59
2 × 89
Primzahl
2² × 3² × 5
Primzahl
2 × 7 × 13
3 × 61
2³ × 23
5 × 37
2 × 3 × 31
11 × 17
2² × 47
3³ × 7
2 × 5 × 19
5,9172
5,8824
5,8480
5,8140
5,7804
5,7471
5,7143
5,6818
5,6497
5,6180
5,5866
5,5556
5,5249
5,4945
5,4645
5,4348
5,4054
5,3763
5,3476
5,3192
5,2910
5,2632

DIE QUADRATUR DES KREISES

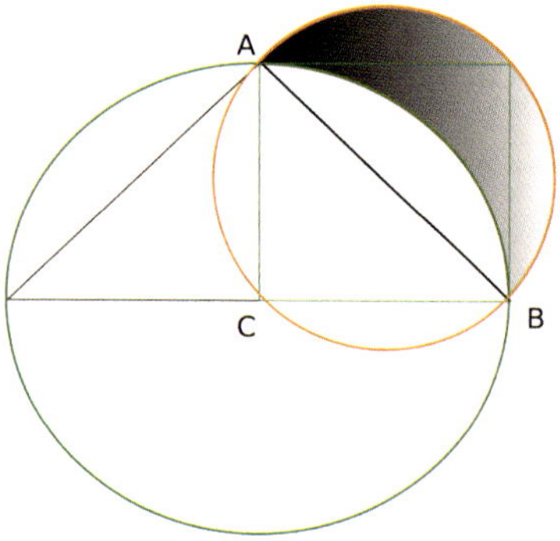

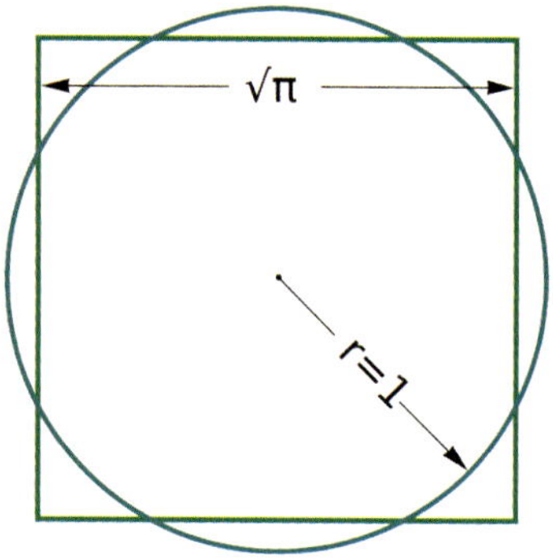

Die Quadratur des Kreises ist ein Problem, das bereits die Mathematiker der griechischen Antike faszinierte und seitdem Gelehrte mehr als 2.000 Jahre lang beschäftigte. Die Lösung fand schließlich 1882 der deutsche Mathematiker Ferdinand von Lindemann (1852–1939), der die Transzendenz der Zahl π bewies.

Betrachten wir einmal das Verhältnis zwischen der Zahl π und der Quadratur des Kreises. Bei der Quadratur des Kreises geht es um die Frage, ob es möglich ist, aus einem gegebenen Kreis ein Quadrat mit demselben Flächeninhalt zu konstruieren. Anders ausgedrückt, die Herausforderung besteht darin, allein mit Lineal und Zirkel in endlich vielen Schritten ein Quadrat zu erzeugen, das denselben Flächeninhalt hat wie ein gegebener Kreis. Diese Aufgabe wirkt auf den ersten Blick hin nicht sehr kompliziert und logisch durchführbar, aber wie sich gezeigt hat, ist sie unlösbar.

Die Antwort auf die Fragestellung lautet nämlich, dass für die Konstruktion eine Strecke mit der Länge $\sqrt{\pi}$ nötig ist. Seit von Lindemanns Beweis ist allerdings klar, dass π eine transzendente, irrationale und nicht algebraische Zahl ist, die sich in keinem Stellenwertsystem vollständig darstellen lässt und unendlich viele, nicht periodische Dezimalstellen aufweist. Da π grundsätzlich nicht als Lösung einer algebraischen Gleichung auftreten kann, also auch nicht einer Gleichung, wie sie für die Konstruktion mit Lineal und Zirkel benötigt wird, ist es unmöglich, die erforderliche Strecke herzustellen. Aus der Transzendenz von π folgt somit, dass zu einem Kreis kein flächengleiches Quadrat mit Lineal und Zirkel konstruierbar ist. Die Vermutung, dass die Quadratur des Kreises nicht lösbar ist, bestand bereits zu Archimedes' Zeiten, es dauerte dann allerdings bis zum Ende des neunzehnten Jahrhunderts, ehe sie zur Gewissheit wurde.

Die Bezeichnung der Kreiszahl mit dem griechischen Buchstaben π wurde im achtzehnten Jahrhundert durch Leonhard Euler üblich und leitet sich ab von den Anfangsbuchstaben der griechischen Wörter περιφέρεια – peripheria, „Randbereich" beziehungsweise περίμετρος – perimetros, „Umfang".

FERMATS LETZTES THEOREM

Der französische Mathematiker Pierre de Fermat (1601–1665) konnte mit seinen außergewöhnlichen Beiträgen zur Mathematik selbst die profiliertesten Mathematiker zu allen Zeiten stets verblüffen. Der Jurist und Liebhaber der Zahlen befasste sich mit ganz verschiedenen Aspekten der Mathematik, die von der Rekonstruktion einiger Beweise des griechischen Mathematikers Apollonius (um 262 – um 190 v. Chr.) bis hin zu interessanten eigenen Abhandlungen zur algebraischen Methode reichten.

Es gibt ein kleines Detail in seinen Arbeiten, das die mathematische Welt lange Zeit unablässig in Atem hielt. Fermat hatte während der Lektüre eines Buchs die Angewohnheit, Lösungen für Probleme, die er entwickelte, in die Marginalspalte zu schreiben. Als er den griechischen Text zu Diophants *Arithmetica* studierte, ist die folgende Randnotiz entstanden: „Es ist jedoch nicht möglich, einen Kubus in zwei Kuben, oder ein Biquadrat in zwei Biquadrate und allgemein eine Potenz, höher als die zweite, in zwei Potenzen mit ebendemselben Exponenten zu zerlegen: Ich habe hierfür einen wahrhaft wunderbaren Beweis entdeckt, doch ist dieser Rand hier zu schmal, um ihn zu fassen."

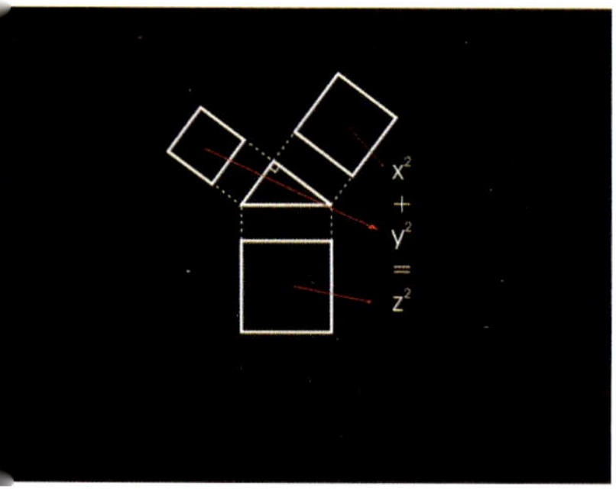

z.B. $3^2 + 4^2 = 5^2$

Fermat formulierte mit dieser Randbemerkung ein Theorem, das bald zu den vorrangigsten zählte, die es in der Mathematik zu beweisen galt. Mathematiker haben sich mehr als dreihundert Jahre so intensiv mit dem Problem auseinandergesetzt, dass Leonhard Euler (1707–1783) sogar darum gebeten haben soll, Fermats Haus durchsuchen zu dürfen, um dort die Lösung zu entdecken, die aber niemals gefunden wurde.

Es ist bekannt, dass Fermat seinen Lehrsatz für $n = 4$ durch die Methode des unendlichen Abstiegs bewiesen hat, und vermutlich nahm er an, dass diese Lösung für eine Verallgemeinerung ausreiche. Eine andere Möglichkeit besteht darin, dass er die Suche nach einer Lösung aufgab, da sein Kommentar nur für ihn selbst bestimmt war und daher keiner Korrektur bedurfte.

Den Beweis für Fermats Letztes Theorem konnte schließlich der britisch-amerikanische Mathematiker Andrew Wiles 1994 erbringen, der dafür allerdings auf mathematische Hilfsmittel zurückgreifen konnte, die erst lange nach Fermats Tod zur Verfügung standen. Fermat muss seinen Beweis also auf anderem Wege ermittelt haben. Wie dem auch sei, Fermat hatte jedenfalls recht.

Die Methode des unendlichen Abstiegs ist in der Mathematik ein Beweis, dass es für ein bestimmtes mathematisches Problem keine Lösung in den natürlichen Zahlen gibt.

Arithmeticorum Liber II. 61

interuallum numerorum 2. minor autem 1 N. atque ideo maior 1 N. + 2. Oportet itaque 4 N. + 4. triplos esse ad 2. & adhuc superaddere 10. Ter igitur 2. adscitis vnitatibus 10. æquatur 4 N. + 4. & fit 1 N. 3. Erit ergo minor 3. maior 5. & satisfaciunt quæstioni.

IN QVAESTIONEM VII.

CONDITIONIS appositæ eadem ratio est quæ & appositæ præcedenti quæstioni, nil enim aliud requirit quàm vt quadratus interualli numerorum sit minor interuallo quadratorum, & Canones iidem hic etiam locum habebunt, vt manifestum est.

QVÆSTIO VIII.

PROPOSITVM quadratum diuidere in duos quadratos. Imperatum sit vt 16. diuidatur in duos quadratos. Ponatur primus 1 Q. Oportet igitur 16 − 1 Q. æquales esse quadrato. Fingo quadratum à numeris quotquot libuerit, cum defectu tot vnitatum quod continet latus ipsius 16. esto à 2 N. − 4. ipse igitur quadratus erit 4 Q. + 16. − 16 N. hæc æquabuntur vnitatibus 16 − 1 Q. Communis adiiciatur vtrimque defectus, & à similibus auferantur similia, fient 5 Q. æquales 16 N. & fit 1 N. $\frac{16}{5}$ Erit igitur alter quadratorum $\frac{256}{25}$. alter verò $\frac{144}{25}$ & vtriusque summa est $\frac{400}{25}$ seu 16. & vterque quadratus est.

OBSERVATIO DOMINI PETRI DE FERMAT.

Cubum autem in duos cubos, aut quadratoquadratum in duos quadratoquadratos & generaliter nullam in infinitum vltra quadratum potestatem in duos eiusdem nominis fas est diuidere cuius rei demonstrationem mirabilem sane detexi. Hanc marginis exiguitas non caperet.

QVÆSTIO IX.

RVRSVS oporteat quadratum 16 diuidere in duos quadratos. Ponatur rursus primi latus 1 N. alterius verò quotcunque numerorum cum defectu tot vnitatum, quot constat latus diuidendi. Esto itaque 2 N. − 4. erunt quadrati, hic quidem 1 Q. ille verò 4 Q. + 16. − 16 N. Cæterum volo vtrumque simul æquari vnitatibus 16. Igitur 5 Q. + 16. − 16 N. æquatur vnitatibus 16. & fit 1 N. $\frac{16}{5}$ erit

H iii

OBSERVATIO DOMINI PETRI DE FERMAT.

Cubum autem in duos cubos, aut quadratoquadratum in duos quadratoquadratos & generaliter nullam in infinitum vltra quadratum potestatem in duos eiusdem nominis fas est diuidere cuius rei demonstrationem mirabilem sane detexi. Hanc marginis exiguitas non caperet.

DIE REGEL VON DE L'HOSPITAL

$$\lim_{x \to c} \frac{f(x)}{g(x)} = \lim_{x \to c} \frac{f'(x)}{g'(x)}$$

$$\lim_{x \to c} \frac{f(x)}{g(x)} = l.$$

Guillaume François Antoine (1661–1704), besser bekannt als Marquis de L'Hospital, war ein renommierter französischer Mathematiker, dem man die Regel zuschreibt, mit der Grenzwerte von Brüchen berechnet werden, deren Zähler und Nenner entweder beide gegen null oder beide gegen unendlich gehen.

Diese Regel erschien 1692 in seinem Werk mit dem Titel *Analyse des infiniment petits, pour l'intelligence des lignes courbes* (Analyse des unendlich Kleinen, zum Verständnis von Kurven), dem ersten Lehrbuch, das sich mit der Differenzialrechnung befasste, obwohl die Regel bekanntermaßen von Johann Bernoulli (1667–1748) stammt, der sie als Erster entdeckte und auch bewies. L'Hospital hat niemals behauptet, der Urheber der Regel zu sein, und im Buch selbst wird auch kein solcher genannt.

Die Regel von de L'Hospital benutzt Ableitungen, wenn beim Erreichen des Grenzwerts einer Funktion ein unbestimmter Ausdruck des Typs 0/0 oder ∞/∞ entsteht. Durch die Anwendung der Regel verändert sich oft eine unbestimmte Form in eine bestimmte, sodass der Grenzwert leichter zu ermitteln ist.

Wenn sich bei der Berechnung des Grenzwerts erneut ein unbestimmter Ausdruck ergibt, der die Bedingungen der Regel erfüllt, kann die Regel so oft angewendet werden, bis der gesuchte Grenzwert erreicht ist. Die Regel kann nicht direkt bei allen unbestimmten Ausdrücken eingesetzt werden. Tritt ein solcher Fall ein, muss der entsprechende Ausdruck in einen des Typs 0/0 oder ∞/∞ umgeschrieben werden, damit de L'Hospitals Regel wieder anwendbar wird.

Drei Jahrhunderte nach ihrer Veröffentlichung gehört de L'Hospitals Regel zu den wahrscheinlich beliebtesten mathematischen Hilfsmitteln, da sie in vielen wissenschaftlichen Bereichen gebraucht wird, um Grenzwerte zu berechnen.

In der Einleitung zu seinem berühmten, anonym herausgegebenen Werk dankt de L'Hospital Gottfried Wilhelm Leibniz, Jakob Bernoulli und Johann Bernoulli für deren Beiträge, was die Theorie, dass der Marquis vor allem von Letztgenanntem profitieren wollte, widerlegt.

ANALYSE
DES
INFINIMENT PETITS,

Pour l'intelligence des lignes courbes.

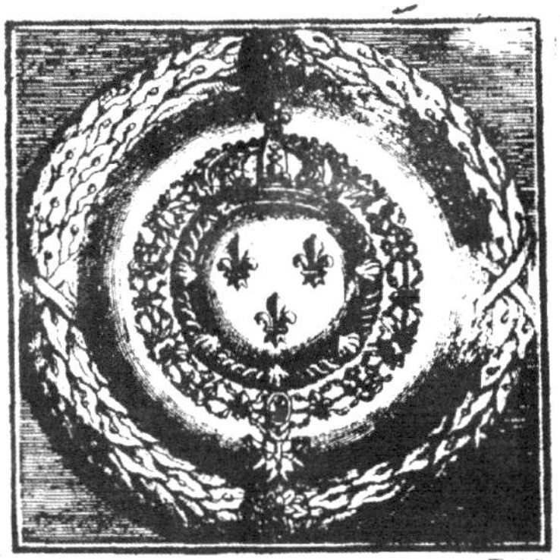

989. A PARIS,
DE L'IMPRIMERIE ROYALE.

M. DC. XCVI.

DIE FERMATSCHE SPIRALE

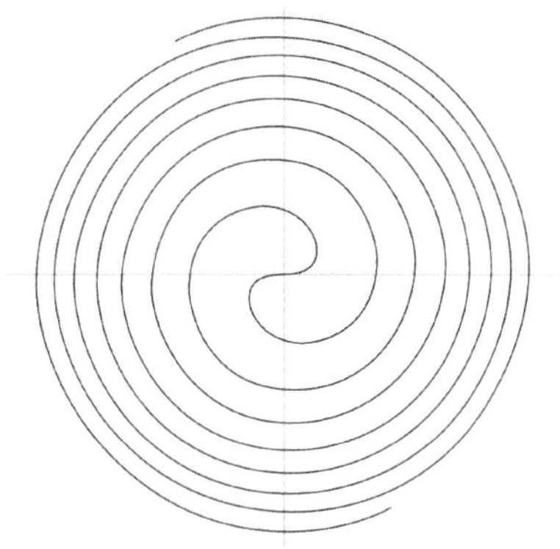

Der Jurist Pierre de Fermat (1601–1665) war zusammen mit René Descartes (1596–1650) einer der führenden Mathematiker des siebzehnten Jahrhunderts. Fermat gilt als Entdecker der Differenzialrechnung noch vor Newton und Leibniz, ist neben Blaise Pascal (1623–1666) Begründer der Wahrscheinlichkeitstheorie und hat grundlegende Beiträge in der analytischen Geometrie verfasst. Er erhielt den Ehrentitel „Fürst der Amateure", weil er die Mathematik neben seiner eigentlichen Beschäftigung in seiner freien Zeit betrieb.

Die nach ihm benannte Spirale, die auch als parabolische Spirale bezeichnet wird, ist eine Variation der archimedischen Spirale, die durch die Gleichung $r = a+b\theta$ erzeugt werden kann und deren Ursprung im Zentrum liegt, um den sie sich symmetrisch bewegt. Im Gegensatz dazu gibt es in der Gleichung der Fermatschen Spirale für jeden Wert des Polarwinkels θ zwei Werte von r, einen positiven und einen negativen, sodass $r = \pm\theta^{1/2}$.

Aus dieser Gleichung entstehen zwei symmetrische, einander ergänzende und ineinander verschlungene Spiralen, die gegen unendlich streben. Im Fall der Fermatschen Spirale ist r ein geometrischer Ort eines Punktes, der sich mit konstanter Geschwindigkeit auf einem Strahl um einen festen Anfangspunkt mit konstanter Winkelgeschwindigkeit dreht.

Die Fermatsche Spirale kommt auch in der Natur vor, beispielsweise in der Anordnung der Samenkörper einer Sonnenblume oder im Blütenstand des Gänseblümchens.

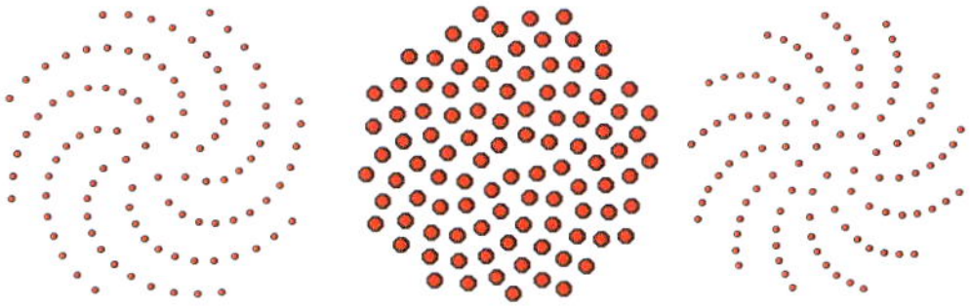

MARKOW-KETTEN

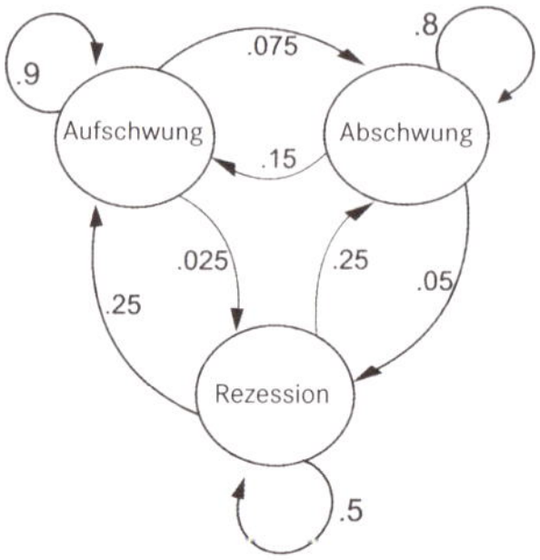

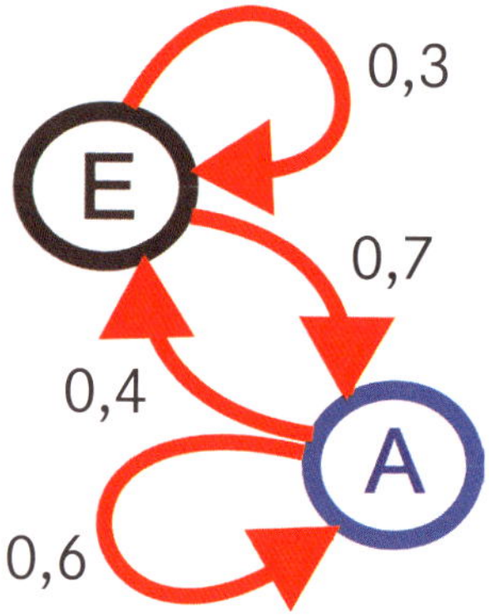

Die Wahrscheinlichkeit, dass ein Ereignis eintritt, hängt unter anderem auch von dem vorhergehenden ab. Diese Aussage trifft auf eine Marlow-Kette zu, die nach dem russischen Mathematiker Andrei Andrejewitsch Markow (1856–1922) benannt ist, der sie 1907 formulierte.

Markow-Ketten beschreiben eine spezielle Art von Prozessen, die durch ein „kurzes Gedächtnis" bestimmt werden, das heißt, dass in einer Kette von Ereignissen nur der letzte Zustand „erinnert" wird, um über ein zukünftiges Ereignis zu entscheiden. Diese Abhängigkeit von Ereignissen untereinander unterscheidet diesen Typ Wahrscheinlichkeit von unabhängigen Ereignissen, wie zum Beispiel dem Rollen eines Würfels, bei dem eine Abfolge von Ereignissen nicht durch ein vorhergehendes Ergebnis beeinflusst wird.

Eine Markow-Kette ist ein System, das seinen Zustand im Laufe der Zeit ändert, und so keine unendlichen Vorhersagen erlaubt, wie es in anderen Zusammenhängen möglich ist. Wenn beispielsweise eine Münze unendliche Male geworfen wird, dann besteht bei jedem Wurf die Wahrscheinlichkeit von eins zu zwei, dass es Kopf wird, und ebenfalls von eins zu zwei, dass Zahl erscheint. Man kann also mit Sicherheit sagen, dass bei einer Anzahl von n Würfen die Wahrscheinlichkeit, Kopf zu erhalten, eins zu zwei ist. In einer Markow-Kette ist eine Vorhersage dieser Art unmöglich, denn um vorherbestimmen zu können, was im n-ten Ereignis geschehen wird, muss man wissen, was sich im Zustand $n-1$ ereignet hat, das heißt, man muss den aktuellen Zustand und alle wahrscheinlichen Möglichkeiten kennen.

Die Abhängigkeit zwischen den Zufallsvariablen ist derart, dass, wenn der Wert von Ereignis X_n bekannt ist, die Werte von X_0, X_1, X_2 ... vollkommen irrelevant sind, um den Wert von X_{n+1} festlegen zu können. Das bedeutet nicht, dass X_{n+1} unabhängig von X_0, X_1 ... ist, aber dass diese Variablen nur einen Einfluss auf X_{n+1} durch X_n haben, wie es zum Beispiel bei der Wettervorhersage der Fall ist. Anders ausgedrückt, wenn man den Zustand $n+1$ als zukünftig betrachtet, den von n als gegenwärtig und 0, 1, 2 ... als vergangen, dann kann man feststellen, dass die Vergangenheit die Zukunft durch die Gegenwart beeinflusst.

Andrei Andrejewitsch Markow zeichnete sich nicht nur auf dem Gebiet der Mathematik aus, er war darüber hinaus ein überzeugter politischer Aktivist, der gegen die Privilegien des zaristischen Adels opponierte, was ihm den Titel „militanter Gelehrter" einbrachte.

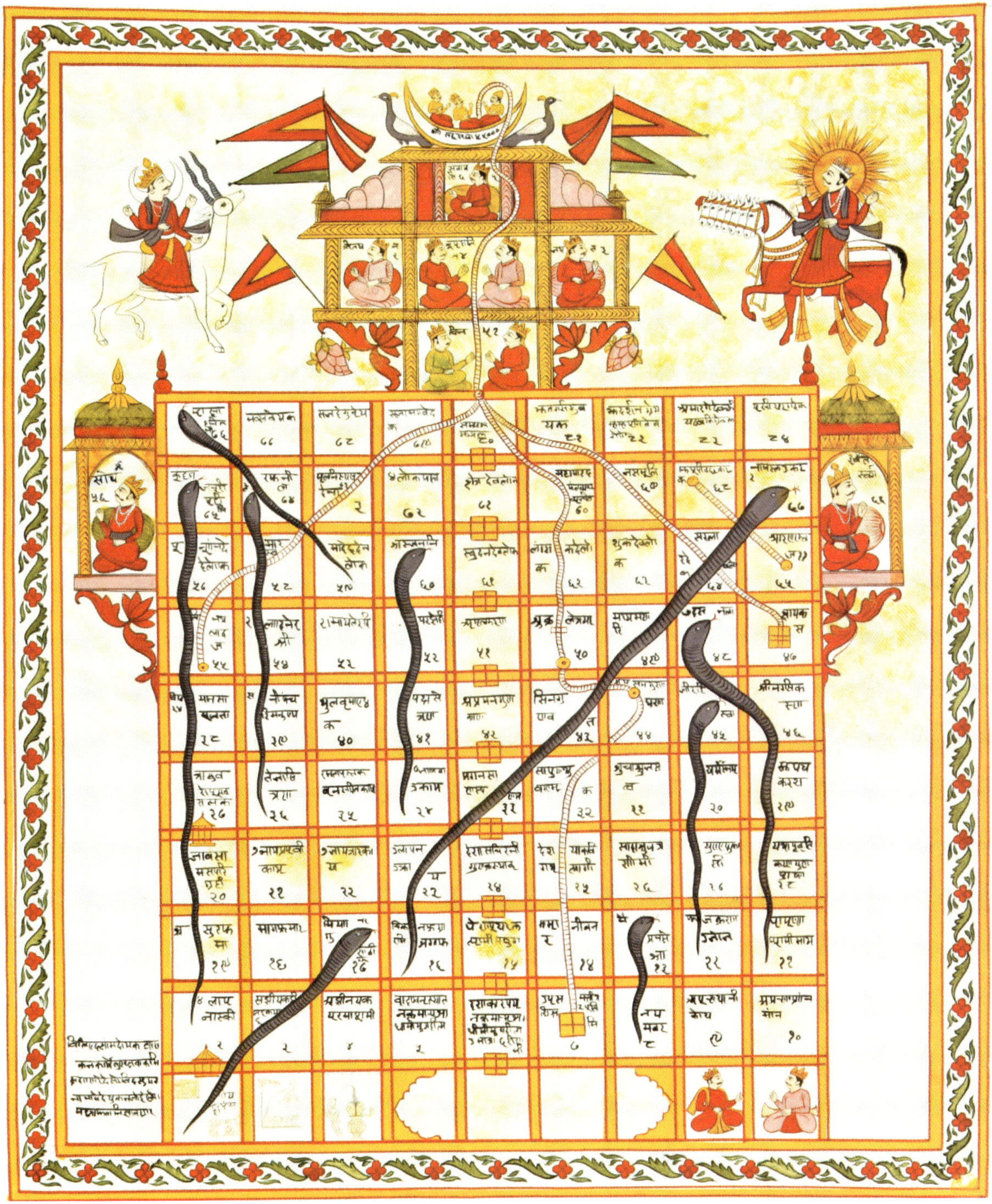

POINCARÉS MODELL DER HYPERBOLISCHEN EBENE

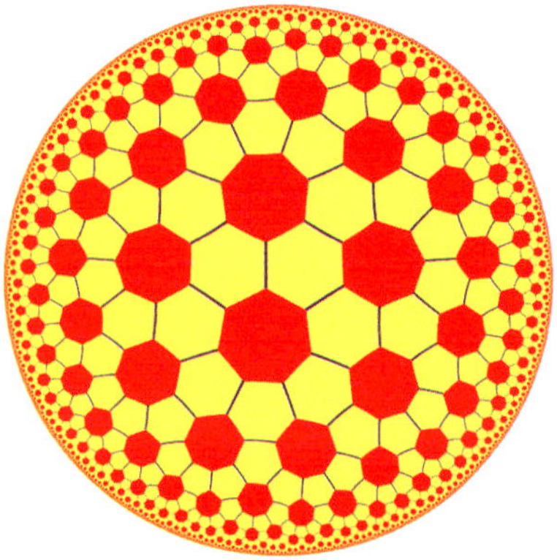

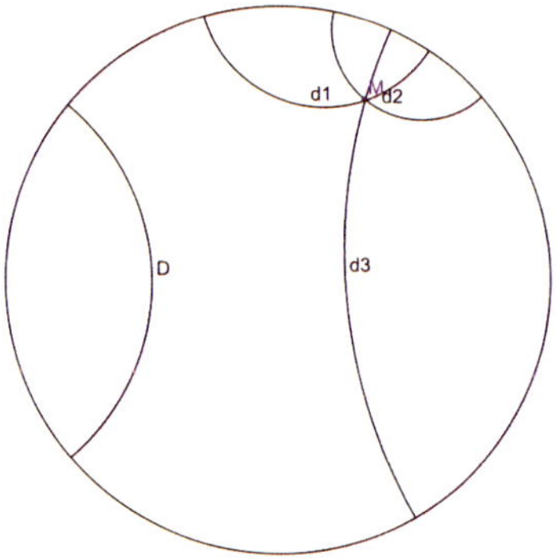

Die hyperbolische Geometrie entstand als ein geometrisches Modell, das nicht allen Postulaten der klassischen Geometrie entspricht, da es nämlich das fünfte euklidische Postulat, das Parallelenpostulat, nicht erfüllt. Die hyperbolische Geometrie beruht auf einem Modell mit einer überall herrschenden Krümmung, das der französische Mathematiker und Philosoph Jules Poincaré (1854–1912) 1904 als Erster beschrieb.

In einer klassischen euklidischen Ebene sind zwei Linien, die senkrecht auf einer gegebenen Gerade *r* stehen, parallel und schneiden sich daher im Unendlichen. Wie verhält es sich damit aber in einer Poincaré-Ebene? Die Poincaré-Ebene ist eine Scheibe mit konstanter Krümmung, die man sich am besten als Kugeloberfläche vorstellt. Man zeichne nun auf dieser Kugeloberfläche oder in der Poincaré-Ebene eine Gerade *r* und versuche dann, zwei Linien zu konstruieren, die *r* im rechten Winkel schneiden. Es entstehen zwei Kreisbögen, die an gegebenen Punkten beginnen und enden und sich daher nicht im Unendlichen kreuzen, oder anders ausgedrückt, die beiden auf *r* senkrecht stehenden Linien verlaufen nicht parallel, weil sie sich nicht im Unendlichen aufeinander zubewegen.

Angesichts der Tatsache, dass wir in einer Welt und in einem Universum mit einer deutlichen und unbestreitbaren Krümmung leben, sollte man meinen, dass die hyperbolische Geometrie gemäß der Poincaré-Ebene das Universum offensichtlich auf die bestmögliche Weise abbildet. Die Unterschiede allerdings, die aus der Anwendung der euklidischen und hyperbolischen Geometrie resultieren, sind tatsächlich so gering, dass sie kaum ins Gewicht fallen und die euklidische Geometrie somit eine ausgezeichnete Annäherung für jeden gewöhnlichen Maßstab darstellt.

Jules Henri Poincaré war ein angesehener und renommierter Mathematiker, theoretischer Physiker und Philosoph. Er wird bisweilen als der Mann beschrieben, der beinahe die Relativitätstheorie entdeckt hätte, weil seine zahlreichen Werke das auslösende Moment für Albert Einstein gewesen sein sollen.

DIE LEVIATHAN-ZAHL

Eine der größten Zahlen, die kaum vorstellbar ist, ist die Leviathan-Zahl, die in mathematischer Schreibung als $(10^{666})!$ dargestellt wird. Das Ausrufezeichen hinter einem Argument bedeutet in der Mathematik die Fakultät einer natürlichen Zahl *n*, die das Produkt aller natürlichen Zahlen kleiner oder gleich *n* beschreibt. 5 Fakultät (5!) beispielsweise ist $5 \times 4 \times 3 \times 2 \times 1 = 120$.

Im Alten Testament und in der christlich-jüdischen Literatur steht der Leviathan für ein gewaltiges Seeungeheuer, das oftmals mit dem Teufel oder Satan assoziiert wird. Die Zahl 666, auch Zahl des Tieres oder des Antichrists genannt, wird traditionellerweise dem Teufel zugeschrieben. Sie weist einige interessante mathematische Besonderheiten auf, so ist sie zum Beispiel die Summe der ersten 36 natürlichen Zahlen, die Summe der Quadrate der ersten sieben Primzahlen ($2^2 + 3^2 + 5^2 + 7^2 + 11^2 + 13^2 + 17^2 = 666$) und auch die Summe der Kubikzahlen $1^3 + 2^3 + 3^3 + 4^3 + 5^3 + 6^3 + 5^3 + 4^3 + 3^3 + 2^3 + 1^3$.

Die Leviathan-Zahl ist nichts weiter als eine Kuriosität, weil es nahezu unmöglich ist, sie zu berechnen oder sie in einer Berechnung zu benutzen, aber dennoch sind zwei ihrer Eigenschaften bekannt, nämlich dass ihre ersten sechs Ziffern 134072 lauten und dass die gesamte Anzahl an Ziffern, aus der sie besteht, größer als 10^{668} ist. Man schätzt, dass es 3×10^{660} Jahre dauern würde, um all ihre Ziffern aufzuschreiben.

Gustave Doré (1832–1883) war ein französischer Künstler, der unter anderem auch den Stich Die Vernichtung des Leviathan *schuf, der den Tod des Ungeheuers durch die Hand Gottes zeigt.*

G^ve Doré
H. PISAN

DIE SEEN DES WADA

Die Konstruktion der Seen des Wada wurde erstmals 1917 vom japanischen Mathematiker Kunizō Yoneyama beschrieben, der sie nach seinem Professor Takeo Wada (1882–1944) benannte. Dieses mathematische Modell beruht auf der Konstruktion von drei Gebieten in der Ebene, die eine gemeinsame Grenze besitzen.

Es gibt sicher Punkte, die gleichzeitig auf der Grenze zwischen zwei dieser Gebiete liegen, aber es kann sogar ein Punkt existieren, der eine Grenze zwischen allen dreien markiert. Intuitiv tendiert man zu der Vorhersage, dass die Anzahl der Grenzpunkte, die sie alle gemeinsam haben, gering oder begrenzt ist, aber das Modell der Seen Wadas beweist, dass ihre Zahl unendlich ist. Das Beispiel von Kunizō Yoneyama verdeutlicht diese mathematische Konstruktion.

Man stelle sich eine Insel im Meer mit einem warmen und einem kalten See vor, auf der die nachfolgend geschilderten Arbeiten stattfinden. In der ersten Stunde werden drei Kanäle ausgebaggert, einer mit Meerwasser, einer mit warmem Seewasser und einer mit kaltem Seewasser, wobei das Wasser keines Kanals mit dem eines anderen in Berührung kommt. Innerhalb dieser ersten Stunde sei jeder Punkt auf dem Land nicht mehr als eine Meile von jeder Art Wasser entfernt, also vom Salzwasser ebenso weit wie vom warmen oder kalten Seewasser.

In der folgenden halben Stunde wird jeder Kanal länger, aber es wird weiterhin vermieden, dass sich die unterschiedlichen Arten von Wasser miteinander vermischen. Am Ende dieser halben Stunde sei die Entfernung zwischen jedem Punkt und jeder Art Wasser geringer als eine halbe Meile geworden. Die Arbeiten werden in derselben Weise während der nächsten Viertelstunde, der nächsten Achtelstunde und so weiter fortgeführt. Nach der zweiten Stunde (man beachte, dass $1 + 1/2 + 1/4 + 1/8 + ... = 2$) bildet das trockene Land einen abgeschlossenen Komplex und jeder seiner Punkte grenzt an warmes, kaltes und salziges Wasser. Dieser Komplex ist die gemeinsame Grenze der drei Gebiete, nämlich des Meereswassers, des kalten und des warmen Seewassers, die sich in ihren jeweiligen Kanälen ausgedehnt haben.

Auch wenn es nur schwer vorstellbar ist, so können drei Mengen dennoch dieselbe Grenze teilen. Im Allgemeinen treffen in der zweidimensionalen Ebene drei Gebiete (etwa drei Länder) nur an einem Punkt zusammen, aber topologisch ist eine unendliche Anzahl gemeinsamer Punkte möglich.

DIE WEIZENKORNLEGENDE

Einer Legende nach regierte vor langer Zeit in irgendeinem Teil Indiens ein König namens Sheram. In einer der Schlachten, in die er mit seiner Armee zog, verlor er seinen Sohn, was ihn so betrübte, dass er einzig und allein darüber nachdachte, mit welcher Strategie er den Verlust seines Sohnes hätte vermeiden können.

Eines Tages erschien der junge Sissa bei Hof und verlangte, vom König gehört zu werden. Der König war einverstanden und ließ ihn vor, sodass Sissa ihm ein Spiel präsentieren konnte, das ihn von seiner Betrübnis befreien und ihm Abwechslung bieten sollte. Es war ein großes Brett mit 64 Feldern, auf das er zwei Sätze mit Spielfiguren stellte. Geduldig brachte er dem König, den Ministern und Höflingen die grundsätzlichen Regeln bei. Jeder Spieler, erklärte Sissa, habe acht Bauern, die die auf den Feind vorrückende Infanterie darstellen würden. Dahinter befänden sich die Kriegselefanten (die Türme) und die Reiterei (die Pferde), die in einer Schlacht unverzichtbar seien. Und, so Sissa weiter, um den Angriff noch zu forcieren, gäbe es die edlen Krieger (die Läufer) des Königs. Eine weitere Figur mit vielen Bewegungsmöglichkeiten, noch wirkungsvoller und stärker als alle anderen, zudem das Symbol der Vaterlandsliebe, die repräsentiere niemand anderen als die Königin. Schließlich gehöre noch eine Figur zum Spiel, die alle schützen würden, nämlich die des Königs.

Der Herrscher war von diesem Zeitvertreib so fasziniert, dass er gleich mehrere Partien hintereinander spielte. Aus Dankbarkeit für dieses vorzügliche Geschenk sollte Sissa einen Wunsch freihaben. Was immer er auch fordere, der König wolle es erfüllen, aber Sissa lehnte eine Belohnung ab. Der König insistierte jedoch, und also sprach Sissa:

„Legt ein Weizenkorn auf das erste Quadrat des Schachbretts, zwei auf das zweite, vier auf das dritte und so weiter, verdoppelt also die Anzahl der Körner je Quadrat und gebt mir die daraus resultierende Gesamtzahl an Weizenkörnern."

Der König zeigte sich überrascht von dieser eigenartigen Bitte und erachtete sie als viel zu gering für ein solch bedeutendes Geschenk, das er erhalten hatte, aber schließlich willigte er ein.

Nach ein paar Stunden meldeten die fähigsten Rechenmeister des Königs dem Herrscher, dass er sein Versprechen nicht einhalten könne, da $1 + 2 + 4 + 8 + \ldots + 2^{62} + 2^{63}$ Weizenkörner einer Menge von 18.446.744.073.709.551.615 Körnern entspreche. Angenommen ein Kubikzentimeter enthalte 20 Körner, dann ergibt das eine Menge von über 922 Milliarden Kubikmeter Weizen. Um eine solche Menge Weizen einbringen zu können, müsste die gesamte Erdoberfläche 8-mal besät und das Getreide auch ebensoviele Male geerntet werden.

Die Belohnung, die Sissa verlangt, veranschaulicht das Prinzip einer geometrischen Folge, bei der jedes Glied durch Multiplikation des jeweils vorhergehenden mit einer Konstanten, dem Quotienten, entsteht. Die Summe der Folgeglieder ergibt dann die geometrische Reihe.

A B C D E F G H
8 7 6 5 4 3 2 1
CHAVET CHESS

GÖDELS UNVOLLSTÄNDIGKEITSSÄTZE

Die 1931 veröffentlichten Unvollständigkeitssätze des österreichischen Mathematikers Kurt Gödel (1906–1978) besagen, dass es in jedem streng logischen mathematischen System Aussagen gibt, die auf der Grundlage der Axiome dieses Systems weder bewiesen noch widerlegt werden können, das heißt, dass die Axiome der Arithmetik zu Widersprüchen führen können. Die Mathematik wird dadurch grundsätzlich „unvollständig".

Zum besseren Verständnis von Gödels Satz wird oftmals ein altes Paradoxon verwendet, das als Epimenides- oder Lügner-Paradoxon bekannt ist. Epimenides behauptete: „Alle Kreter sind Lügner". Da Epimenides aber selbst Kreter war, lässt sich folgern, dass, wenn diese Aussage der Wahrheit entspricht, dann ist das, was er sagt, falsch, wodurch ein Widerspruch entsteht. Ist andererseits das, was er sagt, falsch, dann ist die Aussage wahr, womit man wieder am Anfang angelangt wäre. Diese Aussagen illustrieren das eigenartige Phänomen der sogenannten seltsamen Schleife, weil jede anfängliche Annahme stets zu ihrer Widerlegung führt. Viele der optischen Täuschungen von M.C. Escher beruhen auf diesem Konzept.

Mathematiker und Philosophen zur Zeit Gödels glaubten, dass es sich dabei um ein ausschließlich sprachliches Konstrukt handele, das aber nicht für die Mathematik gelte, weil diese klar und rational sei. Gödel formulierte jedoch die mathematische Entsprechung dazu. Gödels Unvollständigkeitssätze lassen sich zusammenfassen unter der Kategorie „Diese Aussage ist nicht beweisbar", die Gödel als eine rein mathematische Beziehung in die Welt der Zahlen übertrug. Und Gödel zeigte, dass sein Satz tatsächlich unbeweisbar ist.

Zur damaligen Zeit herrschte unter Mathematikern ein großer Optimismus, und man nahm an, dass sich jeder Aspekt der Mathematik in Systemen formalisieren lasse, die die Richtigkeit oder Unrichtigkeit aller Theoreme erweisen würden. Die Veröffentlichung von Gödels Unvollständigkeitssätzen bedeutete einen herben Rückschlag, da sie demonstrierten, dass der Mensch weder absolutes Wissen noch vollkommene Wahrheit erreichen kann.

Kurt Gödel bewies einen fundamentalen Satz, der große Unruhe in Mathematikerkreisen auslöste. Der Satz besagt, dass es mathematische Aussagen gibt, die weder bewiesen noch widerlegt werden können.

DIE KOCH-SCHNEEFLOCKE

1904 beschrieb der schwedische Mathematiker Helge von Koch (1870–1924) ein berühmtes Fraktal, die Koch-Kurve, in einem Aufsatz mit dem Titel „Une courbe continue sans tangente, obtenue par une construction géometrique élémentaire" (Über eine stetige Kurve ohne Tangenten, hergeleitet aus der Elementargeometrie). Diese Kurve ist zugleich der Ausgangspunkt für ein anderes fraktales Objekt, die Koch-Schneeflocke, die zu den einfachsten und zu den frühesten beschriebenen Fraktalen zählt.

Die Konstruktion der Koch-Schneeflocke ist ein iterativer Prozess, der mit einem gleichseitigen Dreieck einsetzt, bei dem jede Seite aus einer Koch-Kurve besteht. Eine Koch-Kurve stellt man her, indem ein Streckenstück in drei gleiche Abschnitte unterteilt wird und über dem mittleren Teilstück ein gleichseitiges Dreieck gebildet wird. Entfernt man die Grundlinie des Dreiecks, so erhält man vier Streckenabschnitte. Wird dieser Ersetzungsprozess für alle vier Abschnitte wiederholt, ergeben sich in der zweiten Iteration sechzehn kleinere Streckenstücke, in der dritten vierundsechzig und so weiter. Beginnt man den Vorgang mit einem gleichseitigen Dreieck statt einem Streckenstück entsteht die Koch-Schneeflocke.

Wenn die Iterationen in jedem neu resultierenden Abschnitt unendliche Male fortgeführt werden, geht der Umfang der Schneeflocke gegen unendlich, wobei die umschlossene Fläche, die 8/5 des Ausgangsdreiecks beträgt, endlich ist.

Fraktale zeichnen sich durch Selbstähnlichkeit aus, also durch die Eigenschaft, dass die Teile eines Objekts bei fortgesetzter Vergrößerung immer dieselben Strukturen wie das Ganze zeigen.

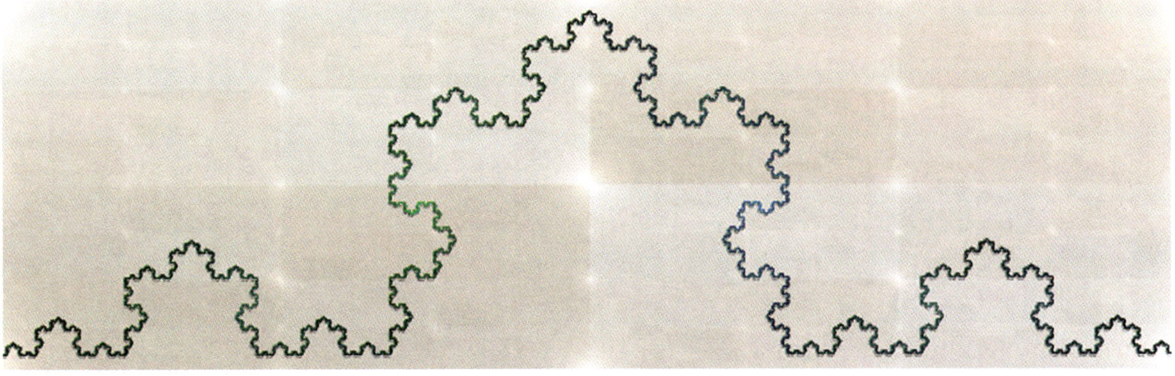

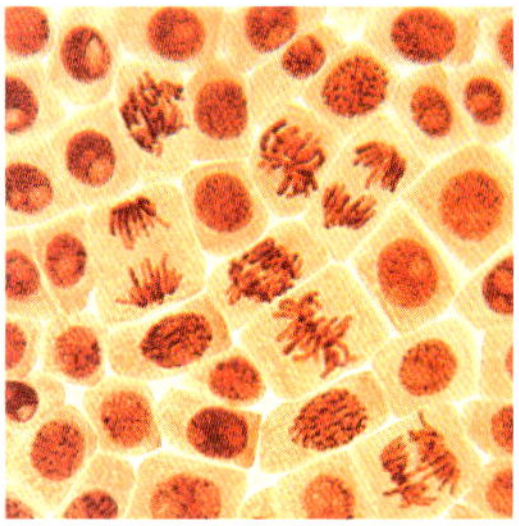

INT 21H
END Begin
MOV AX,56h
XOR SI,DI
0F77:0000
0F77:0003 8ED8
0F77:0005 B409
MOV AX,1234H
PUSH AX
MOV AH,09

TECHNOLOGIE

TECHNOLOGIE

DIE SPEICHERUNG VON SONNENENERGIE

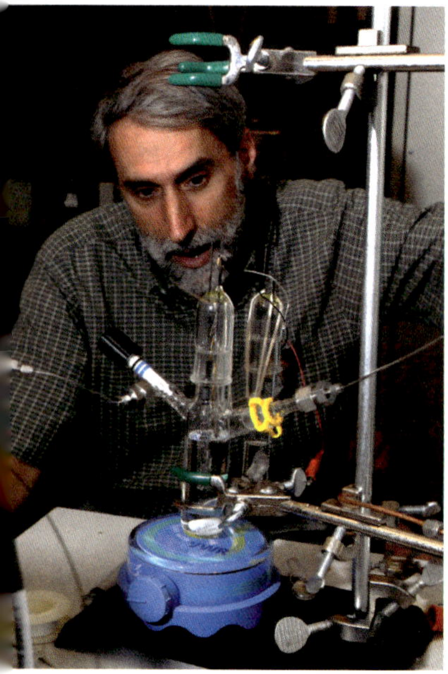

Einer der größeren Nachteile der Sonnenenergie liegt darin, dass, wenn die Sonne nicht scheint, es auch keine Elektrizität gibt, zeigt sie sich aber ununterbrochen am Himmel, dann lässt sich der Überschuss nicht speichern für Zeiten der Verknappung. Grundsätzlich ist eine Speicherung schon möglich, allerdings sind die Methoden dafür so teuer und ineffizient, dass sich ihr Einsatz nicht lohnt.

Eine neue Entdeckung von Daniel Nocera und Matthew Kanan könnte die Verwendung erneuerbarer Energien revolutionieren. Die beiden Ingenieure am Massachusetts Institute of Technology haben es geschafft, Solarenergie durch ein einfaches, hocheffizientes und kostengünstiges Verfahren zu speichern, für das nicht mehr als natürliche, nicht-toxische Materialien benötigt werden.

Wie so oft in der Wissenschaft, haben sich auch diese beiden Forscher von der Natur anregen lassen, in diesem Fall von der Fotosynthese der Pflanzen, um ein beispielloses Verfahren zu entwickeln, das es ermöglicht, Solarenergie so einzusetzen, dass sie Wasser in Wasserstoff und Sauerstoff aufspaltet. Die beiden Gase werden anschließend in einer Brennstoffzelle wieder zusammengeführt, um Elektrizität zu erzeugen, die keine Treibhausgase emittiert und ein Haus oder ein Elektroauto Tag und Nacht mit Strom versorgen kann.

Die Schlüsselkomponente dieses Verfahrens sind zwei Katalysatoren, die Wasser in Sauerstoff und Wasserstoff trennen. Einer der beiden Katalysatoren besteht aus Kobalt, Kaliumphosphat und einer Elektrode, die in einen Behälter mit Wasser gesetzt wird. Wenn nun elektrischer Strom aus einer Solarzelle, einem Windrad oder einer anderen Quelle durch die Elektrode fließt, bildet sich eine dünne Schicht aus Kobalt und Kaliumphosphat auf der Elektrode, und es entsteht Sauerstoff. Kombiniert man nun diesen Katalysator mit einem zweiten, etwa aus Platin, der Wasserstoff produziert, kann dieses System die Spaltung von Wasser in seine beiden Bestandteile Wasserstoff und Sauerstoff bewirken und auf diese Weise den Vorgang, der sich bei der Fotosynthese abspielt, künstlich nachbilden. Dieser neue Katalysator funktioniert bei normalen Raumtemperaturen und normalem Umgebungsdruck und sogar mit verschmutztem Wasser.

Sonnenenergie besitzt ein unglaubliches Potenzial. Die Energie, die sich aus den weltweiten Kohle-, Erdöl- und Gasvorkommen gewinnen lässt, entspricht nur 2 Tagen ununterbrochener Sonneneinstrahlung.

O2
C6H12O6
H2O
CO2

UNENDLICHER BRENNSTOFF DURCH FOTOSYNTHESE

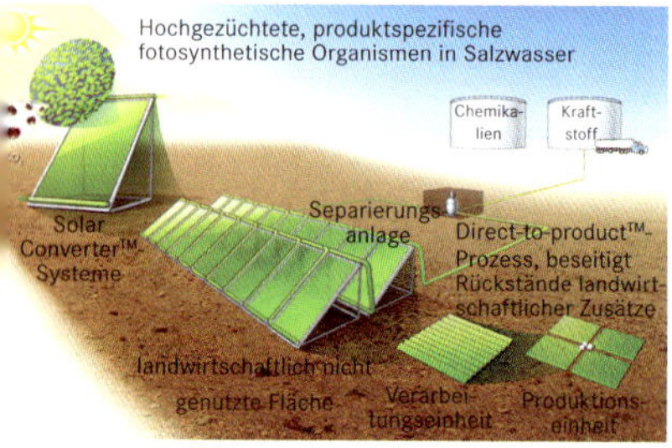

Die US-amerikanische Firma Joule Unlimited entwickelt derzeit ein Verfahren zur Produktion von Brennstoffen, das die Erforschung erneuerbarer Energien revolutionieren kann. Das Unternehmen hat sich genetisch veränderte Bakterien patentieren lassen, die Biokraftstoff mittels Fotosynthese erzeugen, also durch die Nutzung von Sonnenenergie und die Aufnahme von Kohlenstoffdioxid.

Es handelt sich dabei um eine Art von Cyanobakterien, die auch als Blaualgen bezeichnet werden, obwohl sie nicht zu den Algen zählen. Diese Bakterien verfügen über eine ganz besondere Art der Fotosynthese, die sogenannte oxygene Fotosynthese, bei der aus Kohlenstoffdioxid und Wasser mithilfe von Lichtenergie Zucker gebildet und reichlich Sauerstoff angehäuft wird, den die Bakterien später freisetzen. Die Entstehung dieser Bakterien im Laufe der Evolution unseres Planeten ist der Grund dafür, dass auf der Erde so viel Sauerstoff vorhanden ist.

Joule Unlimited hat ein Cyanobakterium durch Bioengineering so modifiziert, dass infolge der Fotosynthese nicht nur Sauerstoff als Nebenprodukt anfällt, sondern auch Moleküle, die man Alkane nennt, gesättigte, acyclische Kohlenwasserstoffe, die chemisch nicht zu unterscheiden sind von denen, die in einer Erdölraffinerie künstlich hergestellt werden. Alkane sind ein Hauptbestandteil von Dieselkraftstoff.

Energieexperten sind sich einig, dass die Fotosynthese einen bedeutenden Faktor in der Biotreibstoff-Forschung darstellt. Eines der Probleme besteht darin, das Produkt dieses natürlichen Prozesses letztlich in Kraftstoff umzuwandeln. Viele Unternehmen versuchen, Algen zu züchten, die diese Aufgabe übernehmen sollen, allerdings wird Energie benötigt, um die Algen vom Wasser zu trennen und anschließend das entstandene Öl zu Kraftstoff weiterzuverarbeiten. Ein Organismus, der das gewünschte Produkt direkt ausscheidet, lässt diese Probleme gar nicht erst aufkommen.

Die Bakterien von Joule Unlimited brauchen nicht mehr als Sonnenlicht, Kohlenstoffdioxid und Wasser. Sie können in Wasser gedeihen, das ungenießbar ist, und in Anlagen auf verödeten Flächen gehalten werden. Die Erzeugung von Biosprit durch Mikroorganismen bietet eine Reihe von Vorteilen im Vergleich zu anderen Methoden, etwa dem Anbau von Getreide, was den Verlust von Ackerbauflächen für die Nahrungsmittelproduktion bedeutet, oder dem von Rohrzucker, der zur Abholzung von Wäldern führt.

Das Potenzial der Fotosynthese durch Mikroalgen ist im Laufe der Geschichte unseres Planeten bereits mehr als nur einmal unter Beweis gestellt worden, da diese Organismen die Atmosphäre mit Sauerstoff angefüllt haben und die Meere mit Kohlenstoffdioxid.

DIE ATMOS UND EINE UNENDLICHE MECHANIK

Jaeger-LeCoultre ist eine Luxus-Uhrenmanufaktur mit Sitz in Le Sentier, Schweiz. Das Unternehmen hat zudem eine lange Tradition als Zulieferer von Uhrwerken, Uhrenteilen und Werkzeugen für die Schweizer Uhrenindustrie.

Der Erfinder und Autodidakt Antoine LeCoultre (1803–1881) gründete 1833 eine kleine Manufaktur zur Herstellung von Qualitätsuhren in Le Sentier. 1844 erfand er das präziseste Messinstrument der damaligen Zeit, das Millionometer, das ein Mikron messen konnte, also bis auf einen tausendstel Millimeter genau war. Auf diese Weise ließen sich so hochwertige Komponenten erzeugen, dass immer präzisere Chronometer möglich wurden. Drei Jahre später entwickelte er ein vollkommen neuartiges Uhrwerk, das das Aufziehen mit einem Schlüssel absolut überflüssig machte. Es handelte sich dabei um eine drückerbetätigte Wippe, mit der von einer Funktion zur nächsten geschaltet werden konnte. 1851 erhielt Antoine LeCoultre auf der Weltausstellung in London eine Goldmedaille für seine bahnbrechenden Arbeiten in der Fertigung von Uhren. Sein Sohn Elie (1842–1917) übernahm in den 1870er-Jahren die Verantwortung für den mittlerweile unter LeCoultre & Co. firmierenden Betrieb und kam 1903 mit dem Pariser Uhrenmacher Edmond Jaeger (1858–1922) in Kontakt. Die folgende Zusammenarbeit zwischen den Firmen Jaeger und LeCoultre brachte ganz außergewöhnliche Uhrenmodelle hervor und führte 1937 zur Fusion der beiden Unternehmen unter der Marke Jaeger-LeCoultre.

Die Atmos-Tischuhr wurde 1928 von dem Schweizer Ingenieur Jean-Léon Reutter kreiert und in den 1930er-Jahren von Jaeger-LeCoultre perfektioniert und produziert. Diese Pendeluhr mit ihrem mechanischen Uhrwerk läuft unendlich. Ohne Handaufzug, ohne Batterie und ohne elektrischen Strom erhält die einzigartige Mechanik ihre Antriebsenergie aus einer minimalen Veränderung der Temperatur oder des Luftdrucks, die die Ausdehnung oder das Zusammenziehen eines in einer Kapsel befindlichen Gasgemischs bewirkt, sodass es scheint, als „atme“ die Uhr. Ein Temperaturunterschied von nur einem Grad reicht aus, um die Uhr für zwei Tage in Gang zu halten. Dieser Mechanismus ist auch heute noch weltweit der mit dem niedrigsten Energieverbrauch.

Atmos-Uhren sind dank ihrer genialen Mechanik und ihrer formvollendeten Ästhetik Kunstwerke von zeitloser Schönheit.

ATMOS
SWISS MADE
JAEGER-LECOULTRE
ATMOS

TA-65: EWIGE JUGEND

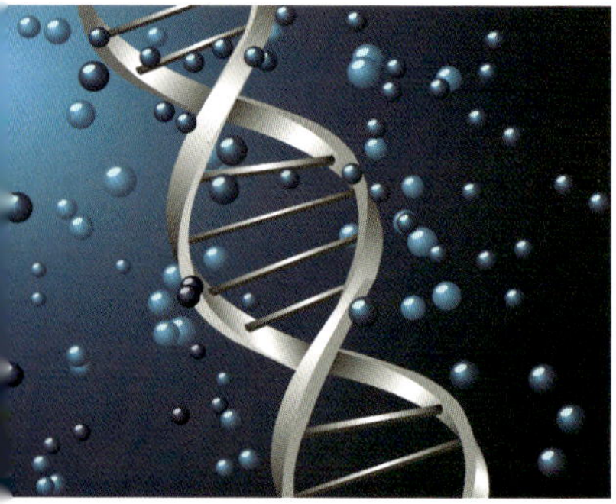

Telomere sind die Endkappen der Chromosomen und schützen sie vor Verfall. Sie gelten als die „Altersuhr" des menschlichen Körpers. Viele Wissenschaftler glauben, dass die Lebenserwartung und die Abnahme der Gesundheit durch die fortschreitende Verkürzung der Telomere verursacht werden. Wenn sich eine normale Zelle teilt, gehen Stücke der Telomere verloren, was eine zunehmende Einbuße der Zellfunktionen bewirkt und schließlich zum Tod einer Zelle führt. Es ist mehrfach bewiesen worden, dass eine menschliche Zelle, die nicht von einer Verkürzung der Telomere betroffen ist, sich prinzipiell unendlich teilen könnte und damit unsterblich wäre.

Dieser Zustand ließe sich durch eine erhöhte Aktivität der Telomerase erreichen. Telomerase ist ein Enzym, das nach einer Zellteilung für die Wiederherstellung und Verlängerung der Telomere verantwortlich ist, die für die Stabilität der Chromsomen sorgen. Die Telomeraseaktivität könnte also nicht nur das Verkürzen der Telomere verhindern, sondern auch den Alterungsprozess einer Zelle verlangsamen und womöglich ganz stoppen.

Forscher von Sierra Sciences haben in Zusammenarbeit mit den Unternehmen TA Sciences, Geron Corporation, Physio Age und dem Nationalen Krebsforschungszentrum in Spanien TA-65 entdeckt, eine natürliche Verbindung, die das Gen für Telomerase aktivieren und die Telomere der menschlichen Zelle verlängern kann. TA-65 soll so den Alterungsprozess anhalten oder möglicherweise sogar umkehren. Sind wir dem Mythos der ewigen Jugend ein ganzes Stück nähergekommen?

In den 1930er-Jahren erkannte der amerikanische Biologe und Genetiker Hermann Muller (1890–1967) die Bedeutung der Telomere für die Stabilität der Chromosmenenden. Seitdem sind sie intensiv erforscht worden, insbesondere im Zusammenhang mit Alterungsprozessen und der Entstehung von Krebs.

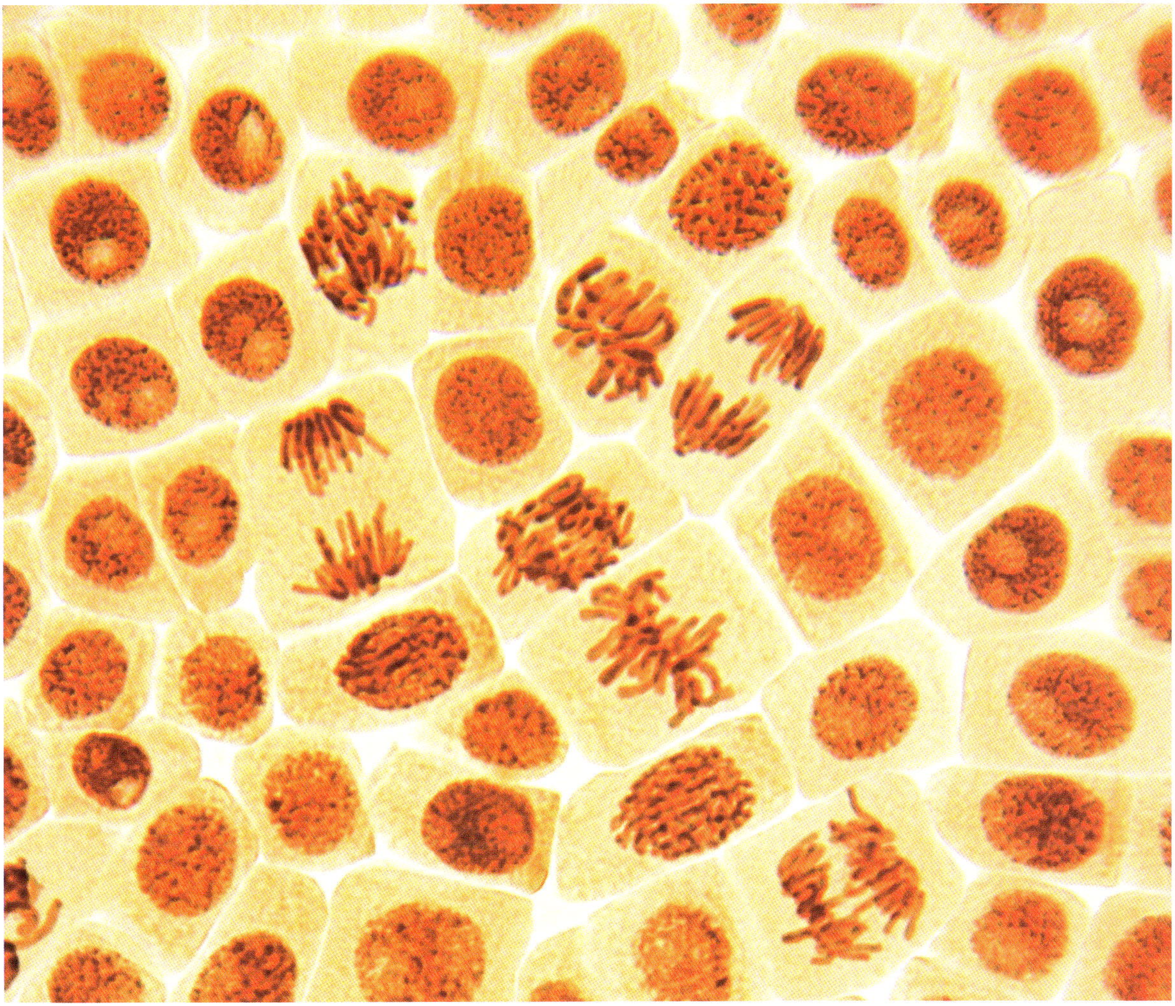

ENDLOSSCHLEIFEN

In Programmiersprachen ist ein Loop oder eine Schleife eine Kontrollstruktur, um eine oder mehrere Anweisungen mehrfach zu wiederholen. Alle Schleifen werden ausgeführt, wenn eine bestimmte Bedingung erfüllt wird oder, wie es in der Computersprache ausgedrückt wird, solange eine Bedingung wahr ist. Eine Schleife wird im Allgemeinen benutzt, um eine Aktion wiederholte Male anzuwenden, ohne dass dieselbe Anweisung jedes Mal erneut formuliert werden muss, was zum einen Zeit erspart und zum anderen eine Anweisung sowohl deutlicher als auch später leichter veränderbar macht.

Die Schleife ist eine Entwicklung aus der Assemblersprache, in der die einzige Möglichkeit, eine Anweisung zu wiederholen, darin bestand, einen Sprungbefehl (engl. jump) zu verwenden, der in höheren Programmiersprachen durch Goto-Befehle ersetzt wurde. Die drei üblicherweise eingesetzten Schleifen sind die While-Schleife, die For-Schleife und die Repeat-Schleife.

In den meisten Programmiersprachen kann man eine Schleife mit „escape" oder „break" abbrechen, auch wenn die Bedingung wahr bleibt. Die Verwendung dieser Funktionen gilt unter Puristen als unsachgemäß und unnötig, weil sich eine Schleife immer durch eine programmierte Abbruchbedingung beenden lässt. Wenn ein Abbruch schwierig oder unmöglich ist, dann bedeutet das, dass die falsche Schleifenvariante gewählt wurde. In solchen Fällen kann es aus praktischen Gründen leichter sein, eine Escape-Funktion zu benutzen.

Bei Endlosschleifen wird das Abbruchkriterium niemals erfüllt, sodass sie unendlich weiterlaufen. Das geschieht ebenfalls, wenn eine Anwendung Fehler enthält. Liegt Letzteres vor, so handelt es sich um einen Programmierfehler, es sei denn der Programmierer hat ihn bewusst eingebaut, um ein Schadprogramm (Malware) zu installieren, damit eine Aktion endlos wiederholt wird.

Ein Schadprogramm (oder Malware) infiltriert einen Computer ohne Wissen des Besitzers und kann gespeicherte Daten beschädigen. Der Begriff wird unter Profis auch häufig für Programmierfehler verwendet, die vergleichbare Schäden erzeugen.

IDEAL
MODEL SMALL
STACK 100h
DATASEG
HW DB "Danger", 13, 10, '$'
CODESEG
Begin:
MOV AX, @data
MOV DS, AX
MOV DX, OFFSET HW
MOV AH, 09H
INT 21H
MOV AX, 4C00H
INT 21H
END Begin
MOV AX,56h
XOR SI,DI
0F77:0000 B8790F
0F77:0003 8ED8
0F77:0005 B409
MOV AX,0F79
MOV DS,AX
MOV AH,09
MOV AX,1234H
PUSH AX
MOV AH,09
INT 21H
POP AX
inline int call_host (int sys, int parm)
{
asm ("int \$0x80\n"
: "=a" (sys)
: "0" (sys), "b" (parm));
return sys;
}
.model small
.stack
.data
message db "Connecting... ", "$"

DER TINTENLOSE METALLSTIFT

Einer Legende aus den Zeiten des Wettlaufs ins All zufolge soll die NASA einen riesigen Geldbetrag aufgewendet haben für die Entwicklung eines Stifts, der auch in absoluter Schwerelosigkeit funktionieren sollte, während die Russen sich längst entschieden hatten, Bleistifte in ihren Raumschiffen mitzunehmen. An dieser Geschichte stimmt, dass man nach einer Alternative für Bleistifte suchte, da Bleistiftspitzen aus Grafit bestehen, der elektrisch sehr leitfähig ist. Man befürchtete, dass abgebrochene Bleistiftspitzen durch das Raumschiff schweben und in Kontakt mit einem Stromkreis kommen könnten.

Jahrzehnte später ist das Schreibwerkzeug, das damals die Probleme hätte lösen können, Wirklichkeit geworden: der Inkless Metal Pen. Dieser je nach Version rostfreie Stahl- oder Aluminiumstift besitzt eine Spitze aus einer Bleilegierung, die, während man schreibt, Zeile für Zeile dünne Spuren des Metalls auf einem Stück Papier hinterlässt. Es verbleiben auf dem Papier gerade eben noch so viele Metallteilchen, dass das Geschriebene lesbar ist. Die Bleispitze kann sich dabei nicht abnutzen und hält im Prinzip für immer. Das ist weder bei Grafit noch Tinte der Fall, denn diese Materialien verbrauchen sich schnell und müssen entweder in Form neuer Patronen oder Minen ersetzt werden. Sollten Sie eine ganz feine Spitze an Ihrem Metallstift benötigen, so können Sie diese mit Schmirgelpapier „spitzen".

Auch wenn der tintenlose Metallstift eher wie ein Bleistift aussieht, so hat er doch die Eigenschaften eines Kugelschreibers, weil das Geschriebene so gut wie unauslöschlich ist. Das Schreibgerät macht keine Flecken, läuft nicht aus, kann sogar unter Wasser benutzt werden und, sollte man mal der Schwerelosigkeit ausgesetzt sein, auch dort verwendet werden.

Obwohl der tintenlose Metallstift sehr innovativ wirkt, so benutzten doch schon die alten Ägypter, Griechen und Römer kleine Bleistückchen, um ihre Papyri auszulinieren, und im vierzehnten Jahrhundert bedienten sich europäische Künstler des Materials in Form von Stäbchen, um hellgräuliche Zeichnungen zu schaffen.

DIE GLÜHBIRNE, DIE EWIG BRENNT

Seit mehr als einhundert Jahren brennt sie ohne Unterlass in der Feuerwache der Stadt Livermore in Kalifornien. Die Rede ist von der langlebigsten, zähesten und unerschöpflichsten Glühbirne auf dem gesamten Erdball, die es sogar bis ins Guinnessbuch der Rekorde geschafft hat.

Es handelt sich eigentlich um eine mundgeblasene 60-Watt-Birne, die allerdings heute nur noch spärliche 4 Watt erreicht und einen Glühdraht aus Karbon besitzt. Seitdem sie am 1. Juni 1901 unter die Decke der Feuerwehrstation gehängt wurde, scheint sie ununterbrochen, sieht man einmal ab von einigen Stromausfällen und einem Umzug der Feuerwehrbrigade. Mittlerweile hat sie es auf rund eine Million Betriebsstunden gebracht.

Die „Centennial Bulb" ist eines der frühesten Beispiele einer aussterbenden Technologie, weil die Glühbirne, wie wir sie alle kennen, effizienteren Energielösungen, etwa den LED- oder Energiesparlampen, weichen muss.

Diese Glühbirne mit ihrem perfekt vom Glaskolben geschützten Karbonglühfaden wurde von dem französischen Wissenschaftler Adolphe Chaillet entwickelt und von der Shelby Electric Company hergestellt. Die Glühwendel befindet sich in einem luftleeren Kolben und nicht in einem mit Edelgas gefüllten, wie es bei den meisten heutigen Birnen der Fall ist. Sie wird weder an- noch ausgeschaltet, wodurch das Aufwärmen entfällt.

Deborah Katz, Physikerin der U.S. Naval Academy in Annapolis, nahm 2008 die Glühbirne aus Livermore gründlich unter die Lupe. Sie musste für ihre Untersuchungen allerdings auf das Original verzichten, da ein Abschalten der Glühbirne völlig ausgeschlossen war, und auf eine ähnliche, bereits ausgebrannte Birne zurückgreifen, die Ende des neunzehnten Jahrhunderts ebenfalls von der Shelby Electric Company produziert worden war. Katz kam nach Abschluss ihrer Arbeiten zu dem Ergebnis, dass die Livermore-Birne zwei wesentliche Unterschiede im Vergleich zu modernen Leuchtmitteln aufweist: Die Glühwendel ist zum einen achtmal dicker als eine heutige und zum anderen besteht sie aus einem Halbleitermaterial. Wenn ein elektrischer Leiter überhitzt, verliert er seine Fähigkeit, Elektrizität weiterzuleiten. Die Leitfähigkeit der Glühbirne von Shelby dagegen erhöht sich anders als bei herkömmlichen Birnen noch mit steigender Temperatur.

General Electric kaufte 1912 das Patent dieser einzigartigen Glühbirne, stoppte aber nach nur zwei Jahren deren Produktion, weil man sich für eine Glühwendel aus Wolfram entschied, die heller leuchtet und theoretisch auch von besserer Qualität ist.

DER KERNFUSIONSREAKTOR ITER

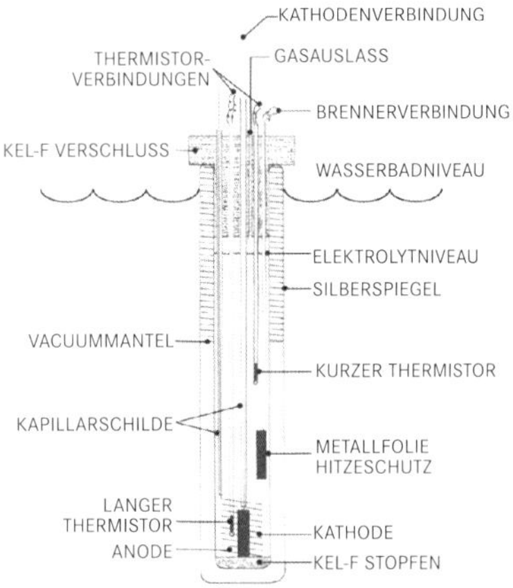

Im französischen Cadarache wird derzeit ein Versuchsreaktor gebaut, der auf kontrollierte Weise thermonukleare Energie erzeugen soll, wie sie im Sonnenkern entsteht. Hier soll die saubere und nahezu unerschöpfliche Alternativenergie von morgen gewonnen werden, die das Zeitalter fossiler Brennstoffe beenden könnte.

In Anlehnung an eine Idee des russischen Physikers Oleg Lawrentjew (1926–2011) entwickelten Anfang der 1950er-Jahre die russischen Physiker Andrei Sacharow (1921–1989) und Igor Jewgenjewitsch Tamm (1895–1971) das Konzept des Tokamak, eine russische Abkürzung für „Toroidale Kammer in Magnetspulen“. Der Tokamak ist ein Fusionsreaktor mit einer Torus-förmigen Vakuumkammer. Im Inneren der Kammer strömt Gas im Plasmazustand mit einer Temperatur von über einhundertfünfzig Millionen Grad °C, das von außen mithilfe eines magnetischen Felds so geführt wird, dass das Plasma nicht die Wände der Kammer berührt und auf diese Weise ein Abkühlen der Temperatur verhindert wird.

Nachdem verschiedene experimentelle Tokamaks konstruiert worden waren, gelang es russischen Wissenschaftern 1968, eine Reihe thermonuklearer Explosionen durch die Fusion von Atomen auszulösen, wobei allerdings kein Nettogewinn an Energie erzielt wurde. Dies war aber dennoch der erste Schritt in Richtung auf eine neue natürliche und gewaltige Energiequelle, die nicht durch die Spaltung von Atomkernen geschaffen wird, wie es in den derzeitigen Atomkraftwerken der Fall ist, sondern die durch die Verbindung verschiedener Atome generiert wird und so die Fusionsreaktionen im Sonnenkern nachbildet.

Die Technologie der Tokamaks wird auch beim International Thermonuclear Experimental Reactor (Iter) eingesetzt, der auf der Kernfusion von Wasserstoffatomen beruht. Der Brennstoff ist eine Mischung aus Deuterium und Tritium, zwei Wasserstoffisotopen. Die Wahl fiel auf diese Isoptope, weil deren leichtere Atomkerne einfacher verschmolzen werden können und sie darüber hinaus unermessliche Ressourcen darstellen: Deuterium kommt in riesigen Mengen im Wasser vor und Tritium wird durch die Fusionsreaktion selbst produziert.

Wenn ITER gemäß derzeitger Planungen (Stand: Ende 2016) erstmalig 2025 in Betrieb gehen wird, soll zunächst ein Wasserstoffplasma erzeugt werden. Danach wird es wohl weitere zehn Jahre dauern, bis in dem Reaktor erstmals ein Plasma aus Deuterium und Tritium brennen wird. Falls ITER erfolgreich sein sollte, soll ein Nachfolgeprojekt namens DEMO Strom ins Netz einspeisen und einen geschlossenen Tritium-Kreislauf gewährleisten.

Der International Thermonuclear Experimental Reactor (Iter) ist ein Projekt, an dem die Europäische Union, China, die USA, Indien, Japan, Südkorea und Russland teilnehmen.

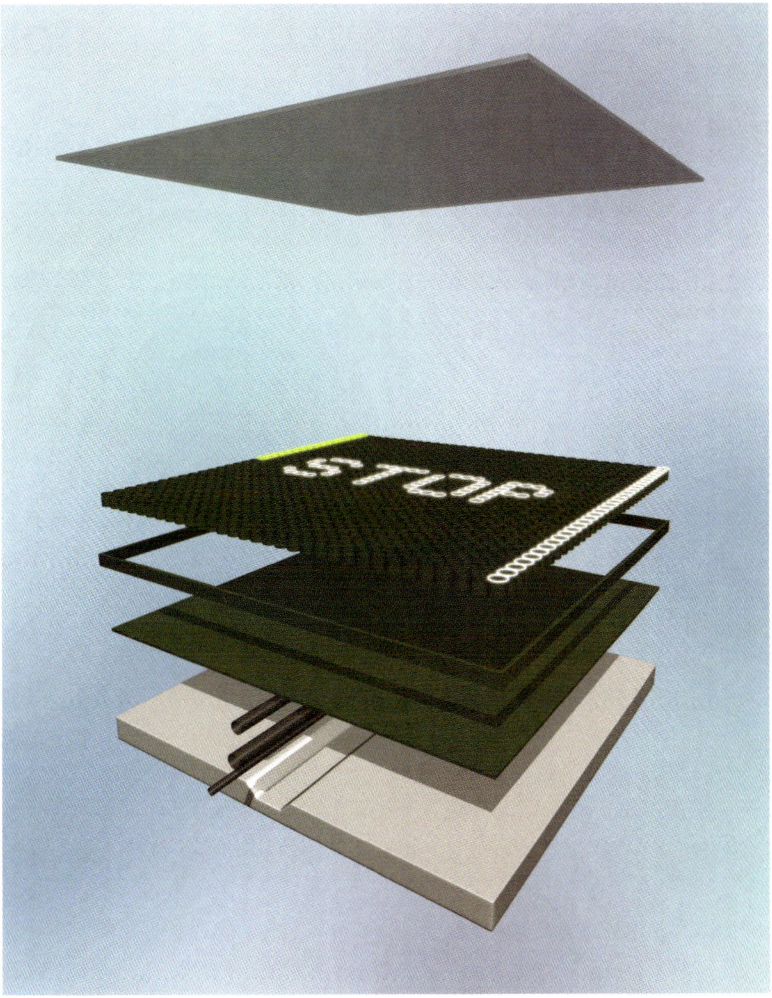
STOP

DER ZAUBERWÜRFEL

Dieser Würfel, der aus $3 \times 3 \times 3$ kleineren farbigen Würfeln besteht, ist das Spielzeug schlechthin für alle Fans der Mathematik, der Geometrie und der Herausforderungen ganz besonderer Art. Die kleineren Würfel können durch einen Mechanismus reihenweise gedreht werden, ohne dass der Würfel dabei zerlegt wird. Auf diese Weise lässt sich die Position jedes Unterwürfels beliebig verändern. Ziel des Spiels ist es, die Grundstellung mit Seitenflächen in jeweils einheitlichen Farben wiederherzustellen.

Das ungemein beliebte Geduldsspiel erregt beim Spieler Schwindel und ein Gefühl von Unendlichkeit, muss er doch aus einem schier unerschöpflichen Reservoir an Möglichkeiten genau die eine richtige Lösung finden, die den Würfel in die gesuchte Ausgangssituation zurückversetzt. Der Zauberwürfel lässt sich in mehr als 43 Trillionen Stellungen verdrehen, eine nahezu unvorstellbare Zahl. Angesichts dieser 43 Trillionen möglichen Kombinationen, von denen nur eine einzige dieses außergewöhnliche und verwirrende mathematische Objekt lösen kann, kommt man schnell zu dem Schluss, dass man durch beliebiges Hin- und Herdrehen der Teile möglicherweise irgendwann ans Ziel gelangt, wahrscheinlich ist das allerdings nicht.

Als 1974 der ungarische Bildhauer und Architekturprofessor Ernő Rubik (* 1944) den Zauberwürfel erfand, der in verschiedene kleinere Teile gegliedert war, die sich um eine zentrale Achse bewegten, da dachte er weniger an eine Form zur Unterhaltung, als vielmehr an ein Lehrmittel, um seinen Studenten an der Moholy-Nagy-Universität für Kunsthandwerk und Gestaltung in Budapest einige geometrische Konzepte zu erläutern und um ihnen den Begriff der Dreidimensionalität anschaulich zu machen. Seit seiner Veröffentlichung 1980 unter dem immer noch aktuellen Namen hat sich der Würfel schätzungsweise vierhundert Millionen Mal rund um den Globus verkauft.

Neben dem klassischen 3 x 3 x 3 Zauberwürfel hat es nicht nur eine ganze Reihe weiterer Varianten gegeben, etwa „Rubiks Rache“ (4 x 4 x 4) oder den „Professor's Cube“ (5 x 5 x 5), sondern auch andere geometrische Formen wie die Pyramide, das Achteck oder das Zwölfeck.

NANOTECHNOLOGIE

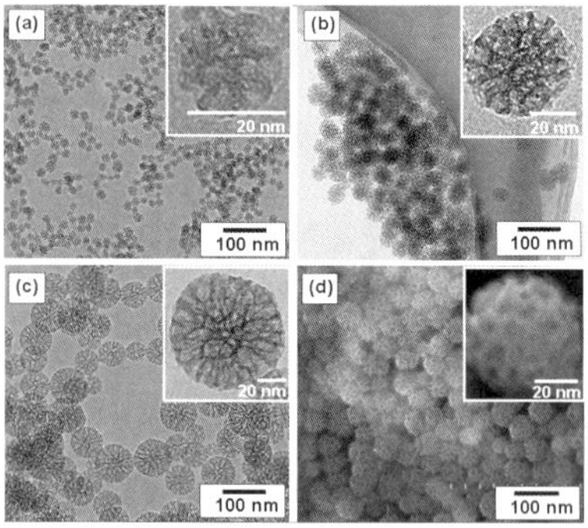

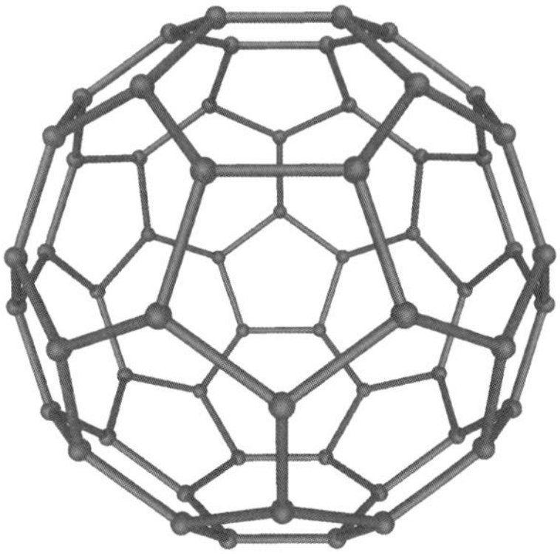

Die Nanotechnologie umfasst sämtliche Wissenschafts- und Technikbereiche, in denen auf kontrollierte Weise Materialien, Substanzen und Geräte mit sehr kleinen Strukturen – üblicherweise kleiner als ein Mikron, und damit auf der Nanoskala – untersucht, hergestellt und manipuliert werden.

Die Vorsilbe „nano-" leitet sich aus dem griechischen „nanos", der Zwerg, ab. Ein Nanometer ist ein milliardstel Meter oder ein millionstel Millimeter. Die Nanotechnologie bietet daher die Möglichkeit, Materialien und Maschinen durch die Veränderung von Atomen oder Molekülen zu konstruieren.

Die Nanotechnologie ist nicht nur eine faszinierende Idee, sondern besitzt ein großes Potenzial für die Forschung und daraus hervorgehende Anwendungen. Die Grundlagen der Nanotechnologie schuf Mitte des letzten Jahrhunderts der amerikanische Physiker und Nobelpreisträger Richard Feynman (1918–1988). Diese Technologie wird zu einer zweiten Industriellen Revolution im 21. Jahrhundert führen, auch wenn deren Bedeutung für unser gegenwärtiges Dasein noch stark an Science Fiction erinnert.

Die Nanotechnologie, die unter anderem in der Chemie, der Biologie und der Physik angewandt wird, kann möglicherweise die Lösung für unterschiedlichste Probleme liefern. Nanotechnologie beschränkt sich allerdings nicht allein auf die Wissenschaftszweige, die sie hervorgebracht haben, sondern spielt auch eine wichtige Rolle in der medizinischen und der Umweltforschung.

Aufgrund der Fortschritte in der Nanotechnologie ist es mittlerweile möglich, die Struktur von Molekülen zu modifizieren, die von synthetischen Polymeren bis hin zu Proteinen mit spezifischen physiologischen Funktionen reichen, zudem Arzneimittel zu erzeugen, die auf Atomebene wirken, und Mikrochips, die komplexe genetische Analysen ausführen, aber auch unerschöpfliche Energiequellen zu generieren, Gebäude mit Mikrorobotern zu bauen und so weiter. In vielen Industriebranchen wird die Nanotechnologie zahlreiche Innovationen bewirken, und es werden neue Materialien mit außergewöhnlichen Eigenschaften und neue Anwendungen mit unglaublich schnellen Komponenten oder Biosensoren entstehen, die etwa im sensibelsten Teil des menschlichen Körpers, dem Gehirn, Krebszellen aufspüren und vernichten können. Die Möglichkeiten sind endlos, und viele Fortschritte in der Nanotechnologie werden zu den größten technologischen Errungenschaften zählen, die die Welt verändern werden.

Die Nanotechnologie ist eine interdisziplinäre Wissenschaft, die sich mit der Untersuchung und Manipulation von Materie im Submikron-Bereich befasst, das heißt auf der Ebene der Atome und der Moleküle.

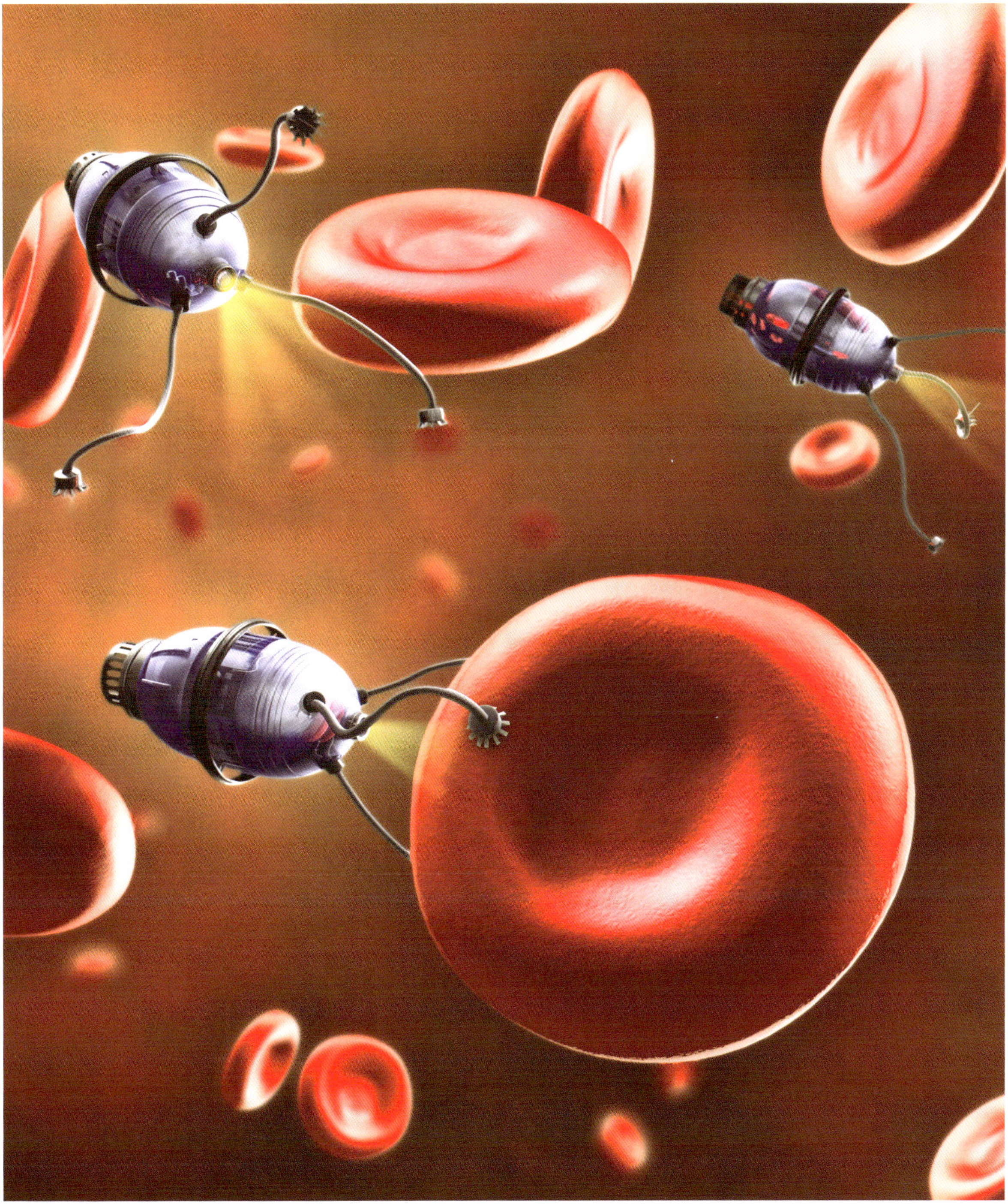

QR-CODES

Sie haben ganz bestimmt schon einmal in einem Geschäft, einer Anzeige oder einer Zeitschrift einen QR-Code entdeckt. Der Quick-Response-Barcode ist ein Informationsspeichersystem, das eine quadratische Matrix aus zweidimensionalen Punkten verwendet und an den oberen beiden und der linken unteren Ecke charakteristische Quadrate aufweist.

1994 wurden die ersten QR-Codes für die Materialwirtschaft und Logistik verschiedener Industrieunternehmen entwickelt. Seit sie in vielen Softwareprogrammen und Mobiltelefonen integriert wurden, sind sie sehr schnell beliebt geworden und stehen für viele Anwendungen zur Verfügung, werden aber vorzugsweise zur Kommunikation und im Marketing eingesetzt. Tagtäglich wird eine unvorstellbar große Menge an QR-Codes produziert, was unweigerlich zu der Frage führt, ob die Anzahl an Möglichkeiten dieser Codes vielleicht unendlich ist.

Die Anzahl möglicher Codes ergibt sich aus der Potenzierung der Anzahl möglicher Zustände eines Pixels (schwarz oder weiß) mit der Anzahl an Pixeln, die ein bestimmter QR hat. Wenn man beispielsweise einen QR nimmt, der 25 Pixel hoch und 25 Pixel breit ist, dann hat er insgesamt 625 Pixel. Eine gewisse Anzahl an Pixeln dient der Platzierung, Ausrichtung und Synchronisierung des Codes, damit ihn ein Lesegerät besser erkennen und interpretieren kann. Diese Pixel werden von der Gesamtanzahl an Pixeln abgezogen. Eine Reihe zusätzlicher Pixel mit Informationen zur benutzten Version oder zum Datenformat (numerisch oder alphanumerisch) wird dem QR ebenso hinzugefügt wie eine automatische Fehlerkorrektur, aber diese Anzahl ist variabel. Durchschnittlich sind auf diese Weise rund 250 Pixel festgelegt, es verbleiben allerdings noch 375 Pixel, die sich frei zwischen den beiden Zuständen bewegen können. Die Anzahl möglicher Kombinationen ist dann 2 hoch 375 $= 7{,}657 \times 10^{112}$. Auf diese Weise könnte jeder Mensch rund sieben Milliarden QR erzeugen und darüber hinaus besteht auch noch jederzeit die Möglichkeit zur Herstellung von Codes mit 29×29 Pixeln, 30×30 Pixeln...

Durch die enorme Verbreitung von Smartphones werden QR-Codes zumeist für mobile Marketingzwecke eingesetzt. Die Möglichkeiten, Informationen mit einem QR-Code zu verschlüsseln, sind nahezu unbegrenzt; sie reichen von Homepages über Produktseiten oder Videos bis hin zu Kontakt- oder Newsletterformaten und Social-Media-Päsenzen.

DER USB-STICK MIT UNBEGRENZTER KAPAZITÄT

Der USB-Stick hat sich im Laufe der letzten Jahre zu einem bequemen und sicheren Gerät entwickelt, um Daten zu speichern und zu transportieren. Seine Kapazität kann mittlerweile sogar unbegrenzt sein.

Die Wahrscheinlichkeit, dass einer dieser Sticks über eine grenzenlose Speicherkapazität verfügt, scheint vollkommen undenkbar, aber dennoch ist es möglich. Ein solcher Stick stellt eine WLAN-Verbindung zwischen einem geeigneten Computer, auf dem alle Informationen gespeichert sind, die ein Nutzer übertragen oder sichern will, und einem Gerät mit USB-Port in WLAN-Reichweite her. Auf diese Weise erweitert der Stick die Geräte mit beschränktem Arbeitsspeicher, an die er angeschlossen ist, wie zum Beispiel Spielkonsolen, andere Computer, Kameras, Drucker oder Fernsehgeräte, indem er sie glauben macht, sie seien mit einer Festplatte oder einem Stick mit der gespeicherten Information verbunden. Alle gewünschten Daten kann das System so mit unbeschränkter Kapazität übermitteln.

Die besondere Eigenschaft dieses Geräts ist es, den USB-Port so zu nutzen, dass Informationen übertragen und gespeichert werden können, ohne dass auf dem USB-Stick selbst Speicherplatz benötigt wird. Dieser USB-Stick bewirkt nur den Datenaustausch zwischen einem Computer und jedem Peripheriegerät mit einem USB-Port, sodass der Nutzer mittels einer virtuellen Festplatte Daten übermitteln kann, deren Kapazität allein von der des jeweiligen Computersystems abhängig ist.

Die Hersteller dieses USB-Sticks garantieren die Sicherheit der drahtlos übertragenen Informationen durch deren Verschlüsselung. Es besteht zudem kein Risiko, durch den Verlust des Sticks auch gespeicherte Daten einzubüßen, weil auf dem Stick keine Informationen gespeichert werden. Dies ist zweifellos ein Vorteil dieses Sticks gegenüber anderen Geräten zur Datenspeicherung, und so bietet er eine interessante Alternative für Probleme bei der Speicherung und Übertragung von Daten.

USB-Sticks haben Disketten, auch Floppy-Disks genannt, und CD-Roms ersetzt. Ihre Speicherkapazität reicht von 8 Megabyte bis hin zu mehreren hundert Gigabyte. Standard-CDs verfügen über eine Speicherkapazität von 650 oder 700 Megabyte, während die Speicherfähigkeit von 3,5-Zoll-HD-Disketten bei 1,44 Megabyte liegt.

infinitec

ATOMARE PRÄZISION

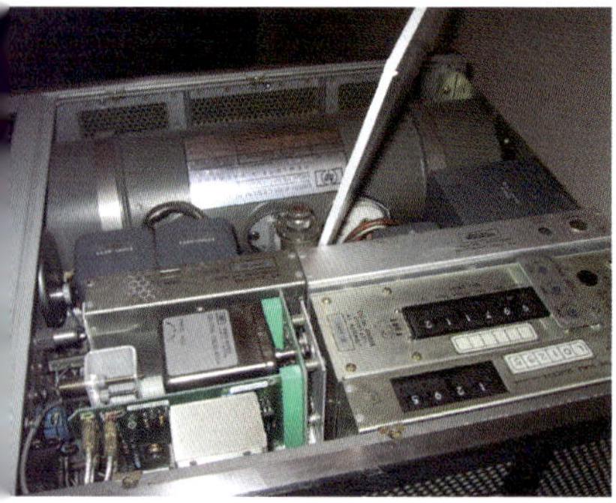

Die Idee atomarer Genauigkeit reicht bis ins Jahr 1879 zurück, als Lord Kelvin vorschlug, die Zeit mithilfe der Schwingungen der Atome zu messen. Die erste Atomuhr, die auf dem Magnetresonanzverfahren beruhte, wurde 1949 konstruiert.

Atomuhren erreichen ihre Präzision durch ihre Fähigkeit, die natürlichen Schwingungen, die durch die magnetische Resonanz bestimmter Atome und Moleküle verursacht werden, aufs Genaueste zu messen. Resonanz bedeutet, dass jedes chemische Element und jede Verbindung elektromagnetische Strahlung mit jeweils charakteristischen Frequenzen absorbieren und emittieren. (Die Frequenz ist die Anzahl der Schwingungen einer elektromagnetischen Welle je Zeiteinheit.) Diese Resonanzfrequenzen sind in der Raumzeit stabil, das heißt, dass ein Wasserstoffatom heute auf der Erde genauso schwingt wie vor einer Million Jahren oder wie in einer anderen Galaxis.

Das bevorzugte Element für Atomuhren ist Cäsium und alle heutigen rund um den Globus eingesetzten Atomuhren basieren auf den physikalischen Eigenschaften dieses Elements. Die Gangunsicherheit einer Atomuhr beträgt weniger als eine Sekunde in 150 Millionen Jahren. Diese hohe Ganggenauigkeit von Atomuhren mit Cäsium veranlasste 1967 das Internationale Büro für Maß und Gewicht (BIPM), den internationalen Standard für die Definition einer physikalischen Zeiteinheit mithilfe dieses Zeitmessgeräts zu bestimmen, wobei eine Sekunde festgelegt wurde als „das 9.192.631.770-fache der Periodendauer der dem Übergang zwischen den beiden Hyperfeinstrukturniveaus des Grundzustandes von Atomen des Nuklids ^{133}Cs entsprechenden Strahlung."

Atomuhren sorgen für eine kontinuierliche und stabile Zeitskala, die Internationale Atomzeit (TAI, Temps Atomique International). Im Alltag wird allerdings eine andere Zeitskala benutzt, die koordinierte Weltzeit (UTC, Coordinated Universal Time), die auf der TAI beruht. Die Internationale Atomzeit und die koordinierte Weltzeit werden weltweit als Zeitskalen verwendet für die globale Kommunikation, die Satellitennavigation und als Zeitstempel bei Transaktionen zwischen Finanz- und Aktienmärkten.

William Thomson (1824–1907), der erste Baron Kelvin, zumeist als Lord Kelvin bezeichnet, ist bekannt für seine Arbeiten auf dem Gebiet der Thermodynamik und in der Elektrizitätslehre sowie für die Entwicklung der nach ihm benannten thermodynamischen Temperaturskala.

VANCOUVER
DAWSON
SAN FRANCISCO
LOS ANGELES
EDMONTON
DENVER
NEW ORLEANS
MEXIKO-STADT
MONTREAL
WASHINGTON
NEW YORK
HAVANNA
HALIFAX
WESTGRÖNLAND
OSTGRÖNLAND
3
4
5
6
7
GUATEMALA-
STADT
MANAGUA
GALÁPAGOS IN
PANAMA
SANTAFÉ DE BOGOTÁ
QUITO
LIMA
CARACAS
LA PAZ
ASUNCIÓN
SANTIAGO DE CHILE
BRASILIA
RIO DE JANEIRO
SÃO PAULO
MONTEVIDEO
BUENOS AIRES

TISSUE ENGINEERING

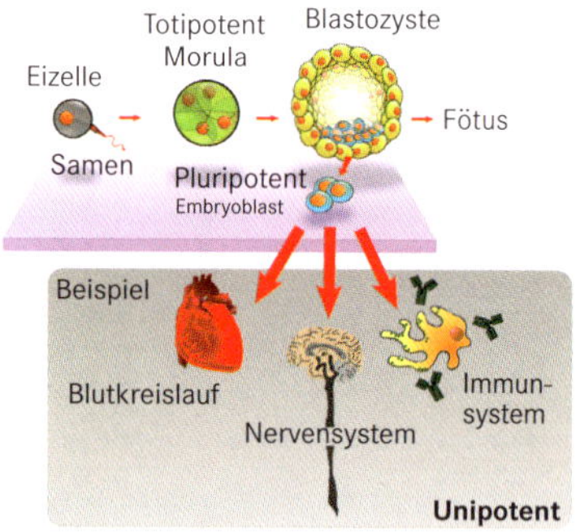

Tissue Engineering ist ein Forschungsbereich, der sich mit dem Ersatz von Organen und Geweben befasst, die durch eine Krankheit oder einen Unfall beschädigt wurden, ohne dass Transplantate menschlicher Spender benötigt werden.

Das Tissue Engineering eröffnet derzeit zahllose Perspektiven hinsichtlich der Transplantation von Organen, aber auch der Regeneration von Geweben und Zellen. Dies ist möglich durch eine sowohl in adulten als auch embryonalen Organismen vorkommende Gruppe von Zellen, die die Fähigkeit besitzen, sich in jede Art von Zellen zu verwandeln, wodurch sie sich generell für regenerative Maßnahmen in Organen und die Erneuerung von Geweben eignen.

Es gibt zwei Arten dieser pluripotenten Zellen: embryonale Stammzellen, die sich in Embryonen und der Nabelschnur von Neugeborenen finden und sich in jedes Organ und Gewebe ausdifferenzieren können, und adulte Stammzellen, etwa aus dem Knochenmark, die bereits so differenziert sind, dass nur ein einziger Zell- oder Gewebetypus aus ihnen entstehen kann. In der gängigen Praxis werden hauptsächlich adulte Stammzellen benutzt, da viele ethische Fragen in Bezug auf den Einsatz von embryonalen Stammzellen noch ungeklärt sind.

Aufgrund der unendlichen Möglichkeiten, die diese Technik bietet, werden zurzeit weltweit hunderte klinische Untersuchungen zu ihrer Anwendung durchgeführt, insbesondere zur Behandlung von neurodegenerativen Erkrankungen und zur Regeneration des Herzmuskel-, des Haut-, Hornhaut- und Gelenkgewebes. Der mit Abstand am häufigsten verwendete und erfolgreichste Eingriff ist die autologe Knochenmarktransplantation. Es bleibt allerdings noch viel zu tun. Aktuelle Studien widmen sich ausgiebig der Problematik, ob diese Zellen sich ganz allgemein im Kampf gegen das Wachstum von Tumoren und die Metastasenbildung bei Krebs einsetzen lassen.

Wissenschaftler sind in der Lage, undifferenzierte Zellen (A) in differenzierte Zellen etwa des Nervengewebes (B) zu verwandeln, aber auch der umgekehrte Prozess ist möglich.

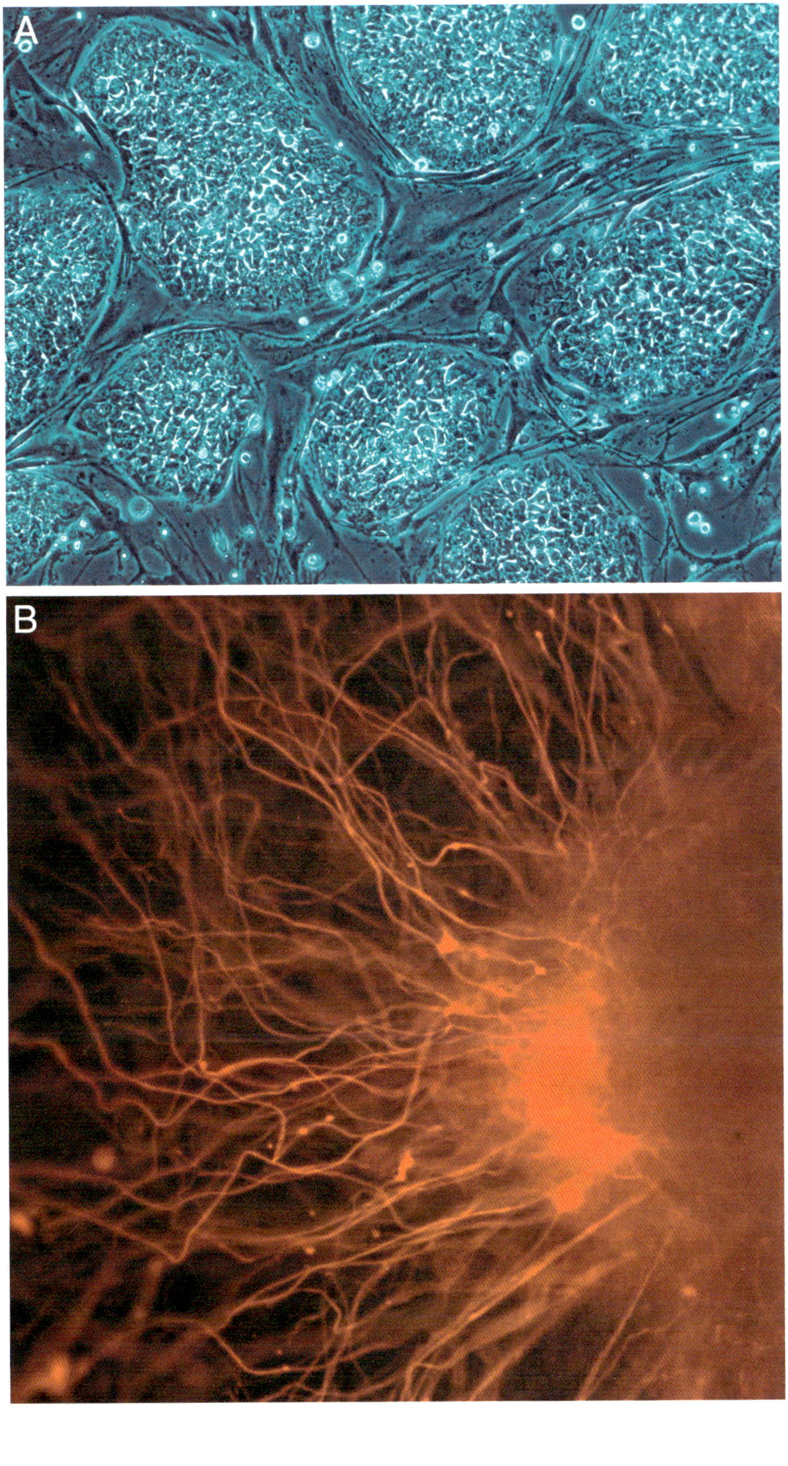
A
B

ISAAC ASIMOV UND EIN NETZWERK VERBUNDENER GEHIRNE

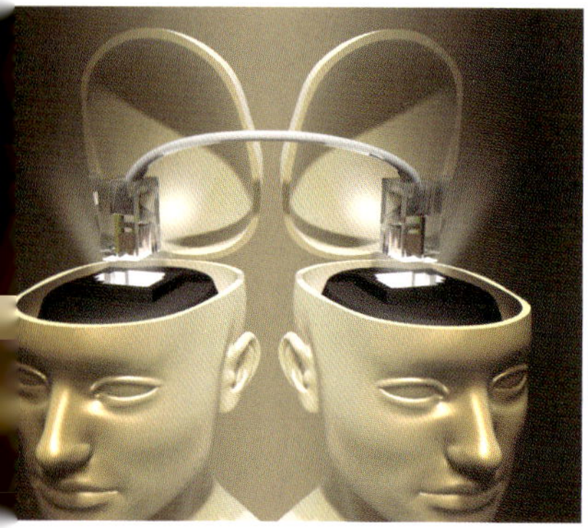

Isaac Asimov (1920–1992) war ein Schriftsteller und Biochemiker, der zu den erfolgreichsten und produktivsten Autoren von Science-Fiction-Romanen und -Erzählungen sowie populärwissenschaftlichen Sachbüchern zählt. Asimov ist neben Robert A. Heinlein (1907–1988) und Arthur C. Clarke (1917–2008) einer der drei prominentesten Vertreter der Science-Fiction-Literatur und hat einige der besten Bücher dieses Genres verfasst. Im Rahmen seiner Robotergeschichten formulierte er die berühmten drei Gesetze der Robotik.

In seinem Werk sagte Asimov die Existenz eines virtuellen Universums voraus, in dem jeder eine permanente Verbindung zu den riesigen Bibliotheken des Wissens besitzen würde, wo es auf jede Frage eine Antwort gäbe, sodass jeder von der zeitraubenden Aufgabe befreit wäre, gewaltige Mengen an Informationen memorieren zu müssen. Diese Quelle allumfassender Kenntnisse und höherer Intelligenz, die beinahe jede Frage lösen kann, ist Multivac, ein fiktiver Computer, der in einer Reihe von Asimovs Kurzgeschichten zwischen 1955 und 1975 vorkommt, so etwa in „The Last Question" (Wenn die Sterne verlöschen), „All the Troubles of the World" (Alle Sorgen dieser Welt) und „The Machine that Won the War" (Die Maschine, die den Krieg gewann). In Asimovs Universum wird Multivac als ein anderthalb Kilometer langer Supercomputer dargestellt, dessen Standort sich aus Sicherheitsgründen tief unter der Erde befindet. Wie die meisten Technologien, die Asimov in seinem literarischen Werk beschreibt, variieren auch Multivacs Spezifikationen in den verschiedenen Erzählungen.

Asimov verstarb 1992 zu früh, um noch die einige Jahre später einsetzende Expansion globalen Wissens durch das Internet zu erleben. Möglicherweise sah Asimov mit seinem Multivac die Erschaffung dieses virtuellen Netzwerks voraus, in dem die weltweit verfügbaren Informationen organisiert sind und das es möglich macht, über alle Grenzen hinweg am Wissen teilzuhaben und durch Suchmaschinen und andere integrierte Dienste auf jede Frage in einer Fülle universell nützlicher und abrufbarer Daten eine Antwort zu finden.

Asimov glaubte, dass der Computer das Leben des Menschen in vielerlei Hinsicht ändern würde. In „Wenn die Sterne verlöschen" stellt er sich Supercomputer vor, die sich ihrer eigenen Existenz bewusst sind und durch vielfaches Nachfragen und Berechnen jede Frage beantworten können.

GRAPHEN

Graphen ist eine der vielen Modifikationen von Kohlenstoff, so wie Kohle, Graphit und Diamant. Sie alle bestehen aus Kohlenstoffatomen, die chemisch auf verschiedene Weise angeordnet sind. Graphit, der in jeder Bleistiftmine steckt, ist tatsächlich nichts anderes als übereinandergestapelte Schichten aus Graphen.

Graphen wird als Kristallgitter aus Sechsecken dargestellt, in dem sich an jeder Ecke ein Kohlenstoffatom befindet, das mit anderen Atomen verbunden ist und so eine wabenförmige Struktur bildet. Die beiden Physiker André Geim (* 1958) und Konstantin Novoselov (* 1974) untersuchten eingehend diese Struktur und erhielten 2010 für ihre Erforschung dieses vielseitigen Materials den Nobelpreis.

Graphen ist hunderttausend Mal dünner als das feinste Härchen und so leicht, dass eine Schicht von einem Quadratmeter nicht mehr als 0,77 mg wiegt. Seine Zugfestigkeit ist einhundert Mal höher als die von Stahl, sodass eine einzige nur ein Quadratmeter große Schicht einem Gewicht von 4 kg standhalten kann. Da Graphen ein leichtgewichtiges Material ist, nahezu unzerstörbar und härter als ein Diamant, könnte es zusammen mit seinen Verbindungen die Luftfahrt-, Automobil- und Rüstungsindustrie revolutionieren.

Graphen besitzt eine einhundert Mal größere elektrische Leitfähigkeit als Silizium und hat darüber hinaus auch noch außergewöhnliche Wärmeleiteigenschaften, sodass es auch die Elektronikindustrie grundlegend verändern könnte. Aufgrund der Tatsache, dass Graphen-Prozessoren keine Wärme abgeben, wären sie viel kleiner als derzeitige Silizium-Chips. Es wurden bereits Graphen-Transistoren hergestellt, die mit Taktfrequenzen von 100 Gigahertz zehnmal schneller arbeiten als herkömmliche Transistoren. Da Graphen transparent ist, könnten durchsichtige Elektroden gebaut werden, die ideal wären, um zum Beispiel flexible Solarmodule oder gar roll- und faltbare Displays zu entwickeln.

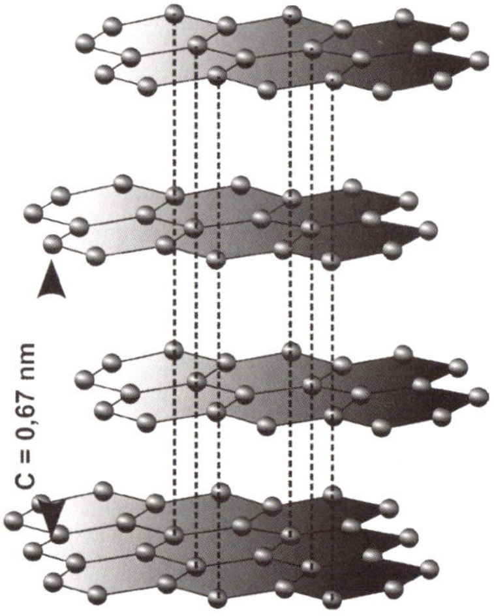

Die vielen ausgezeichneten Eigenschaften und zahllosen Anwendungsmöglichkeiten werden Graphen zu einem wichtigen Material in der Forschung und Technik von morgen machen.

André Geim und Konstatin Novoselov, die beide in Physik promovierten, arbeiten derzeit an der Universität von Manchester, wo sie weiterhin die vielen faszinierenden Anwendungsmöglichkeiten von Graphen erforschen.

DIE SCHALLMAUER

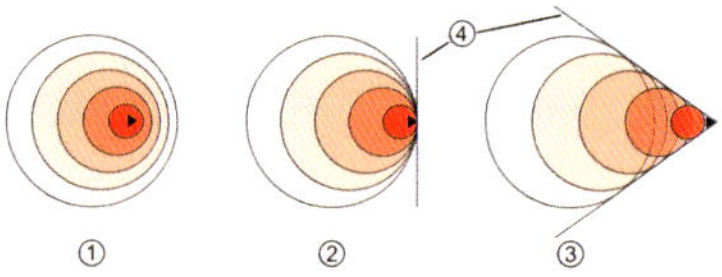

Schall ist eine Welle, deren Geschwindigkeit von der Dichte und Temperatur des Mediums abhängt, in dem sie sich fortsetzt (Luft, Wasser, Festkörper). In der Luft und bei einer Temperatur von 20 °C breitet sich Schall mit einer durchschnittlichen Geschwindigkeit von 343 m/s aus. Der Begriff „Schallmauer" wurde während des Zweiten Weltkriegs geprägt, um etwas zu beschreiben, von dem man annahm, es handele sich um eine physikalische Grenze, die große Objekte daran hindere, sich mit Überschallgeschwindigkeit zu bewegen.

Bei vielen Flugzeugprototypen, die sich der Schallgeschwindigkeit näherten, stellten sich große aerodynamische Probleme ein, weil sich die Luft, die über die Oberfläche des Flugzeugs strömt, verdichtet und dadurch einen erheblichen Anstieg des Widerstands bewirkt, auf den die Konstruktionen der Maschinen nicht ausgelegt waren. Damals dachte man, dass dieser Widerstand exponentiell mit zunehmender Geschwindigkeit anwachsen würde und deshalb keine höheren Geschwindigkeiten erzielt werden könnten, aber seit den 1950er-Jahren war es dann infolge einer veränderten Anordnung der Tragflächen, die den Widerstand verringerte, und Strahltriebwerken möglich, schneller als der Schall zu fliegen.

Wenn sich ein Flugzeug in der Luft fortbewegt, dann stößt es auf Luftmoleküle, die es auseinandertreibt und dabei kontinuierlich Wellen unterschiedlicher Dichte erzeugt. Diese Wellen sind Schallwellen, die sich mit ungefähr 343 m/s, dem üblichen Wert der Schallgeschwindigkeit, vom Flugzeug weg in alle Richtungen fortpflanzen. Ist die Fluggeschwindigkeit geringer als die des Schalls, können sich die Schallwellen, die sich vor der Maschine entwickeln, von ihr weg bewegen. Wird allerdings die Geschwindigkeit des Schalls erreicht, stauen und verdichten sich die Wellen vor dem Flugzeug, sodass sich Stoßwellen bilden, die von einem Beobachter als Überschallknall wahrgenommen werden.

Beim Durchbrechen der Schallmauer formiert sich manchmal eine Wolke aufgrund einer Unterdruckphase, die einer Stoßwelle folgt. In dieser Phase kühlt sich auch die umgebende Luft ab und bei ausreichender Luftfeuchtigkeit kondensiert der Wasserdampf, sodass es zu einer Wolkenbildung kommen kann.

Man glaubte einige Zeit, dass die Schallmauer eine physikalische Grenze bilde und große Objekte daran hindere, sich mit Überschallgeschwindigkeit zu bewegen.

KUNST

DIE UNENDLICHEN WERKE VON M.C. ESCHER

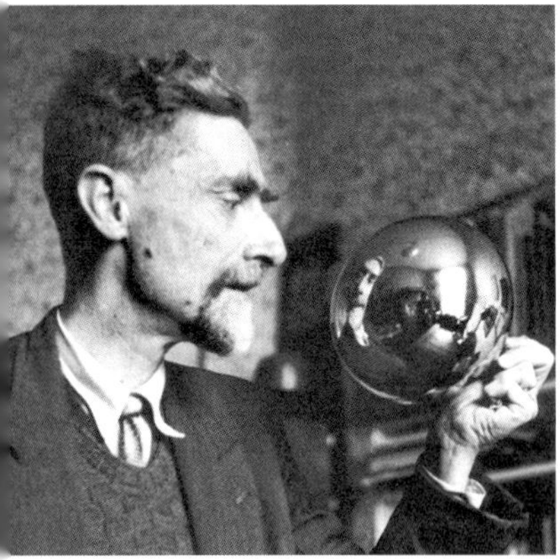

Maurits Cornelis Escher (1898–1972) war ein niederländischer Künstler, der durch seine Holzstiche, Holzschnitte und Lithografien von unmöglichen Figuren, Parkettierungen und imaginären Welten bekannt ist. Escher experimentierte mit verschiedenen Methoden, um das Paradoxe von Räumen, die die gewohnte Darstellungsform durchbrechen, in zwei- oder dreidimensionalen Zeichnungen abzubilden, was ihn zu einem Lieblingskünstler vieler Mathematiker machte. Die zahllosen Reproduktionen seiner Motive in Büchern, Zeitschriften und Werbekampagnen ließen Escher zu einem der prominentesten Künstler der Popkultur des zwanzigsten Jahrhundert werden.

Eschers Kunst ist schwierig einzuordnen. Es gab viele Interpretationen seiner Werke, aber Escher hatte keine allzu großen Ambitionen, Botschaften zu übermitteln, und brachte im Wesentlichen das zum Ausdruck, was ihm gefiel. Seine Arbeiten beruhen nicht wie die anderer Künstler auf Gefühlen, sondern auf Situationen, Lösungen zu Problemen, optischen Täuschungen und schließlich auf einem Augenzwinkern in Richtung des Betrachters. Manchmal hatte er nachts Visionen, die seine Einbildungskraft fesselten und sich in seinen Bildern widerspiegeln. Auch wenn Escher kein Mathematiker war, so lassen seine Werke doch ein großes Interesse und ein tiefes Verständnis für geometrische Ideen erkennen, von der Perspektive gekrümmter Räume bis hin zur Parkettierung der Ebene.

In Eschers Werk stößt man auf eine unmögliche Figur, die als Tribar oder Penrose-Dreieck bezeichnet wird. Es handelt sich dabei um ein dreidimensionales Dreieck, das unmöglich zu konstruieren ist und nur als Zeichnung existiert. Nachdem Escher auf diese Figur aufmerksam geworden war, benutzte er sie für seine eigenen Arbeiten. Er zeichnete eine Reihe von Bauwerken, die implizit ein oder mehrere Tribars verwenden und die, wenn man die Bilder ganz genau anschaut, nicht möglich sind. In seiner Lithografie *Belvedere* beispielsweise steht der untere Teil einer Leiter innerhalb des Gebäudes, während der obere an der Fassade lehnt, oder in seiner Lithographie *Wasserfall,* in der sich ein Wasserrad ewig dreht. Betrachtet man in dieser Illustration den Lauf des Wassers, dann kann man ihm unaufhörlich folgen, ohne jemals an ein Ende zu gelangen – die Darstellung eines unendlichen Kreislaufs wie bei einem physikalisch unmöglichen Perpetuum mobile.

Eine weitere unmögliche Figur, die Escher einsetzte, war die Penrose-Treppe, mit der er seine berühmte Lithographie *Treppauf und Treppab* schuf, die ebenfalls die Idee einer endlosen Bewegung zeigt. All diese optischen Effekte beruhen darauf, dass wir in drei Dimensionen denken, während wir auf eine zweidimensionale Abbildung blicken.

Ein anderes bekanntes Gemälde Eschers ist sein Selbstbildnis Hand mit spiegelnder Kugel *(links).*

DIE ENDLOSEN TREPPEN IM VATIKAN

Die Wendeltreppe der Vatikanischen Museen gehört zu den meist fotografierten der Welt und sicherlich auch zu den schönsten. Die spiralförmige Konstruktion, die als Rampe ebenso wie als Treppe konzipiert wurde, um sie im Notfall auch mit Pferden benutzen zu können, diente vor Jahren gleichermaßen als Ein- wie auch Ausgang. Der Treppenaufgang war oft voller Menschen, was für eine Art optischer Täuschung sorgte: Niemand wusste, warum sich die Wege der aufwärts und abwärts gehenden Menschen niemals kreuzten, bis man die Konstruktion der Treppe analysiert hatte.

Die Treppe mit Balustraden von Antonio Maraini (1886–1963) wurde in Anlehnung an die Originaltreppe Bramantes (1444–1514) von Giuseppe Momo (1875–1940) entworfen und am 7. Dezember 1932 eingeweiht. Der Ingenieur und Architekt Giuseppe Momo hat eine Reihe von Gebäuden in Turin und im gesamten Piemont gebaut, war aber vor allem in Rom tätig, wo er im Auftrag von Pius XI. die architektonische Umgestaltung von Vatikanstadt leitete. Er schloss mehr als zweihundert Architekturprojekte ab, darunter den Governatoratspalast, den Bahnhof, den Hauptsitz der Päpstlichen Lateranuniversität sowie den Eingangsbereich der Vatikanischen Museen mit Treppe und Glaskuppel.

Bis vor Kurzem hat man dem faszinierenden optischen Effekt dieser Treppe, die endlos zu sein scheint, keine Aufmerksamkeit geschenkt. Die Erklärung für dieses Phänomen ist die Doppelhelix der Treppe, die sich von unten nach rechts oben windet. Es handelt sich somit nicht um eine einzige Treppe, sondern tatsächlich um zwei, die einander umlaufen und von denen die eine nach oben, die andere nach unten führt. Auf diese Weise wird eine der DNA ähnliche Struktur erzeugt und der Eindruck einer endlosen Treppe. Vermutlich hat 1932 niemand in den Vatikanischen Museen geahnt, dass diese Treppe mit ihrer Doppelhelix und Ähnlichkeit zur DNA das Symbol des Lebens an sich darstellen würde.

Der Architekt Donato Bramante entwarf um 1505 die Treppe, die Giuseppe Momo als Grundlage seiner Konzeption des Treppenbereichs der Vatikanischen Museen benutzte. Bramante gilt als ein Pionier der Renaissance in Italien, dessen Stil von Nüchternheit, klassischer Schönheit und Klarheit geprägt ist.

WAGNERS UNENDLICHE MELODIE

Wilhelm Richard Wagner (1813–1883) war vermutlich der bedeutendste Musiker in der zweiten Hälfte des neunzehnten Jahrhunderts. Er ist bekannt durch seine Opern, die er selbst als „Musikdramen“ beschrieb und deren Inszenierung und Librettos er im Gegensatz zu anderen Komponisten selbst übernahm. Wagners Ästhetik beruhte auf seiner Idee des Gesamtkunstwerks, die nicht nur die Musik jener Zeit bestimmte, sondern auch die Philosophie, die Literatur, die bildenden Künste sowie das Theater beeinflusste.

Im Gesamtkunstwerk Wagners sollte das Musikdrama die einzelnen Elemente Wort, Ton und Drama in einem einzigen Werk miteinander verbinden, einem symphonischen Fluss, der nicht von einem Prozess der Veränderung oder Entwicklung unterbrochen wird. Im Mittelpunkt des Wagnerschen Schaffens stand das Drama, das sich durch Musik und Worte manifestiert, was bedeutet, dass keines dieser drei Elemente von den jeweils anderen losgelöst werden kann. Auf diese Weise kann kein Primat des Worts (der Poesie) über die Musik entstehen oder auch umgekehrt. Beide Elemente müssen zusammenwirken, damit sich das Drama, das die wahre Realisation des Kunstwerks darstellt, für den Zuschauer erschließen lässt. Das war der Grund, weshalb Wagner glaubte, dass sowohl die Musik als auch das Libretto von derselben Person verfasst werden müssen.

Um dem Werk sprachlich ebenso wie musikalisch größtmögliche Ausdruckskraft zu verleihen, musste es eine musikalische Struktur vollkommener Kontinuität erhalten, das heißt, dass es durchkomponiert sein musste, der Fluss also nicht etwa durch Reprisen gestoppt wurde. Ein dafür von Wagner verwandtes sprachliches Mittel ist die Alliteration, die Wiederholung stark betonter gleicher Konsonanten in zwei oder mehreren aufeinanderfolgenden Wörtern. In Wagners Stabreimen war die Zahl der Anlaute in jeder Zeile unregelmäßig, was zur Auflösung der musikalischen Periodik führte (Phrasen mit 4 oder 8 Takten). Unregelmäßige melodische Phrasen wurden auch zwischen Stimme und Orchester alternierend eingesetzt, wobei beide fast ohne Unterbrechungen miteinander verwoben wurden und so die „unendliche Melodie“ erzeugten.

Die Idee der unendlichen Melodie beeinflusste auch einige der bedeutendsten damaligen Geistesgrößen wie den Philosophen Friedrich Nietzsche (1844–1900), den eine jahrelange Hassliebe mit Wagner verband.

ANDREA POZZO UND DAS UNENDLICHE

Das siebzehnte Jahrhundert stellt einen Bruch dar mit den Werten einer universalen Ordnung, die bis dahin die Grundlage wissenschaftlichen Denkens bildete. Die wissenschaftliche Vernunft trat an die Stelle traditioneller Ansätze und das Unendliche erschien im Bildraum. Es kann daher nicht verwundern, dass illusionistische Darstellungstechniken, die man bereits im 15. Jahrhundert einsetzte, systematisiert wurden.

Der Jesuit Andrea Pozzo (1642–1709) war ein italienischer Maler und Architekt, der für seine großartigen perspektivischen Architekturmalereien und seine Kuppel- sowie Deckenfresken in Kirchen und Palästen berühmt ist, die er in der illusionistischen Technik der Quadraturmalerei ausführte. Er fasste seine Arbeiten in seinem zweibändigen Traktat *Perspectiva pictorum et architectorum* (1693/1700) zusammen, der mit seinen 118 Kupferschnitten den Charakter einer Einführung in die perspektivische Architekturmalerei besitzt. Die Tatsache, dass der erste Band nach seiner Veröffentlichung in alle wichtigen europäischen Sprachen übersetzt wurde, lässt auf den Erfolg des Gesamtwerks schließen.

Pozzos künstlerische Aktivitäten konzentrierten sich auf die Dekoration neu erbauter Kirchen, da in der zweiten Hälfte des siebzehnten Jahrhunderts viele Jesuitenkirchen errichtet wurden, deren Innenräume dringend ausgeschmückt werden mussten. Der Künstler gestaltete daher das Innere vieler Kirchen des Ordens aus, so etwa in Modena, Bologna und Arezzo. 1676 schuf er die Deckenfresken in San Francesco Saverio in Mondovi (Piemont). In dieser Kirche kann man gut die Techniken seiner illusionistischen Malerei erkennen: die Benutzung von unechtem Gold, die Bronzierung von Statuen, die Marmorierung von Säulen und die an der flachen Decke aufgetragene Trompe-l'œil-Kuppel, die mit Figuren in gemalten Architekturkulissen verziert ist.

Sein Meisterwerk ist die Decke im Langhaus der Kirche S. Ignazio di Loyola in Rom (Durchführung von 1685–1694), bei der er eine Technik anwendete, die faszinierende optische Effekte erzeugt. Der Maler offenbart eine beeindruckende Meisterschaft der Perspektive an dieser Decke, indem er die reale Architektur des Bauwerks durch eine Scheinarchitektur vergrößert. Auf dem Boden der Kirche befindet sich eine runde Marmorplatte, die den idealen Standort des Betrachters markiert, um die barocke Illusion vollkommen genießen zu können.

Die Künstler des Barock befassten sich intensiv mit Fragen der Perspektive. Andrea Pozzo zeigte eine wahre Meisterschaft in der Anwendung der Perspektivtechnik, mit der er grenzenlose Raumeffekte in seinen Deckenfresken vieler Gebäude erzeugte.

EDGAR ALLEN POES *EUREKA*

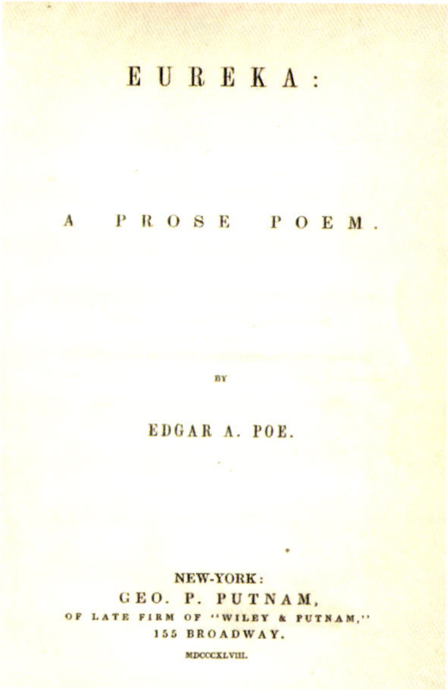
EUREKA:

A PROSE POEM.

BY

EDGAR A. POE.

NEW-YORK:
GEO. P. PUTNAM,
OF LATE FIRM OF "WILEY & PUTNAM,"
155 BROADWAY.
MDCCCXLVIII.

Edgar Allen Poe (1809–1849) war ein US-amerikanischer Schriftsteller, der sowohl Prosa als auch Lyrik verfasste und als der Großmeister der Kurzgeschichte (Short Story) betrachtet wird, die er als einer der Ersten in Amerika herausbrachte und zur Kunstform erhob. Er erneuerte den Schauerroman (Gothic Novel) als Vorläufer des Kriminalromans und ist vor allem für seine Horrorgeschichten bekannt. Poe gilt als Erfinder der Detektivgeschichten und schrieb eine Reihe von Titeln im damals aufkommenden Genre der phantastischen Literatur.

Die meisten Menschen kennen einige seiner Kurzgeschichten, vor allem Klassiker wie *The Black Cat* (Der schwarze Kater), *The Tell-Tale Heart* (Das verräterische Herz) oder *The Fall of the House of Usher* (Der Untergang des Hauses Usher), aber auch weltberühmte Gedichte wie *The Raven* (Der Rabe). Es gibt allerdings auch noch eine andere Seite Poes, die zumeist unbeachtet bleibt. Schon von früh auf brachte er der Wissenschaft großes Interesse entgegen und verschlang jede Publikation zur Astronomie und Kosmologie, derer er habhaft werden konnte, darunter Newton, Kepler, Laplace und viele andere. Auf diese Weise fand er die wahre Erklärung für das Olberssche Paradoxon, indem er den Ursprung des Universums auf eine Explosion zurückführte, die man heute als Big Bang bezeichnet.

1848 veröffentlichte er nach dem Tod seiner Frau Virginia Clemm einen Essay mit dem Titel *Eureka. A Prose Poem* (Heureka. Ein Gedicht in Prosa), den er dem Wissenschaftler Alexander von Humboldt widmete. Poe befasst sich darin mit dem Kosmos in all seiner Größe, der Metaphysik, der Astronomie und Mathematik, beschreibt aber auch den Geist des Universums und wie alles nur einem Zweck dient, nämlich die ultimative Wahrheit herauszufinden.

Poe glaubte, mit diesem Essay einen definitiven Beitrag zur Geschichte der Humanwissenschaften zu leisten, obwohl er nicht auf Fakten beruht, sondern vielmehr auf Poesie, die das Weltall durchdringt. Es verwundert daher nicht, dass der Text von damaligen (und auch heutigen) Wissenschaftlern abgelehnt wurde als eine Art ausufernder Vision der Zukunft und gebrandmarkt wurde als nahezu wahnsinnig. Poe konnte sich von diesem Niederschlag allein durch die Verehrung erholen, die ihm die französischen Symbolisten zuteilwerden ließen, allen voran Charles Baudelaire.

Der Meister der Horror- und Schauergeschichten war ein begeisterter Anhänger der Wissenschaft. Poes Prosagedicht Heureka *ist eine Kosmologie, die ihrer Zeit voraus war und den Urknall, die Relativitätstheorie sowie Schwarze Löcher ankündigt und zudem die erste bekannte Lösung für das Olberssche Paradoxon enthält.*

DAS METRONOM

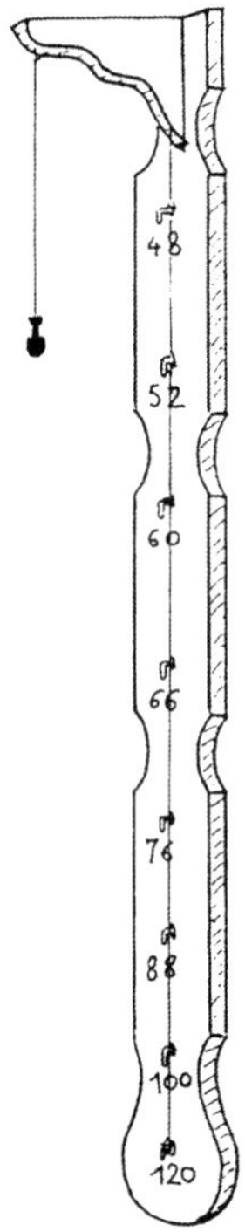

Ein Metronom ist ein Gerät, das einem Musiker hilft, ein gleichmäßiges Tempo beim Spielen vom Notenblatt einzuhalten. Es produziert ein Geräusch, das dem einer tickenden Uhr ähnlich ist und das das Tempo für eine genaue Interpretation der Noten eines Musikstücks vorgibt. Die Geschwindigkeit wird beim klassischen Metronom als Schläge pro Minute (beats per minute, bpm) gemessen und kann durch ein verschiebbares Gewicht am Pendel des Geräts verändert werden, während die Einstellung bei einem elektronischen Metronom entweder mithilfe einer Drehscheibe oder einer Reihe von Knöpfen erfolgt. Die ersten Metronome bestanden aus einem Fadenpendel mit Bleigewicht, das mittels einer Rolle zur Angabe des Tempos justiert werden konnte.

Vor dem Aufkommen des Metronoms benutzten die Komponisten den durchschnittlichen menschlichen Puls als Bezugsgeschwindigkeit (ungefähr achtzig Schläge pro Minute). Seine Erfindung reicht bis ins Jahr 1812 zurück, als der in den Niederlanden lebende Deutsche Dietrich Nikolaus Winkel (1777–1826) das Gerät entwickelte, allerdings nicht den Weitblick besaß, seine Entdeckung auch patentieren zu lassen. Sein Landsmann Johann Nepomuk Mälzel (1772–1838) konnte so Winkels Idee kopieren und 1816 dann das Patent für sein tragbares Metronom erwerben. Ludwig van Beethoven (1770–1827) war der erste Komponist, der für seine Tempoangaben das Metronom einsetzte.

Viele Musikstücke haben oben an der Partitur einen Vermerk hinsichtlich des folgenden Tempos. Früher waren zur Bestimmung des Tempos subjektive Begriffe wie Allegro, Vivace, Andante oder Presto üblich, heute allerdings werden die Tempi zumeist exakt mithilfe des Metronoms fixiert. Musikstudenten verwenden oft ein Metronom zum Üben, um ein besseres Tempogefühl auszubilden.

Das Metronom wird benutzt, um das Tempo (die Geschwindigkeit) genau anzugeben, mit dem ein Musikstück ausgeführt werden soll. Die Geschwindigkeit eines Metronoms wird mithilfe eines verschiebbaren Gewichts verändert, indem es für langsamere Tempi nach oben und für schnellere nach unten bewegt wird.

LARGHETTO
ADAGIO
ANDANTE
ALLEGRO
PRESTO
72
76
80
84
88
92
96
100
104
108
112
116
120
126
132
138
144
152
160
168
176
184
192
200
208

EDVARD MUNCHS UNENDLICHER SCHREI

Der Schrei ist nicht nur eines der berühmtesten Gemälde des norwegischen Malers Edvard Munch (1863–1944) und des Expressionismus, sondern zählt auch zu den bekanntesten Bildikonen unserer Zeit. Die klaren Farben, die kräftigen Pinselstriche und wellenförmigen Linien des Bildes machen es zu einem unmittelbaren Ausdruck der Angst und des Schmerzes menschlicher Existenz.

Das Gemälde spiegelt Munchs eigene Ängste und Qualen wider. Die ausdrucksstarke Kraft des Werks beruht auf den verwendeten Maltechniken und Effekten, den grellen Farben und der bewegten Linienführung. Munch hat mehrere Versionen des Bildes geschaffen. Sie alle zeigen im Vordergrund eine androgyne Figur, die einen modernen Menschen in einem Augenblick tiefer Furcht und existenzieller Verzweiflung darstellt. Im Hintergrund liegt Oslo, vom Ekeberg aus gesehen.

In der ersten Version mit dem Titel *Verzweiflung* steht ein Mann mit Hut im Mittelpunkt des Bildes. Munch hatte aber ganz offensichtlich das Gefühl, dass diese Fassung den dunklen Moment, den die abgebildete Figur durchlebt, nicht authentisch genug wiedergab, und so schuf er eine weitere Version gleichen Titels, in der eine weniger menschliche Gestalt den Betrachter des Werks anschaut, allerdings nicht auf nachdenkliche Weise, sondern deutlich verzweifelt. Einigen Vermutungen zufolge soll diese Darstellung durch eine Inka-Mumie angeregt worden sein, die Munch während der Weltausstellung in Paris 1889 gesehen hatte.

Um die Kernaussage von *Der Schrei* verstehen zu können, muss man bis auf Munchs Kindheit zurückgehen, die von einem strengen Vater und einem Gefühl der Verlassenheit und Hilflosigkeit geprägt ist, das durch den Tod der Mutter und seiner älteren Schwester, die an Tuberkulose starb, hervorgerufen wurde. Später musste er dann auch noch erleben, wie seine jüngere Schwester aufgrund einer bipolaren Störung in eine psychiatrische Klinik eingewiesen wurde. Munchs Leben war gekennzeichnet durch wechselnde Phasen der Gesundheit und der Depression, die durch seine Alkoholprobleme noch verstärkt wurden. Am 22. Januar 1892 finden sich die folgenden aufschlussreichen Zeilen in seinem Tagebuch:

„Ich ging mit zwei Freunden einen Weg entlang. Die Sonne ging unter. Plötzlich wurde der Himmel blutrot; erschöpft hielt ich an und lehnte mich an den Zaun. Über dem blauschwarzen Fjord und der Stadt lagen Blut und Feuerzungen. Meine Freunde gingen weiter und ich blieb zitternd vor Angst zurück und ich fühlte den unendlichen Schrei, der die Natur erfüllte..."

Munch gilt als einer der bedeutendsten Künstler der Moderne und Wegbereiter des Expressionismus. Sein Werk spiegelt das Leben des modernen Menschen wider und thematisiert die Grunderfahrungen menschlicher Existenz wie Liebe, Schmerz und Tod, Leidenschaft, Einsamkeit und Trauer.

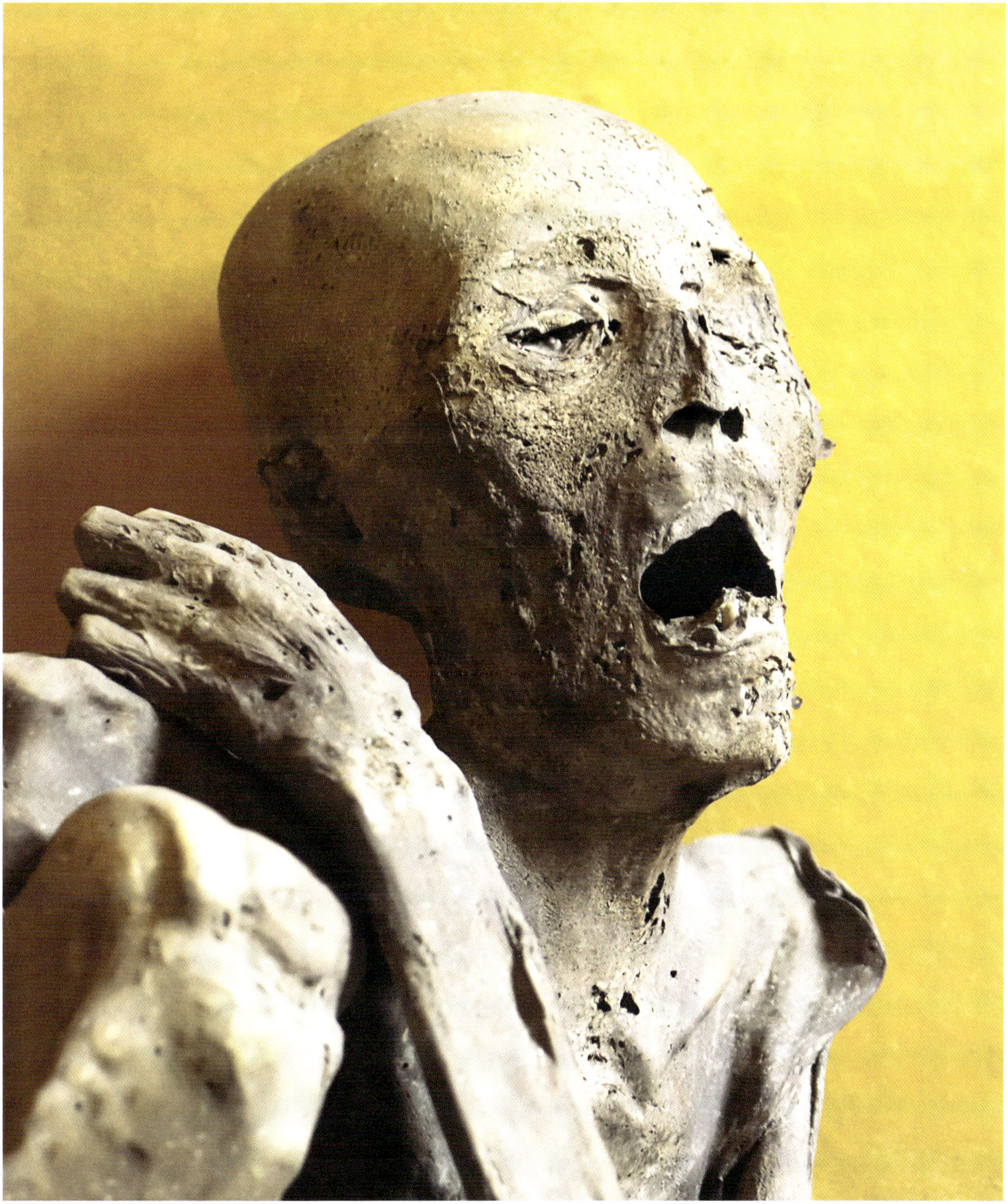

DER DROSTE-EFFEKT

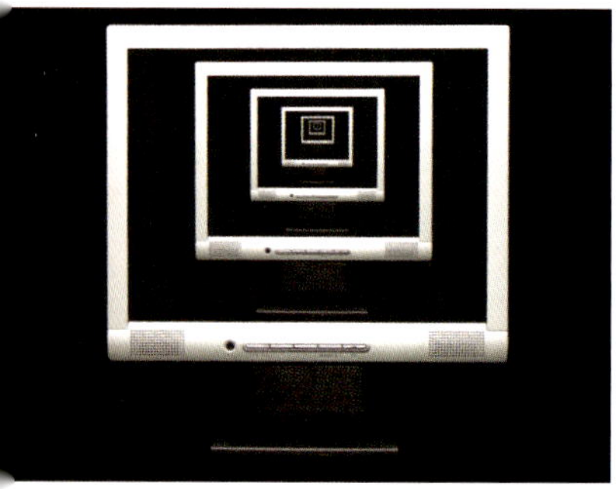

Eine Abbildung mit einem Droste-Effekt, auch als *Mise en abyme* bezeichnet, zeigt eine kleinere Version von sich selbst, die wiederum eine noch kleinere Version enthält und so weiter.

Dieser Effekt ist nach dem niederländischen Unternehmen Droste benannt worden, das auf seiner traditionellen Metalldose eine Krankenschwester abbildet, die ein silbernes Tablett mit einer heißen Tasse Kakao und einer Droste-Kakaoverpackung in ihren Händen hält. Auf dieser Verpackung wird das ursprüngliche Bild wiederholt und erneut erblickt man die Schwester, das Silbertablett und die Droste-Verpackung.

Der französische Name „Mise en abyme" kommt aus der Heraldik und beschreibt in der Mitte eines Wappens die Wiederholung desselben Wappens en miniature. Wenn man damit fortfährt, bildet sich eine unendliche Rekursion, da es in der Mitte jedes Wappens eine stets identische noch kleinere Version gibt.

Eine solch ständige Verkleinerung lässt sich allerdings nur theoretisch durchführen, in der Praxis wird sie begrenzt durch die Auflösung der benutzten Drucktechnik, da jede Iteration die Größe des Bildes exponentiell verringert.

Diesen Effekt sieht man nur selten in der Werbung oder auf den Titelseiten von Zeitschriften, obgleich der Droste-Effekt keinesfalls eine neue Idee ist. Bereits Giotto di Bondone (1266–1337) setzte ihn 1320 in seinem *Stefaneschi-Triptychon* ein, das sich heute in den Vatikanischen Museen befindet. Darüber hinaus gibt es eine Reihe mittelalterlicher Kirchenfenster, auf denen exakte verkleinerte Kopien des jeweiligen Fensters dargestellt werden.

Eine einfache Möglichkeit, den Droste-Effekt zu erzeugen, ist, zwei Spiegel so zu platzieren, dass sie sich ineinander spiegeln. Wenn nun jemand vor den Spiegeln entlanggeht, dann wird er unendlich oft gespiegelt.

Der Begriff „Droste-Effekt" wurde Ende der 1970er-Jahre durch den niederländischen Lyriker und Journalisten Nico Scheepmaker geprägt, bekannt gemacht hat ihn aber der Künstler M.C. Escher, der ihn bereits in 1950er-Jahren in seinen Arbeiten verwendete.

LEOPARDIS STREBEN NACH UNENDLICHKEIT

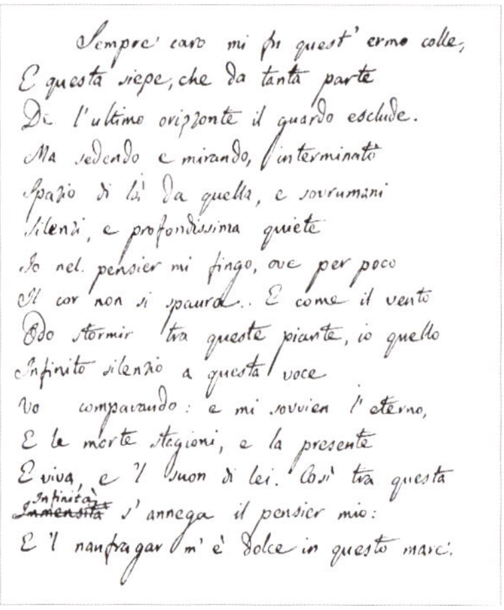

Sempre caro mi fu quest'ermo colle,
E questa siepe, che da tanta parte
Di l'ultimo orizzonte il guardo esclude.
Ma sedendo e mirando, interminato
Spazio di là da quella, e sovrumani
Silenzi, e profondissima quiete
Io nel pensier mi fingo, ove per poco
Il cor non si spaura. E come il vento
Odo stormir tra queste piante, io quello
Infinito silenzio a questa voce
Vo comparando: e mi sovvien l'eterno,
E le morte stagioni, e la presente
E viva, e 'l suon di lei. Così tra questa
Infinità ~~Immensità~~ s'annega il pensier mio:
E 'l naufragar m'è dolce in questo mare.

Giacomo Graf Leopardi (1798–1837) gilt als einer der bedeutendsten italienischen Lyriker der Romantik und zählt zu den prominentesten Vertretern der Literatur seiner Zeit. Sein Werk wird geprägt durch eine philosophisch-meditative sowie introspektive Grundstimmung.

Eines seiner frühen Gedichte mit dem Titel *L'infinito* (Das Unendliche), das er im September 1819 schrieb, behandelt eines der zentralen Themen Leopardis. Er liebte es, die Hügel seiner Heimatstadt Recanati zu besteigen, die ihn in hohem Maße inspirierten. In *Das Unendliche* beschreibt er, wie ihm bei einer seiner Exkursionen eine Hecke den Blick auf den Himmel versperrt, er dadurch ins Fantasieren gerät und sich vorstellt, dass sich hinter dem „Buschwerk" ein grenzenloser Raum tiefster Stille und absoluten Friedens erstreckt. Dieses Gefühl ist so stark, dass es ihn heftig bestürzt. Plötzlich aufrauschender Wind, der die Blätter der Hecke bewegt, holt ihn in die Realität zurück, allerdings in dem Bewusstsein einer Unendlichkeit, Ewigkeit, ja Unermesslichkeit, der sich der Dichter mit Freude überlässt.

Wenn man dieses Gedicht in seinen kulturellen Kontext setzt, kann man Leopardis Gedanken und seine Auffassung des Unendlichen nachvollziehen. Der Mensch ist von Natur aus für das Unendliche geschaffen worden, weiß allerdings nicht, wie er es erlangen kann. Der Mensch sucht nach dem Glück, jener unendlichen Freude, die ihm allerdings verwehrt bleibt, weil alles, was ihn umgibt, endlich und begrenzt ist. Das führt zu einem dauerhaften Gefühl der Unzufriedenheit und zum Wunsch, diese Grenzen zu überschreiten. Die Eintönigkeit ist das „sublime" Gefühl der Unbefriedigtheit angesichts der Tatsache, dass dem Menschen in seinem Streben nach Unendlichkeit nichts auf der Erde genügen kann.

Dieser Widerspruch zwischen dem Verlangen nach dem Unendlichen und der Unfähigkeit, es zu erreichen, charakterisiert das gesamte Werk und Denken Leopardis: Der Mensch hinterfragt den Sinn des Lebens, findet aber keine Antworten, solange er sich keinen Illusionen hingeben will. Die Bedingungen des menschlichen Daseins sind daher bestimmt von Unglück, ja Verzweiflung. Der Dichter hingegen bringt seinen Wunsch zum Ausdruck, nicht aufzugeben, sondern fortzufahren in dem Bemühen, das Glück zu finden, von dem er weiß, dass es nicht erreichbar ist.

Immer lieb war mir dieser einsame / Hügel und das Gehölz, das fast ringsum
ausschließt vom fernen Ausruhn der Himmel / den Blick. Sitzend und schauend bild ich unendliche
Räume jenseits mir ein und mehr als / menschliches Schweigen und Ruhe vom Grunde der Ruh.

Und über ein Kleines geht mein Herz ganz ohne / Furcht damit um. Und wenn in dem Buschwerk
aufrauscht der Wind, so überkommt es mich, dass ich
dieses Lautsein vergleiche mit jener endlosen Stillheit.

Und mir fällt das Ewige ein / und daneben die alten Jahreszeiten und diese da seiende Zeit,
die lebendige, tönende. Also sinkt der Gedanke mir weg ins Übermaß.
Untergehen in diesem Meer ist inniger Schiffbruch.

(Aus dem Italienischen von Rainer Maria Rilke)

DIE HIMMELSRICHTUNGEN

Die Himmelsrichtungen, die auch Kardinalpunkte genannt werden, dienen zur Orientierung und Festlegung eines Standorts. Sie stehen in direkter Beziehung zur scheinbaren Bewegung der Sonne am Himmel im Tagesverlauf infolge der Erdrotation. Sie bilden das kartesische Bezugssystem, das generell benutzt wird, um eine einheitliche Ausrichtung der unterschiedlichen Karten der Erdoberfläche zu ermöglichen. In einem vorgegebenen Koordinatensystem lässt sich stets durch den Mittelpunkt und eine Gerade eine Position im Raum beschreiben.

Verschiedene Kulturen haben den einzelnen Richtungen, die die vier Himmelsrichtungen verkörpern, unterschiedliche Werte und Symbole zugeordnet. Die Himmelsrichtungen werden bestimmt durch die Position des Nordpols, den Stand der Sonne am Mittag im Süden und den Aufgang sowie Untergang der Sonne im Osten beziehungsweise Westen während der Tagundnachtgleichen (Äquinoktium). Die vier Richtungen bilden jeweils Winkel von neunzig Grad, die durch Winkelhalbierende wiederum unterteilt werden, sodass Nordwest, Südwest, Nordost und Südost entstehen. Wiederholt man diesen Vorgang, erhält man die bekannte Windrose, die seit Urzeiten zur Navigation eingesetzt wird und die 32 Richtungen sowohl der Erdoberfläche als auch des Winds darstellt.

Das Wort „kardinal" leitet sich vom lateinischen „cardo" ab, das in römischen Städten eine Straße bezeichnete, die von Nord nach Süd verlief. Etymologisch betrachtet, heißt das, dass der Norden als der einzig wahre Angelpunkt angesehen wurde und der Süden eine untergeordnete Bedeutung besaß.

In der nordischen Mythologie werden die vier Säulen des Himmelsgewölbes von den vier Zwergen Norðri, Suðri, Austri und Vestri gestützt, deren Namen sich von den vier Himmelsrichtungen ableiten (Nord, Süd, Ost und West).

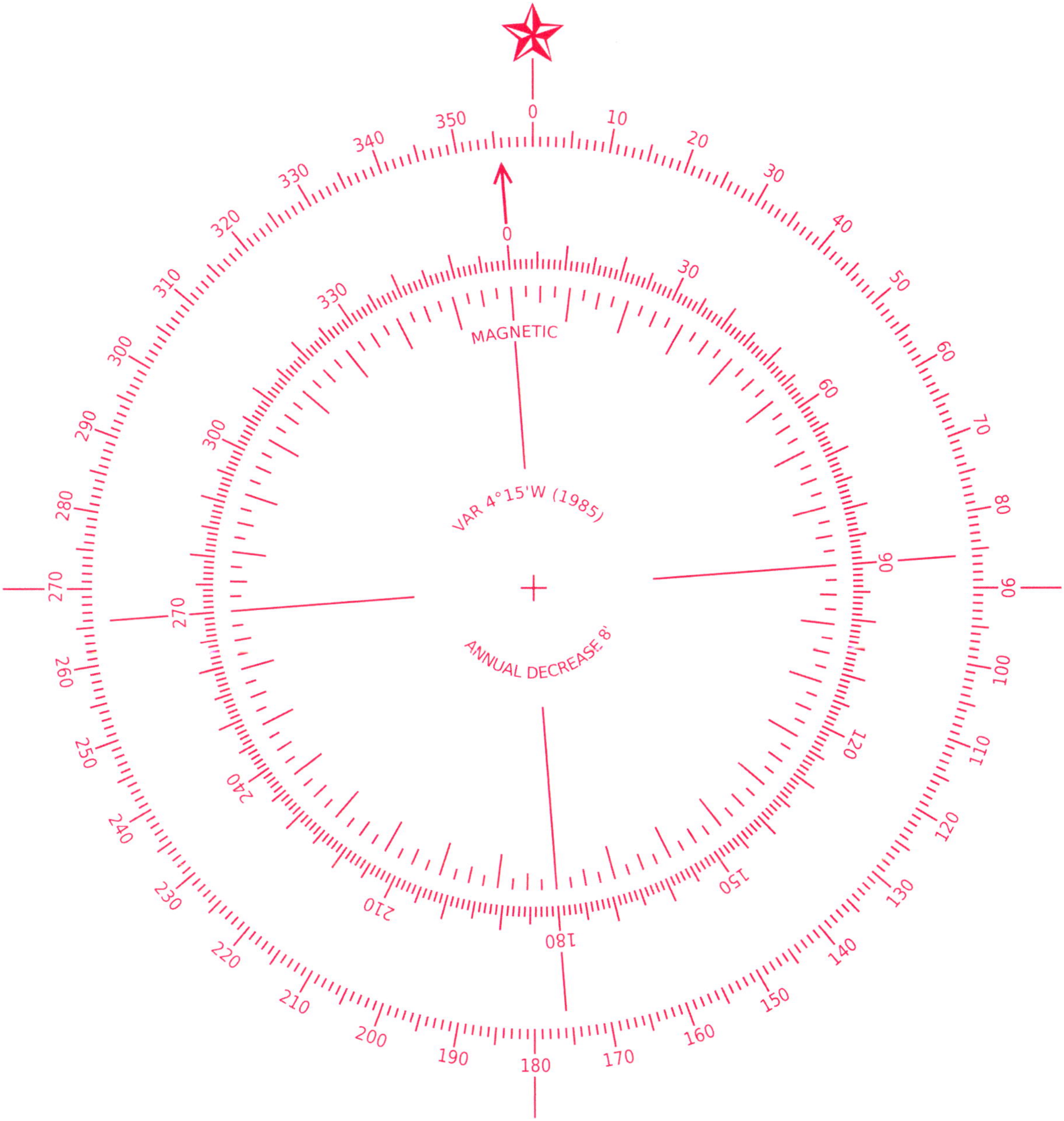
MAGNETIC
VAR 4°15'W (1985)
ANNUAL DECREASE 8'

PARALLELEN UND PROJEKTIVE GEOMETRIE

Wenn wir sagen, dass sich zwei Parallelen in einem Punkt schneiden, dann beziehen wir uns auf die Prinzipien der projektiven Geometrie, einem mathematischen Modell, das die intuitiven Begriffe der Perspektive und des Horizonts ohne Bezug auf Maßverhältnisse untersucht und das auf zwei Voraussetzungen beruht: zwei Punkte definieren eine Gerade und je zwei Geraden schneiden sich in einem Punkt. Dieser Schnittpunkt wird als unendlich ferner Punkt (Fernpunkt) oder uneigentlicher Punkt bezeichnet.

Die Anfänge der bildlichen Darstellung in drei Dimensionen liegen im Goldenen Zeitalter des wissenschaftlichen Fortschritts, der Renaissance. Seit Urzeiten verspürten Menschen den Wunsch, ihre Umwelt im Bild festzuhalten, etwa in Höhlenmalereien, aber bis zur Renaissance, als Künstler wie Leonardo da Vinci, Albrecht Dürer oder Piero della Francesca tätig waren, gab es keine Bestrebungen, räumliche Tiefe wiederzugeben. Es entstand in dieser Zeit das Bedürfnis, eine formale Grundlage für diese neuen geometrischen Formen zu schaffen – die projektive Geometrie. Ihre grundlegenden Prinzipien formulierte der Mathematiker Girard Desargues (1591–1661) in einer 1636 veröffentlichten Schrift, die allerdings zweihundert Jahre unbeachtet blieb, vermutlich weil sie im Schatten der Werke des Universalgenies Descartes stand.

Eine wesentliche Eigenschaft der projektiven Geometrie ist die Beziehung zwischen je zwei Geraden: In der projektiven Ebene schneiden sich zwei Geraden L und M immer genau in einem Punkt P. Im Gegensatz zur traditionellen Geometrie existieren in der projektiven Geometrie keine Parallelen. Das klassische Parallelenpostulat (Euklid) gilt nicht, stattdessen wird ein unendlich ferner Punkt in der Ebene hinzugefügt. Zwei Parallelen laufen auf einen solchen gemeinsamen Fernpunkt zu, den man als ihre Richtung bezeichnen kann. Diese neuen Punkte bilden ihrerseits eine Gerade, die man unendlich ferne Gerade oder Ferngerade nennt, aber auch Horizont.

Girard Desargues, Architekt und Militäringenieur, besaß eine große Leidenschaft für in der Architektur oder Malerei angewandte Mathematik. Seine Ideen schrieb er für gewöhnlich auf lose Blätter, die er an seine Kollegen verteilte und daher nicht veröffentlichte, sodass sehr viel Material verloren ging.

DER MALER DER ZAHLEN

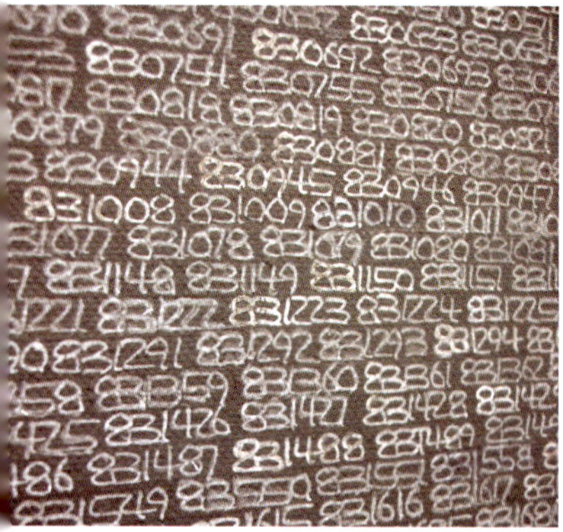

Die verrinnende Zeit wurde für den polnisch-französischen Künstler Roman Opalka (1931–2011) zur Obsession. Er verstand die Zeit als unumkehrbares Kontinuum, das den Menschen durchströmt, als Puls des Lebens, das sich dem Tod nähert durch die Großartigkeit des Unendlichen. Und so begann er 1965 in seinem Studio in Warschau eine erste Reihe mit Zahlen, als er mit zitternder Hand die Zahl Eins in der linken oberen Ecke einer vollkommen schwarzen Leinwand malte, und das sollte sich bis ins Unendliche fortsetzen oder so weit, wie es ihm das Schicksal erlaubte. Als er starb, war er bei 5.607.249 angelangt.

Opalka schuf insgesamt 233 Gemälde, die er zu einer Serie unter dem Titel *OPALKA 1965 / 1-∞* zusammenfasste. In den 46 Jahren dieser wahrhaft herkulischen Aufgabe – die für manchen Kritiker einem Selbstmord gleichkam – verwendete er ausnahmslos Leinwände von 196 x 135 cm, und die Zahlen trug er stets mit einem Pinsel der Nummer Null auf. Jede Zahl war nur einen Zentimeter hoch, und jedes Gemälde führte ein vorhergehendes exakt an der entsprechenden Stelle weiter. 1968 ging er von einem schwarzen auf einen grauen Hintergrund über, und 1972, als er die Zahl 1.000.000 erreicht hatte, begann er damit, den Fond jährlich durch Zugabe von Weiß um ein Prozent aufzuhellen. 2008 dann malte er schließlich weiße Zahlen auf einen weißen Hintergrund, einen Farbton, den er „blanc mérité" (verdientes Weiß) nannte.

Es war auch im Jahr 1972, als er anfing, während des Malens die jeweilige Zahl zu sprechen und auf Band aufzuzeichnen, täglich rund 380 Zahlen und je Leinwand zwischen 20.000 und 30.000. Am Ende eines jeden Arbeitstags machte er ein Foto von sich vor dem jeweils aktuellen Bild, immer unter den gleichen Bedingungen und bei gleicher Beleuchtung, um die Parallelität zwischen der wachsenden Zahlenreihe und seinem Älterwerden zu dokumentieren, während er sich der Unendlichkeit annäherte.

Opalkas Obsession soll 1965 begonnen haben, als er an einem Nachmittag in einem Warschauer Café auf seine Frau wartete, die sich verspätet hatte. Währenddessen kam ihm der Gedanke, dass er die Zeit durch Malen ausdrücken könne.

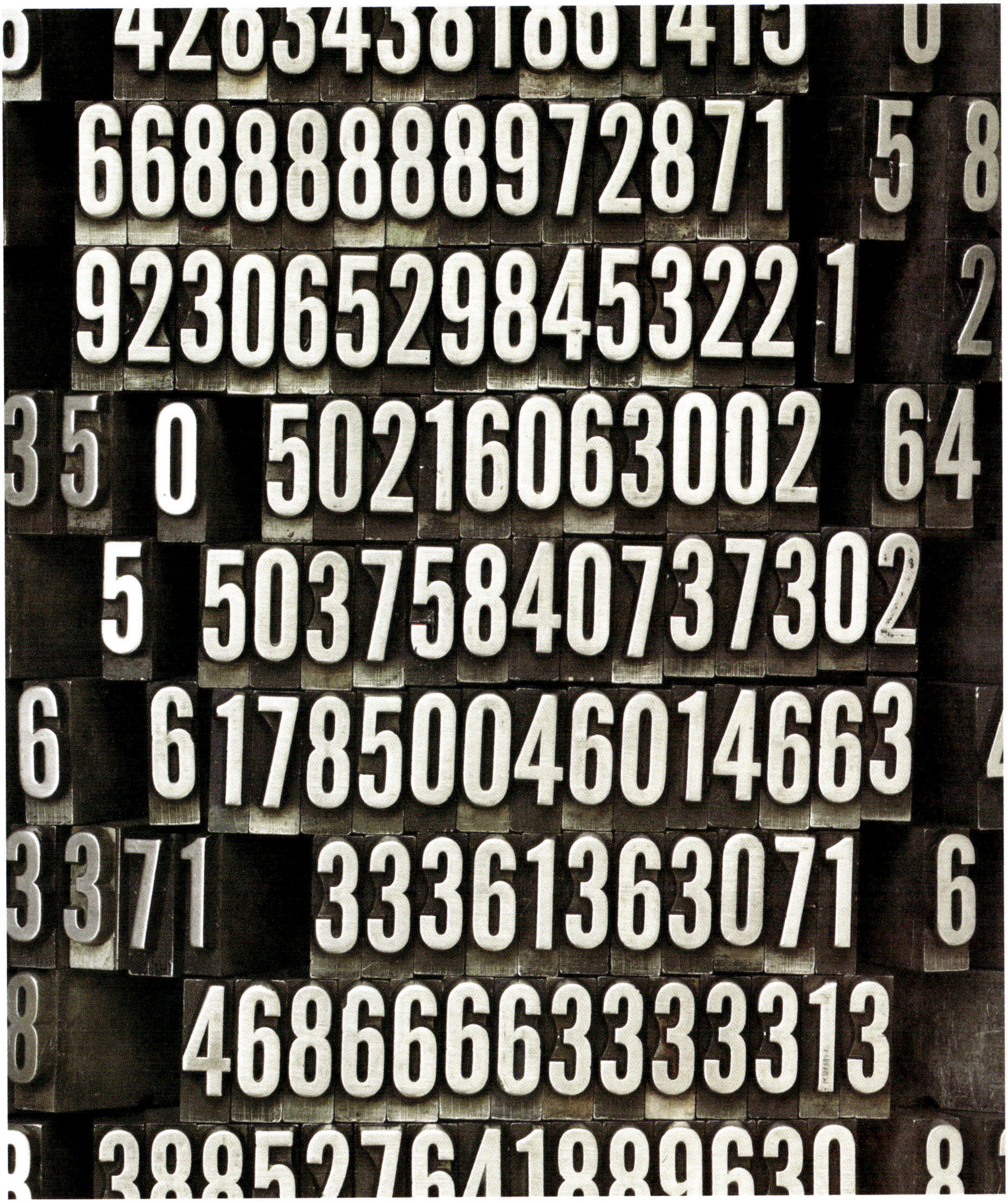
66888888972871 5 8
92306529845322 1 2
3 5 0 50216063002 64
5 50375840737302
6 617850046014663
3371 33361363071 6
46866663333313

DAS UNENDLICHE IM WERK VON JORGE LUIS BORGES

Seit Jahrhunderten beschäftigt sich die Menschheit auf vielfältige Weise mit der künstlerischen Darstellung der Unendlichkeit. Im Bereich der Literatur ragt Jorge Luis Borges (1899–1986) heraus, Argentiniens größter Schriftsteller mit Weltgeltung, der das Thema in vielen seiner Erzählungen aufgreift.

Borges wählte die Form der Kurzgeschichte, um seine Vorstellung des Unendlichen zu vermitteln, das für ihn nicht nur unerreichbar, sondern auch unfassbar ist. Borges zufolge ist Unendlichkeit ein negativer Begriff, was er in einer Reihe von Erzählungen zum Ausdruck bringt, in denen das Unendliche als Reich des Chaos und des Ungewissen beschrieben wird, wie zum Beispiel in *Die Bibliothek von Babel, Das Sandbuch* und *Der Zahir*. Diese Auffassung unterscheidet sich gravierend von der der Mathematiker, die das Unendliche mit einer endlosen Abfolge von Zahlen assoziieren. Für den argentinischen Literaten war die Unendlichkeit etwas vollkommenen anderes.

In *Das Sandbuch* stellt er etwas Unendliches dar, das sich jeder Regel entzieht und über jeder Ordnung und Vorhersage steht. Es handelt sich dabei um ein geheimnisvolles Buch, das der Hauptfigur von einem Fremden überreicht wird. Das Buch hat wie Sand weder Anfang noch Ende: Die Anzahl der Buchseiten ist unendlich und nicht nur, dass die Paginierung vollkommen unzusammenhängend ist, es ist darüber hinaus unmöglich, eine einmal geöffnete Seite nach dem Umblättern wiederzufinden. Der Protagonist schildert an einer Stelle der Erzählung, wie er versucht, das Titelblatt aufzuschlagen, was ihm aber misslingt, da sich immer wieder Seiten dazwischenschieben. Das Buch, das zwar unendlich viele Seiten besitzt, aber weder ein entsprechendes Gewicht noch einen entsprechenden Umfang aufweist, wird schließlich zur Obsession der Hauptfigur.

Da Borges Interesse an Metaphysik hatte, befasste er sich auch mit der Unendlichkeitstheorie des Mathematikers Georg Cantor. Cantor führte die transfiniten Zahlen ein, für die er den ersten Buchstaben des hebräischen Alphabets Aleph verwandte, der Borges als Anregung diente für den gleichnamigen Titel eines Erzählbands und einer darin enthaltenen Erzählung.

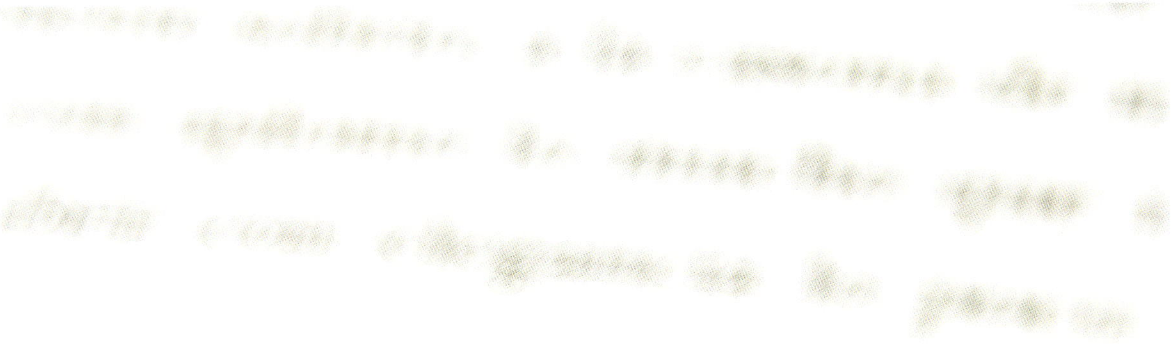

NICCOLÒ PAGANINI UND DAS PERPETUUM MOBILE

Der Virtuose und Komponist Niccolò Paganini (1782–1840) gilt als einer der größten Geiger aller Zeiten. Er verwandte zum Bespielen der Violine seine eigenen Methoden und entwickelte eine Technik, die der damals üblichen so überlegen war, dass man ihm übernatürliche Kräfte durch einen Pakt mit dem Teufel zuschrieb. Er konnte Werke von höchstem Schwierigkeitsgrad mit nur einer der vier Saiten seiner Geige interpretieren – die anderen drei hatte er zuvor entfernt –, und wenn er dann spielte, schien es, als ob mehrere Violinen gleichzeitig erklingen würden.

Er trat in ganz Europa auf und hatte sowohl mit seinen eigenen Stücken als auch mit Variationen über Opernthemen Erfolg. Er komponierte Konzerte für Violine und Orchester, von denen einige aber nicht über einen Entwurf hinausgelangten. Neben den zwei fertiggestellten Konzerten konnten vier weitere rekonstruiert werden. Paganini schuf darüber hinaus 24 Capriccios und einige Sonaten.

Einer Legende nach soll Paganini eines seiner Werke, *Moto perpetuo,* in drei Minuten aufgeführt haben. Niemandem ist es seitdem gelungen, diese Komposition unter viereinhalb Minuten darzubieten. Die musikalische Bezeichnung *Perpetuum mobile,* die Paganini diesem Stück gegeben hat, beschreibt eine Kompositionsform, bei der das gesamte Stück oder ein Teil unbestimmt oft wiederholt werden, ohne dass die Melodie aufhört, wenn eine Wiederholung beginnt.

Die musikalische Gattung des *Perpetuum mobile* erlebte den Höhepunkt ihrer Beliebtheit am Ende des neunzehnten Jahrhunderts. Diese Instrumentalstücke virtuosen Charakters dienen oft als Zugabe nach einem Konzert, und manchmal erhöht sich ihr Tempo sogar noch bei weiteren Wiederholungen.

Paganinis Behandlung der Violine war so außergewöhnlich, dass Gerüchte aller Arten aufkamen, die von einem Pakt mit dem Teufel bis hin zu einer Krankheit reichten, die ihm diese Fingerbeweglichkeit angeblich ermöglicht haben sollten. Der Virtuose und Komponist sah sich nicht bemüßigt, diese Mutmaßungen zu entkräften.

THE MODERN ORPHEUS,

Opera House June 3rd 1831.

Sketches of the Musical World No. 1, to be continued.

Published by Thos. Mc Lean, 26, Haymarket, June 10th 1831.

DER SALOMONSKNOTEN

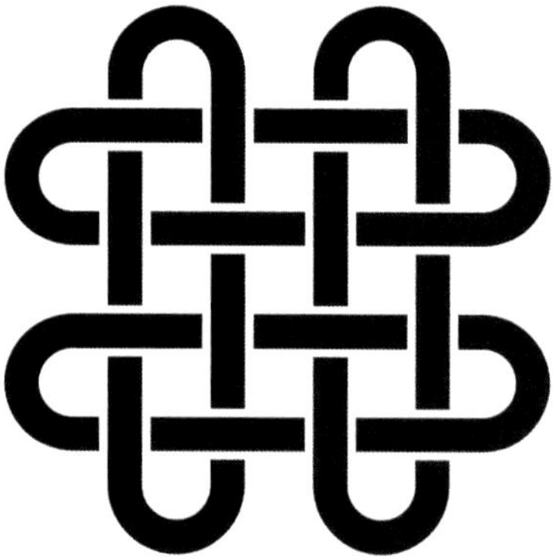

Salomon ist laut biblischer Überlieferung der weiseste unter Israels Königen gewesen, der von Gott die Fähigkeit erhielt, zwischen Gut und Böse unterscheiden zu können, und der einen Tempel errichtete, der den Bund zwischen Gott und den Menschen auf Erden repräsentierte. Im frühen Mittelalter und den folgenden Jahrhunderten besaßen alle Gegenstände oder Symbole, die Salomon zugeschrieben wurden, hohe Wertschätzung, ging von ihnen doch etwas Magisches, Kraftvolles und äußerst Positives aus.

Zusammen mit anderen Symbolen wie dem Kreis oder der Spirale zählt der Knoten zu den ältesten und weitestverbreiteten Zeichen überhaupt. Seit den ersten Zeugnissen in der Steinzeit kommt der Knoten in geografisch weit auseinander liegenden Gebieten vor und tritt in allen frühen großen Kulturen von der römischen bis zur germanischen, von der jüdischen bis zur islamischen, von der indischen bis hin zu verschiedenen afrikanischen Kulturen in Erscheinung. In der frühen christlichen Kunst ist er ein häufig anzutreffendes Motiv, und eine Reihe von Beispielen für den Salomonsknoten findet man unter den erhaltenen Überresten früher romanischer Basiliken. Eine große Rolle spielte der Knoten neben Geweben und wellenartigen Formen in der Kultur der Kelten, und man nimmt an, dass ihn die Römer in ihren Provinzen verbreiteten, nachdem sie in Kontakt mit keltischen Völkern gekommen waren.

Der Salomonsknoten besteht aus zwei Teilen, üblicherweise aus zwei miteinander verbundenen, ovalförmigen Ringen, die im Mittelalter manchmal auch die Form eines Schilds, eines Rechtecks oder Spitzbogens haben konnten. Die Ringe symbolisieren die Verbindung und Einheit zweier Elemente. Ursprünglich versinnbildlichten sie die Einheit zwischen dem Göttlichen und dem Menschlichen gemäß einer mystisch-allegorischen Vorstellung aus der Hermetik: „Das was unten ist, ist wie das, was oben ist, und das, was oben ist, ist wie das, was unten ist.“ Das Hauptmerkmal des Salomonsknotens ist seine absolute Symmetrie zwischen oben und unten, links und rechts, sodass er seine Form und Bedeutung beibehält, unabhängig davon, von welcher Seite man ihn betrachtet.

Neben der Spirale und dem Kreis gehört der Salomonsknoten zu den ältesten bekannten Symbolen überhaupt. Jahrhundertelang wurde er im Kunsthandwerk, in der Architektur und anderen Formen der Kunst benutzt.

YAYOI KUSAMA UND UNENDLICHE NETZWERKE

Die 1929 in Matsumoto geborene Yayoi Kusama ist eine zeitgenössische japanische Künstlerin, die während ihrer gesamten Karriere mit Gemälden, Collagen, Skulpturen, Performances und Rauminstallationen gearbeitet hat, die ihr Interesse an psychedelischen Farben, Wiederholungen und Mustern offenbaren. Innerhalb ihres vielschichtigen und keinen Regeln folgenden Oeuvres zählen ihre als *Infinity Nets* bezeichneten Bilder zu ihren besten Arbeiten. Diese Gemälde sind auf der visuellen Ebene äußerst komplex und auf der konzeptionellen höchst provokativ.

Die Bilder und Halluzinationen, die sie seit ihrer Kindheit peinigten, wurden zur Obsession und nahmen in ihren Werken Gestalt an. Der vielleicht überwältigendste Ausdruck dieser Wahnvorstellungen war ein unendlicher Schauer von Polka Dots, farbigen Punkten, die alle Dinge bedeckten. Möglicherweise ist das der Grund, weshalb ihre unendlichen Netzstrukturen – große Flächen mit sich wiederholenden Polka Dots auf Gemälden, Objekten und in der Umgebung, die oft auch noch durch Spiegel erweitert werden – einerseits so faszinierend und andererseits so beklemmend wirken.

1958 zog Kusama nach New York und schuf dort ihr erstes der *Infinity Nets*-Gemälde, eine große weiße monochrome Leinwand, die den Auftakt zu einer Reihe von Werken unterschiedlicher Formate bildete, von denen manche bis zu elf Meter hoch waren. Aus einer einfachen Handbewegung, die sich endlos in einem Netzwerk von Polka Dots wiederholt, entstanden Bilder, die ihre zwanghafte Auseinandersetzung mit dem Unendlichen reflektieren. Kusama führte ihre Arbeiten während der 1960er-Jahre in diesem Stil fort, setzte aber nach und nach auch Farben ein. Die Künstlerin beschreibt ihre *Infinty Nets* als Gemälde „ohne Anfang, Ende oder Mitte. Die gesamte Leinwand ist mit einem monochromen Netzwerk bedeckt. Die unendliche Wiederholung verursacht ein Gefühl von Schwindel, von Leere."

1973 kehrte Kusama nach Japan zurück und verschwand aus der Kunstszene ebenso überraschend wie einst, als sie dort aufgetaucht war. 1977 stellte man bei ihr eine zwanghafte Neurose fest, was sie veranlasste, sich freiwillig in eine psychiatrische Klinik zu begeben, wo sie auch heute noch wohnt und arbeitet.

Yayoi Kusama schuf mit ihren Accumulation Sculptures *sowie den* Infinity Rooms *weitere bekannte Serien, in denen sie mit der Anhäufung und Wiederholung von Formen experimentiert.*

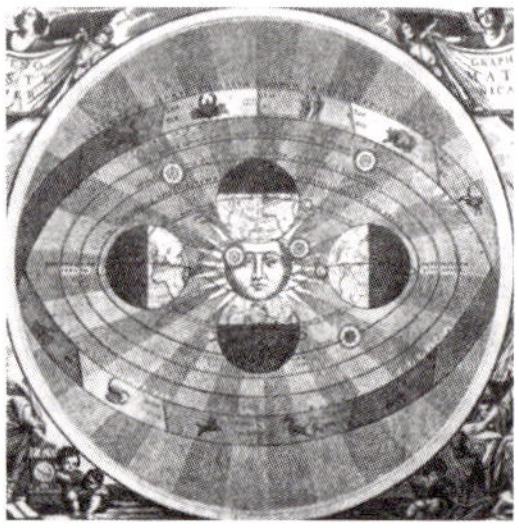

PHILOSOPHIE

ANAXIMANDER UND DIE KOSMOLOGIE DES UNENDLICHEN

Anaximander von Milet (610 v. Chr. – 546 v. Chr.) war ein griechischer Philosoph und Schüler sowie Nachfolger des Thales von Milet. Er gilt als Verfasser eines Buchs über die Natur, die meisten seiner Vorstellungen und Anschauungen sind allerdings durch die Kommentare anderer Philosophen wie Aristoteles überliefert worden. Er soll eine Land- und Seekarte geschaffen haben, darüber hinaus die Sonnenwenden (Solstitien) und Tagundnachtgleichen (Äquinoktien) mithilfe eines Gnomons (Schattenstab) berechnet haben und versucht haben, die Entfernung und Größe der Sterne zu bestimmen. Man sagt ihm auch die Behauptung nach, die Erde sei zylindrisch und der Mittelpunkt des Universums.

Die Frage nach der Arché, die ihn ebenso wie Thales beschäftigte, beantwortete Anaximander anders als sein Lehrer. Die Arché, den Urstoff oder den Anfang des Seienden, fasste Anaximander als das Ápeiron auf („a“ verneinende Vorsilbe und „péras“ „das Begrenzte“), das heißt als das Unbestimmte, das Unbegrenzte, das Unendliche. Er beschrieb die Beschaffenheit des Ápeirons nicht wie Thales als Wasser oder irgendeines der sogenannten Elemente, sondern als eine Ursubstanz ohne Grenzen, ohne Definition, unsterblich, unzerstörbar, unvergänglich und nicht selbst erzeugt, aus der alle Himmel und die darin enthaltenen Welten entstehen.

Anaximander stellte in seiner Kosmologie die Entstehung des Universums bereits als Prozess einer Rotation dar, die das Heiße vom Kalten trennt. Das Feuer liegt am Rand der Welt und kann durch Öffnungen betrachtet werden, die als Gestirne erscheinen. Die Erde, kalt und feucht, befindet sich im Zentrum des Kosmos. Die ersten Tiere, die aus dem Wasser oder Schlamm kamen, wurden von der Sonne erwärmt und wanderten später aufs Land. Der Mensch stammt laut Anaximander vom Fisch ab – ein Gedanke, der ihn zu einem Vorläufer moderner Evolutionstheorien werden lässt.

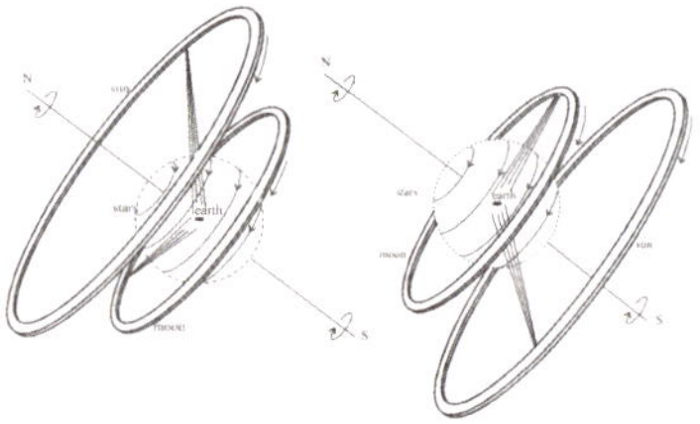

Anaximander von Milet wird die erste Landkarte und die Erfindung der Kartografie zugeschrieben. Auch wenn diese Karte nicht erhalten ist, so soll sie die damals bekannte Verteilung zwischen Land und Meer gezeigt haben.

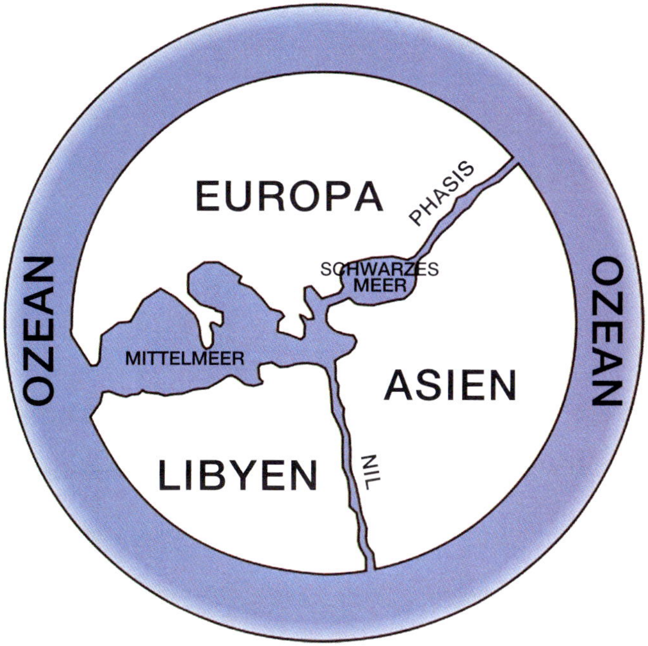
EUROPA
PHASIS
SCHWARZES MEER
OZEAN
OZEAN
MITTELMEER
ASIEN
LIBYEN
NIL

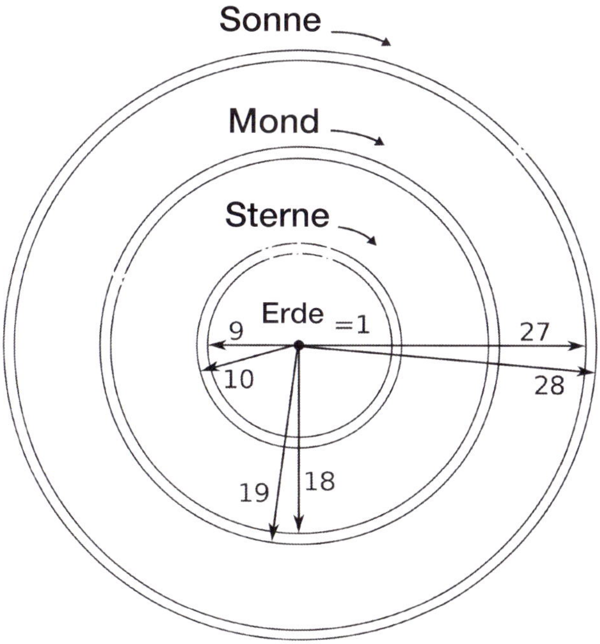
Sonne
Mond
Sterne
Erde
=1
9
10
27
28
19
18

KOPERNIKUS UND DAS HELIOZENTRISCHE WELTBILD

Nikolaus Kopernikus (1473–1543) formulierte die erste heliozentrische Theorie des Sonnensystems und seine Ideen markieren den Beginn der sogenannten wissenschaftlichen Revolution. Er gilt als Begründer der modernen Astronomie aufgrund seines Buchs *De revolutionibus orbium coelestium* (Über die Umschwünge der himmlischen Kreise), an dem er mehr als zwanzig Jahre gearbeitet hat.

Dieses Werk beschreibt das sogenannte kopernikanische System oder die heliozentrische Theorie des Universums mithilfe mathematischer Beweise zur Rechtfertigung. Die radikale astronomische Veränderung, die das kopernikanische System hervorrief, besteht darin, dass die Sonne ins Zentrum des Universums rückt und Merkur, Venus, Erde, Mond, Mars, Jupiter und Saturn in ihren Umlaufbahnen die Sonne umkreisen. Die Erde wird nun als einer der Planeten betrachtet, und zwar als der dritte von der Sonne aus gesehen, und nicht länger mehr als unbeweglicher Mittelpunkt des Weltalls, so wie es die aristotelische und die ptolemäische Kosmologie angenommen hatten, lässt man Aristarchos von Samos einmal unberücksichtigt. Kopernikus stellte fest, dass die Erde drei Bewegungen ausführt: die tägliche Eigenrotation, die jährliche Umrundung der Sonne und die einen Jahreszyklus durchlaufende Neigung ihrer Achse. Gemäß diesem Modell ist die Entfernung der Erde zur Sonne gering im Vergleich zum Abstand zu den Sternen, die unbeweglich bleiben und sich nicht um die Sonne drehen.

Dieses Modell gehört zu den wichtigsten Theorien in der Geschichte der westlichen Wissenschaft. Die Veränderung, die es implizierte, bedeutete für das mittelalterliche religiöse Weltbild die Ablösung eines in sich geschlossenen und hierarchischen Kosmos mit dem Menschen in seinem Zentrum durch ein unendliches und homogenes Universum, in dessen Mittelpunkt die Sonne stand. Im Bewusstsein, dass die Veröffentlichung eines Werks von solcher Tragweite große Probleme mit der Kirche bereiten konnte, ließ Kopernikus zweifeln, ob er sein Buch drucken lassen sollte oder nicht. Infolge einer Krankheit, die zu seinem Tod führte, konnte Kopernikus die Herausgabe des Werks nicht mehr erleben.

Die Erstausgabe von *De revolutionibus* mit einer Widmung an Papst Paul III. erschien 1543. In der Einleitung rechtfertigt Kopernikus die Abfassung des Werks mit dem Versagen der damaligen Astronomen, sich auf eine gemeinsame Theorie über die Rotation der Planeten zu verständigen, und betont dabei die Genauigkeit, mit der er diese herausgefunden und vorhergesagt habe, was es der Kirche ermögliche, eines ihrer wichtigsten Probleme zu lösen, nämlich die Entwicklung eines wesentlich exakteren Kalenders. Dies war ein entscheidender Gesichtspunkt, der die Kirche veranlasste, die Astronomie zu befördern und entsprechende finanzielle Mittel zur Verfügung zu stellen.

Trotz anfänglicher Ablehnung wurde das kopernikanische Modell vom siebzehnten bis anfangs des zwanzigsten Jahrhunderts weithin anerkannt, bis man entdeckte, dass weder die Sonne noch die Milchstraße das Zentrum des Universums bilden.

GIORDANO BRUNO UND DAS UNENDLICHE

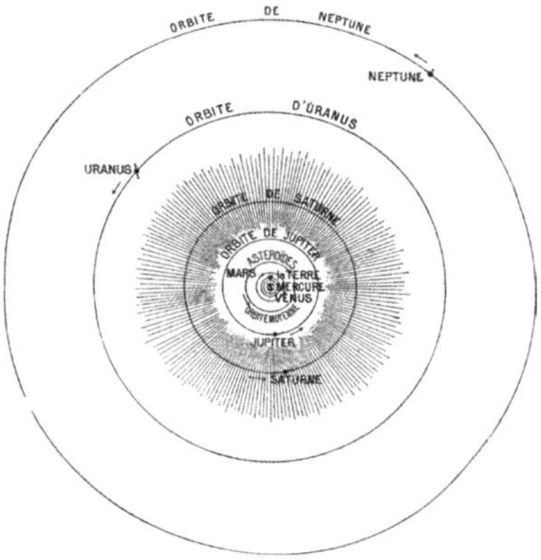

Giordano Bruno, eigentlich Filippo Bruno (1548–1600), war ein Philosoph, Astronom und Dichter, der in Neapel nach einem frühen Studium der Geisteswissenschaften später dort auch Theologie studierte. Sein Denken wurde durch die Schriften von Nikolaus von Kues (1401–1464) beeinflusst, aber auch durch die von Plato, die der Neuplatoniker und der Vorsokratiker. Darüber hinaus interessierte er sich für die Gedächtniskunst (Mnemonik) und die Logik, war aber vor allem ein Naturphilosoph.

Man weiß, dass er das damals nahezu unbekannte Werk *De revolutionibus orbium coelestium* (Über die Umschwünge der himmlischen Kreise) von Kopernikus gelesen hat. Er war der Meinung, dass Kopernikus nicht weit genug gegangen war, um die gesamten Auswirkungen der heliozentrischen Theorie deutlich zu machen, weil dieses mathematische Modell nicht ausreichend detailliert sei, um die Wirklichkeit zu erfassen.

Bruno formulierte daher mit äußerster Schärfe, welche Folgen das heliozentrische Weltbild nach sich zog. In letzter Konsequenz bedeutete es, dass das aristotelische System falsch war, oder anders ausgedrückt, es existierte kein Himmelsgewölbe, das Universum war unendlich und die darin enthaltenen Welten waren es ebenfalls. Auf diese Weise entstand ein Bruch zur Vorstellung der Griechen, dass das Vollkommene endlich und begrenzt ist. Darüber hinaus waren „Universum" und „Welt" nicht mehr synonym, da das eine das andere umfasste. Es war somit unmöglich festzustellen, was der Mittelpunkt des Universums war und welchen Umfang es besaß. Schließlich gab es auch keine durchsichtigen Sphären mehr. Da die Sterne frei durch den Raum treiben und alle aus denselben Elementen bestehen, entfallen die Himmelssphären.

Bruno untermauerte seine These, indem er darlegte, dass ein endliches Universum nicht die unendliche Macht Gottes widerspiegele, da es unsinnig sei, anzunehmen, Gott habe seine Schöpferkraft begrenzt. Er argumentierte zudem, dass sich die Erde von selbst bewege und keine aristotelischen Antriebskräfte benötige. Das Universum sei wie ein riesiger Organismus, denn, wie Bruno schreibt, sei es „töricht zu glauben, irgendein Teil der Welt sei ohne Seele, ohne Leben und folglich unbelebt".

Die Unendlichkeit des Raums, die Bewegung der Sterne, die unendliche Zahl von Welten und die heliozentrische Theorie führten dazu, dass Giordano Bruno von der katholischen Kirche verfolgt wurde. 1593 wurde er wegen Blasphemie, Ketzerei und Unmoral von der Inquisition eingekerkert, dann als ketzerisch, reuelos, widerspenstig und starrsinnig verdammt und schließlich 1600 auf dem Scheiterhaufen hingerichtet. Sein Tod hatte eine entmutigende Wirkung auf den damaligen wissenschaftlichen Fortschritt, aber seine wissenschaftlichen Beobachtungen beeinflussten weiterhin andere Denker und mittlerweile gilt er als einer der Vorläufer der wissenschaftlichen Revolution.

Vor mehr als vierhundert Jahren entwickelte Giordano Bruno seine Theorien eines unendlichen Universums und einer unendlichen Anzahl von Welten und wurde so zu einem Vorläufer moderner Wissenschaft.

KANT UND DIE ANTINOMIE DER UNENDLICHKEIT

Immanuel Kant (1724–1804) war ein Philosoph der Aufklärung. Er ist der bedeutendste Vertreter des Deutschen Idealismus und gilt als einer der einflussreichsten Denker des modernen Europa und der gesamten Philosophie. Die *Kritik der reinen Vernunft* zählt zu seinen wichtigsten Werken und wird im Allgemeinen als Meilenstein in der Geschichte der Philosophie betrachtet und als Beginn der modernen Philosophie verstanden.

In seiner *Kritik der reinen Vernunft* behandelt Kant unter anderem die vier Antinomien, eine Art von Paradoxa, die zwei widersprüchliche Aussagen umfassen. Kant glaubte, dass, wenn die Vernunft über die mögliche Erfahrung hinausgehe, sie sich dann häufig in Widersprüche verwickle. Aussagen, die affirmativ (These) oder verneinend (Antithese) sind, können beide vom Standpunkt der reinen Vernunft aus verteidigt werden, und auch die Erfahrung kann weder die eine noch die andere bekräftigen oder widerlegen. Dies geschieht, wenn der Verstand die Grenzen der Erfahrung übersteigt. Kant zufolge beruhen die Aussagen, die in der These gemacht werden, auf dem Rationalismus, während die in der Antithese typisch für den Empirismus sind.

Die erste kantische Antinomie über die Unendlichkeit der Welt ist ein Widerspruch zwischen der These, dass die Welt einen Anfang in der Zeit hat und im Raum begrenzt ist, und der Antithese, dass die Welt weder einen Anfang noch Grenzen besitzt, weil sie in Zeit und Raum unendlich ist. Beide Aussagen lassen sich herleiten.

Die Welt muss einen Anfang haben, da sie andernfalls nicht bestehen würde, weil alles, was existiert, einen Anfang und ein Ende hat. Sie kann auch nicht unendlich im Raum sein, da alles im Raum irgendwo endet und eine Grenze hat. Wenn aber die Welt einen Anfang in Raum und Zeit hatte, was war da, ehe sie bestand? Und weil nichts aus nichts entstehen kann, muss etwas in der Zeit existiert haben, und wenn etwas bestanden hat, bevor wir es die Welt genannt haben, dann muss es auch in ihr enthalten sein.

Der Fehler liegt darin, dass Raum und Zeit als eigenständige Dinge verstanden werden, statt sie als Anschauungsformen zu betrachten, die unseren Fähigkeiten zur Erkenntnis aller Phänomene entsprechen. Die Lösung der ersten Antinomie lautet, dass sowohl These als auch Antithese falsch sind, weil sie auf Annahmen beruhen, die den Gesetzen und Bedingungen der Erkenntnis als Ausgangspunkt widersprechen.

Neben der 1781 veröffentlichten Kritik der reinen Vernunft *gehören die* Kritik der praktischen Vernunft *(1788) und die* Kritik der Urteilskraft *(1790) zu Kants Hauptwerken.*

HEGEL UND DIE DIALEKTIK DES UNENDLICHEN

Georg Friedrich Wilhelm Hegel (1770–1831) ist einer der bedeutendsten deutschen Philosophen des neunzehnten Jahrhunderts und gilt als einer der großen Metaphysiker und Begründer des Deutschen Idealismus. Er studierte Theologie an der Tübinger Universität und erhielt seine Ausbildung zum Pfarrer am Tübinger Stift, wo er mit dem späteren Philosophen Friedrich Schelling (1775–1854) und dem Dichter Friedrich Hölderlin (1770–1843) befreundet war. Er war fasziniert von den Werken Platos, des Aristoteles, Descartes', Spinozas, Kants und Rousseaus und der Französischen Revolution, die er aber infolge der jakobinischen Schreckensherrschaft zunehmend ablehnte. Eines seiner Hauptwerke ist die *Phänomenologie des Geistes*.

Hegel zufolge kann das Unendliche vor allem als eine Definition des Absoluten betrachtet werden. Er entwickelt in der *Phänomenologie* seine berühmte Dialektik, um damit auch das „wahrhaft Unendliche" zu definieren. Das Unendliche kann nicht als bloße Erweiterung des Endlichen verstanden werden, das, indem es fortschreitet, beständig seine Grenzen vergrößert: dies ist die falsche oder „schlechte Unendlichkeit". Das Unendliche muss dialektisch erfasst werden als das sich im Endlichen und durch das Endliche Realisierende, dessen aufgezwungene Grenzen gedacht und dann verneint werden, die Negation der Negation führt zu seiner Affirmation. Gemäß Hegel ist die „wahre" Unendlichkeit die Gesamtheit der Momente des Seins, die durch die entstehende Totalität alle in ihren Grenzen festgelegt sind.

Das Unendliche liegt für Hegel nicht außerhalb des Endlichen und es ist auch nicht unbestimmt, sondern enthält das Endliche in sich. Das Unendliche ist nicht transzendent, sondern im Endlichen immanent. Die Einzelwesen, das Endliche, sind deshalb lediglich Momente des Unendlichen. Das Unendliche ist daher das Ganze oder die Totalität des Wahren.

Das Wahre ist somit das Ganze. Etwas ist wahr insofern, als dass es in die Totalität eingebunden ist. Das Endliche an sich ist nicht wahr, sondern lediglich ideal, das heißt abstrakt. „Konkret" besitzt für Hegel die ursprüngliche Bedeutung einer Totalität, die wächst und sich entwickelt und ihre Teile, Gegensätze sowie bestimmenden Eigenschaften umfasst. Das „Abstrakte" ist ein vom Ganzen abgetrennter Teil oder losgelöstes Moment. Allein die konkrete Totalität ist das Wahre.

Ursprünglich verstand man unter Dialektik eine Methode der Gesprächsführung oder der Argumentation, die man heute als Logik bezeichnet. Im achtzehnten Jahrhundert erhielt der Begriff eine neue Bedeutung im Sinne einer Lehre, die sich mit den Gegensätzen in den Dingen oder Begriffen befasste sowie mit dem Auffinden und der Aufhebung dieser Gegensätze.

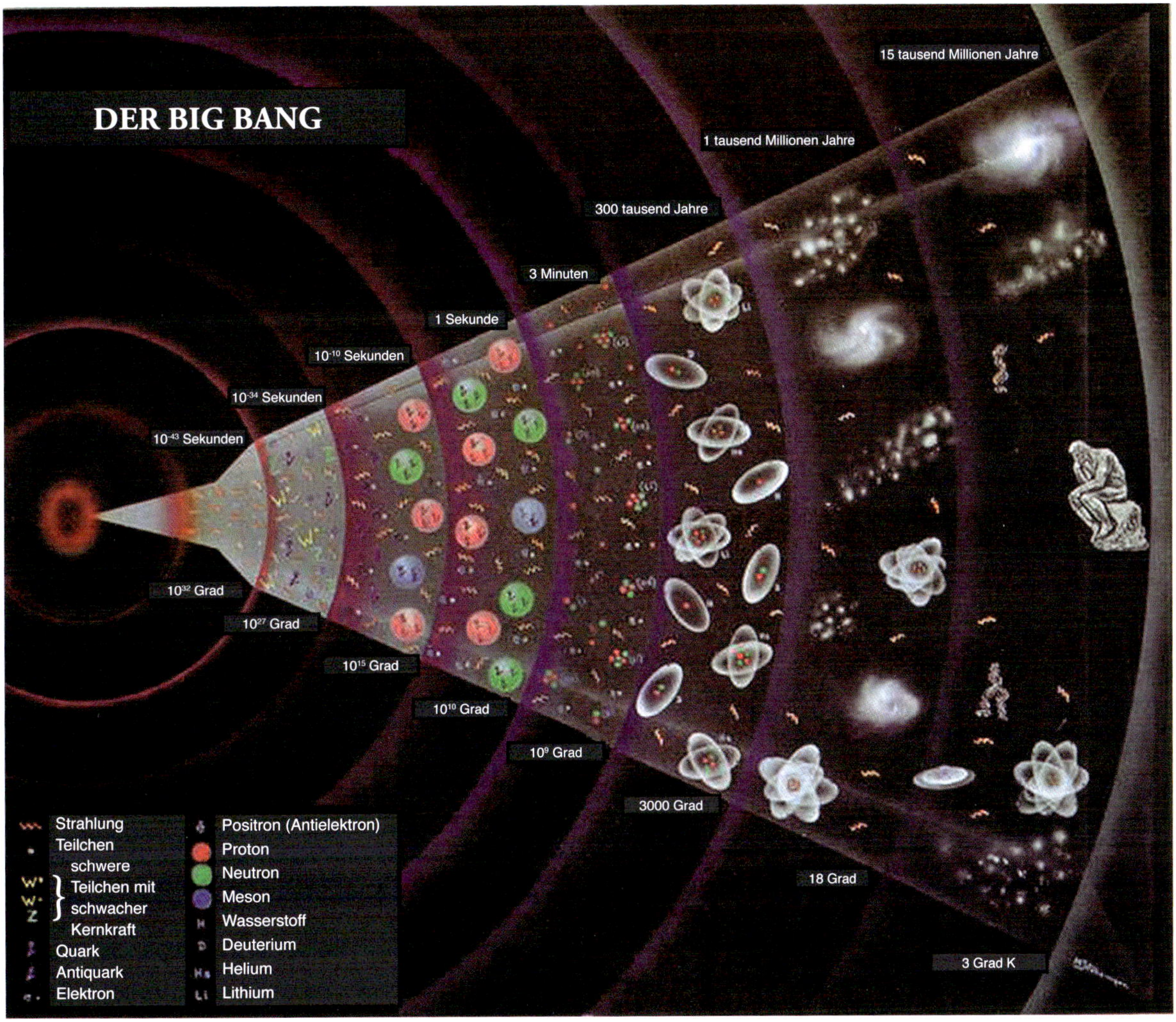
DER BIG BANG
15 tausend Millionen Jahre
1 tausend Millionen Jahre
300 tausend Jahre
3 Minuten
1 Sekunde
10-10 Sekunden
10-34 Sekunden
10-43 Sekunden
1032 Grad
1027 Grad
1015 Grad
1010 Grad
109 Grad
3000 Grad
18 Grad
3 Grad K
Strahlung
Teilchen
schwere Teilchen mit schwacher Kernkraft
Quark
Antiquark
Elektron
Positron (Antielektron)
Proton
Neutron
Meson
Wasserstoff
Deuterium
Helium
Lithium

PASCAL UND DIE ZWEI UNENDLICHKEITEN

Blaise Pascal (1623–1662) war ein französischer Mathematiker, Physiker und Philosoph, der zusammen mit Charles Babbage (1791–1871) als Computerpionier angesehen wird. Seine frühen Arbeiten umfassen sowohl die Natur- als auch angewandten Wissenschaften, in denen er wesentliche Beiträge leistete, so erfand er beispielsweise eine Rechenmaschine, stellte grundlegende Überlegungen zur Wahrscheinlichkeitsrechnung an, führte maßgebliche Forschungen über Flüssigkeiten durch und setzte mit seinen Untersuchungen zum Luftdruck und luftleeren Raum die Experimente Evangelista Torricellis fort.

1654 gab er die Mathematik und die Physik auf, um sich ganz religiösen und philosophischen Betrachtungen zu widmen. Die handschriftlichen Aufzeichnungen und Notizen dieser Zeit wurden 1669 posthum als *Pensées sur la religion et sur quelques autres sujets* (Gedanken über die Religion und über einige andere Themen) veröffentlicht, eine Apologie des Christentums. Man vermutet, dass Pascal vor seinem Tod die Struktur des Buchs geplant hatte, diese aber nicht mehr fertigstellen konnte, sodass die beabsichtigte Seitenabfolge nicht genau bekannt ist.

Pascals Begriff der Unendlichkeit wird zunächst in seinen Gedanken über das Universum deutlich, das er auffasst als „eine unendliche Kugel, deren Mittelpunkt überall, deren Umkreis nirgends ist.“ Pascal fordert auf diese Weise zum Nachdenken über die ungeheuere Weite des Universums auf und macht die Begrenztheit der menschlichen Existenz im Allgemeinen und die des Einzelnen bewusst.

Aber es gibt noch eine andere Unendlichkeit, die des unendlich Kleinen, ein weiterer Abgrund, der einen überwältigt, weil auch er unser Vorstellungsvermögen übersteigt und gleichfalls unermesslich ist. Der Einzelne ist gefangen zwischen dem unendlich Großen und dem unendlich Kleinen, und beide sind unbegreiflich.

Bevor sich Pascal ausschließlich der Philosophie widmete, erfand er eine der ersten Rechenmaschinen, die Pascaline, die mithilfe von Zahl- und Zahnrädern bedient wurde und die Addition sowie Subtraktion ermöglichte.

Nonbre

RENÉ DESCARTES, DAS UNENDLICHE UND GOTT

Fig. 1

Der große französische Philosoph, Mathematiker und Physiker René Descartes (1596–1650) gilt als Begründer der modernen Philosophie und als einer der bedeutendsten Vertreter der wissenschaftlichen Revolution. Er versuchte mithilfe der mathematischen Methode, die während des Mittelalters üblichen aristotelischen Syllogismen zu ersetzen.

Descartes zufolge gibt es drei Substanzen. Die erste ist die denkende Substanz (res cogitans), die die erste Wahrheit oder Gewissheit darstellt, das berühmte „cogito, ergo sum" („Ich denke, also bin ich"), ein essenzielles Element des westlichen Rationalismus. Der methodische Zweifel führt zu einem Subjekt, das sich der Realität seiner Existenz bewusst ist. Das grundlegende Attribut dieser Substanz ist das Denken oder das Bewusstsein.

Die zweite Substanz, die unendliche oder göttliche, ist Gott. Das denkende Ich ist für Descartes nicht vollkommen, hat aber eine Vorstellung der Vollkommenheit, die seine eigene Unvollkommenheit übersteigt. Das Vollkommene kann nicht im Ich entstehen, da es ebenso unvollkommen ist wie das, was es beobachtet. Die Vollkommenheit muss daher aus einem Wesen kommen, das vollkommener ist als das Ich, und das ist der Schöpfer der eingeborenen Ideen (ideae innatae). Die unendliche Substanz ist ungeschaffen, sie denkt und ist die Ursache aller geschaffenen Wesen. Gott ist eine ewige, unveränderliche, allwissende und allmächtige Substanz. Das Attribut dieser Substanz ist die Unendlichkeit.

Die dritte ist die ausgedehnte Substanz (res extensa), die die materiellen Dinge umfasst. Die grundlegenden Attribute dieser Substanz sind Ausdehnung und drei Dimensionen, nämlich Form, Ort und Bewegung. Descartes gemäß wird die Seele durch das Denken definiert, der Körper durch die Ausdehnung, also zwei voneinander getrennte Dinge. Die Seele empfängt und erleidet die Leidenschaften (Wünsche, Trauer, Zorn etc.), während der Körper auf eine Maschine reduziert wird, die den Gesetzen der Physik unterliegt.

Gemäß Descartes erforderte die Vorstellung der Unendlichkeit ein Wesen, das höher als der Mensch ist, und sie konnte auch nur von einem unendlichen Wesen herrühren. Descartes leitete aus der Existenz der Unendlichkeit die Existenz Gottes ab.

ZENON VON ELEA UND DAS UNENDLICHE PARADOXON

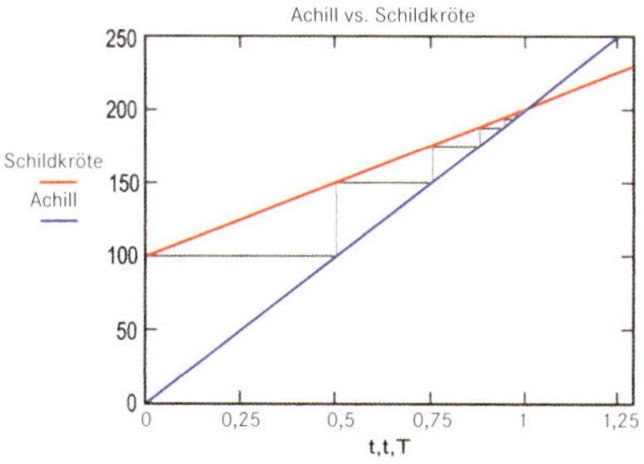

Zenon von Elea war ein griechischer Philosoph, der zur elatischen Schule gehörte. Sein genaues Geburts- und Todesjahr sind nicht bezeugt, man nimmt aber an, dass er zwischen 490 v. Chr. und 430 v.Chr. gelebt hat. Er war ein Schüler von Parmenides und ist bekannt für seine Kunst der Argumentation, mit der er die Lehren von Parmenides verteidigte.

Sein Name fällt zumeist in Zusammenhang mit seinen Paradoxa oder Aporien, insbesondere denen, die die Möglichkeit der Bewegung und die Vielheit des Seins abstreiten. Zenon versuchte zu beweisen, dass das Sein homogen und einzigartig ist und der Raum daher nicht aus unzusammenhängenden Elementen bestehe, sondern der gesamte Kosmos eine Einheit bilde. Die Methode, derer er sich dabei bediente, war die des indirekten Beweises, bei dem eine entgegengesetzte These durch einen logischen Widerspruch widerlegt wird (Reductio ad absurdum).

Zenons Argumente sind das älteste Beispiel für infinitesimales Denken, das erst viele Jahrhunderte später bei der Anwendung der Infinitesimalrechnung 1666 durch Leibniz und Newton entwickelt wurde.

Zenon argumentierte, dass die Sinneseindrücke, die wir von außen empfangen, trügerisch sind, und dass es insbesondere keine Bewegung gibt. Eines seiner berühmtesten Paradoxa über einen Läufer in einem Stadion demonstriert, dass eine Person nicht die gesamte Strecke im Stadion zurücklegen kann, sondern zunächst die Hälfte der Entfernung erreichen muss, davor aber die Hälfte der Hälfte, und so weiter bis unendlich. Es kann also theoretisch niemand diese Entfernung bewältigen, auch wenn unsere Sinne zeigen, dass es sehr wohl möglich ist.

Der schottische Mathematiker James Gregory (1638–1675) bewies allerdings, dass die Summe unendlicher Terme ein endliches Resultat haben kann, aber diese moderne Interpretation mit Hilfe der Infinitesimalrechnung stand zu Zenons Zeiten noch nicht zur Verfügung.

Nach dem berühmtesten der zenonischen Paradoxa kann Achill eine Schildkröte niemals erreichen, nachdem er ihr einen Vorsprung gegeben hat. Bevor Achill die Schildkröte überholen kann, muss er zunächst den Vorsprung einholen, allerdings hat in dieser Zeit die Schildkröte bereits einen neuen kleineren Vorsprung herausgelaufen, den Achill erneut erst egalisieren muss, und so weiter.

EPIKUR, DER LEERE RAUM UND DAS UNENDLICHE

Der griechische Philosoph Epikur (341 v. Chr. – 270 v. Chr.) begründete die Lehre des Epikureismus, die auch nach dem Ort seiner Schule als Garten (Kepos) bezeichnet wird, wo Menschen aller Klassen Zutritt hatten, auch Frauen und Sklaven, was für die damalige Zeit schockierend war. Von seinen zahlreichen Schriften haben sich lediglich drei Briefe und einige Fragmente erhalten, die der Philosophiehistoriker Diogenes Laertes (3. Jh. n. Chr.) gesammelt hat. Die Hauptquellen für Epikurs Lehre sind die Werke der römischen Philosophen Cicero, Seneca, Plutarch und Lukrez, dessen Gedicht *De rerum natura* den Epikureismus detailliert beschreibt.

Epikurs Lehre lässt sich in drei Teile aufgliedern, die Kanonik oder Erkenntnislehre, die die Kriterien enthält, um das Wahre vom Unwahren zu unterscheiden, die Physik oder Naturlehre sowie die Ethik oder Verhaltenslehre, die im Zentrum des Epikureismus steht. Allgemein gesagt, stellte Epikur fest, dass es nur eine einzige Realität gäbe, nämlich die der Sinnesempfindungen. Er negierte die Unsterblichkeit der Seele und befand, dass sie wie alles andere auch aus Atomen bestehe. Er verteidigte einen rationalen Hedonismus, lehnte die Teilnahme an der Politik ab und bevorzugte stattdessen einen einfachen, selbstgenügsamen Lebensstil, der zum Daseinsglück führe, wobei die Freundschaft elementar ist. Die geistigen Genüsse sind den körperlichen übergeordnet und müssen im Gleichgewicht gehalten werden, um einen Zustand der Seelenruhe erreichen zu können, den Epikur Atarxie nannte. Er vertrat zudem die Auffassung, dass ein Eingreifen der Götter in die Natur nicht notwendig angenommen werden müsse, da natürliche Phänomene sich durch natürliche Ursachen erklären ließen, was glaubwürdiger und zufriedenstellender als Mythen sei.

Seine Physik beruht auf Demokrits Atomismus, den Epikur jedoch modifiziert. Seine Lehre geht von zwei Grundannahmen aus, dass nämlich „nichts aus nichts entsteht" und dass alles Existierende unendlich ist, sowohl was die Anzahl der Atome betrifft als auch die Ausdehnung der Leere. Die gesamte Wirklichkeit setzt sich demzufolge aus zwei Elementen zusammen, den Atomen und der Leere, dem Raum in dem sich die Atome bewegen. Alle Körper bilden somit ein „System aus Atomen". Da die Anzahl der Atome ebenso unendlich ist wie der leere Raum, erlaubt dies die Vorstellung, dass eine unendliche Zahl an Welten wie der unsrigen existieren kann, die entstehen und vergehen, wenngleich das Universum selbst ewig und unvergänglich ist. Epikur glaubte, dass die Atome frei seien und sich vollkommen spontan bewegen würden, ein Gedanke, der an die Unschärferelation der Quantenmechanik erinnert.

Gemäß der epikureischen Physik kann nichts aus nichts entstehen und nichts Existierendes zu nichts vergehen, sodass alles unbeweglich und ewig ist.

SPINOZA UND DIE THEORIE DER UNENDLICHEN MODI

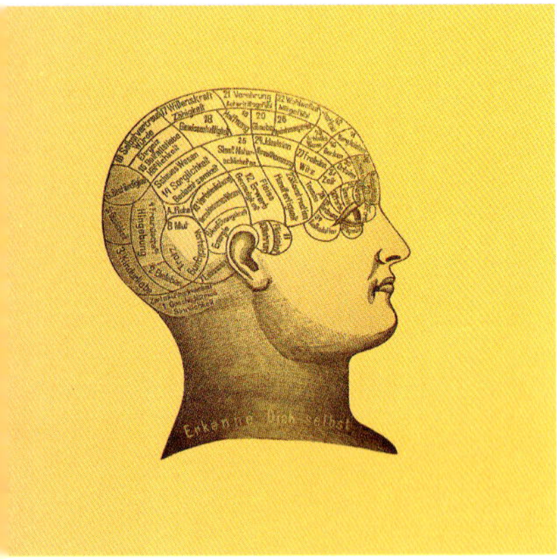

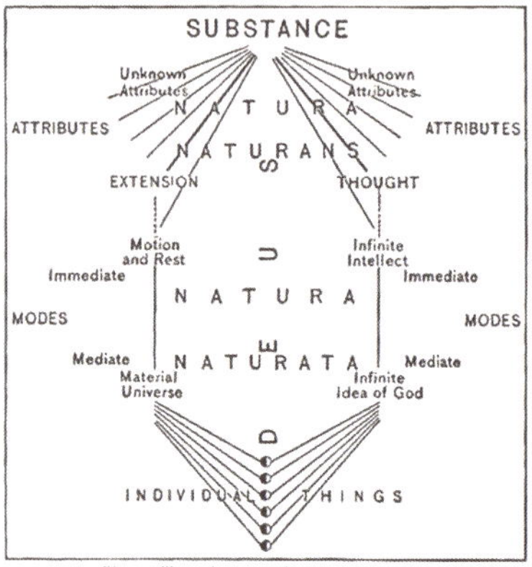

Diagram Illustrating Spinoza's Metaphysical System.

Der niederländische Philosoph sephardischer Herkunft Baruch Spinoza (1632–1677) wurde vom Cartesianismus geprägt, setzte sich aber kritisch mit ihm auseinander. Er gilt neben René Descartes und Gottfried Wilhelm Leibniz als einer der drei großen Rationalisten des siebzehnten Jahrhunderts. Zu seinen Hauptwerken zählen der *Tractatus de intellectus emendatione* (Abhandlung über die Verbesserung des Verstandes) und seine grundlegende *Ethica, ordine geometrico demonstrata* (Ethik, nach geometrischer Methode dargelegt).

In Teil Eins der *Ethik* führt Spinoza einige Begriffe ein wie „Substanz", „Attribute" oder „Modi". Der erste Terminus verweist auf die Wirklichkeit, die Ursache ihrer selbst und aller Dinge, die sich selbst durch sich selbst zu erkennen gibt. Spinoza nennt diese Wirklichkeit Gott und Natur, genauer gesagt, „Gott oder Natur" gemäß seiner eigenen Formulierung „Deus sive natura" in seiner *Ethik*.

Diese Wirklichkeit, so Spinoza, ist ein unendliches Wesen mit unendlichen Attributen, deren jedes unendliche Erscheinungsweisen oder Modi besitzt. So definiert, ist die Wirklichkeit äußerst positiv: sie ist die existierende Wesenheit, die notwendig unendlich und ewig ist. Die Wirklichkeit ist vollständig, sie umfasst alles, was existiert und keine Grenzen haben kann, sodass die Attribute der Substanz auch unendlich sind. Spinoza versteht unter Attribut das, was der Verstand von einer Substanz als Bestandteil ihrer Wesenheit wahrnimmt. Je mehr Wirklichkeit oder Sein ein Gegenstand hat, desto mehr Attribute weist er auf.

Gott (oder Natur) und die Welt, seine Schöpfung, sind identisch. Alle physischen Objekte sind Modi von Gott, die im Attribut „Ausdehnung" enthalten sind. Desgleichen sind alle Ideen auch Modi von Gott, die durch das Attribut „Denken" umschrieben sind. Die Dinge oder Modi sind geschaffene Natur (natura naturata), während die Substanz oder Gott die schöpferische Natur ist (natura naturans), deren Existenz notwendig und ewig ist.

Spinoza teilt die Modi gemäß den Attributen „Ausdehnung" und „Denken" in zwei Systeme ein und klassifiziert sie als unendlich oder endlich. Die unendlichen Modi werden noch einmal unterteilt in unmittelbar oder mittelbar. Der unmittelbare unendliche Modus für das Attribut Ausdehnung ist Bewegung oder Ruhe, der mittelbare unendliche Modus ist das Antlitz des gesamten Universums (Facies totius universi) und der endliche Modus sind die Körper. Für das Attribut Denken ist der unmittelbare unendliche Modus das absolute unendliche Verstehen, während die endlichen Modi einzelne Ideen sind (dazu zählen sowohl wahre als auch unwahre Ideen und alle Arten von Affekten).

Spinozas berühmte Formulierung Deus, vive substancia, sive natura *drückt die Gleichsetzung Gottes mit der Natur aus. Die Natur ist eine einzige absolute Substanz und die Dinge sind lediglich Teile dieser absoluten Unendlichkeit.*

DIE ARISTOTELISCHE PHYSIK DES UNENDLICHEN

Aristoteles von Stageira (384 v. Chr. – 322 v. Chr.) zählt zu den bedeutendsten Philosophen der westlichen Welt. Im Alter von achtzehn Jahren trat der Sohn von Nikomachos, dem Leibarzt des makedonischen Königs Amyntas III., in die Akademie Platos ein, wo er bis zum Tod seines Lehrers rund zwanzig Jahre verbrachte. Er beschloss, Athen zu verlassen und nach Mytilene umzusiedeln, wo Philipp II. von Makedonien ihn beauftragte, seinen Sohn Alexander zu unterrichten. Nachdem Alexander der Große die Regentschaft übernommen hatte, kehrte Aristoteles wieder nach Athen zurück und gründete nahe dem Tempel des Apollon Lykeios eine Schule. Nach Alexanders Tod (323 v. Chr.) musste Aristoteles wegen Anfeindungen aus Athen fortgehen und zog nach Chalkis, wo er kurze Zeit später starb.

Aus dem gewaltigen Werk von Aristoteles soll im Folgenden nur seine Abhandlung in acht Büchern mit dem Titel *Physik* behandelt werden, weil sie die größte Zahl an Verweisen zum Thema Unendlichkeit enthält. Wie viele andere seiner Werke ist auch dieses Buch das Ergebnis einer Rekonstruktion, die Andronikos von Rhodos vermutlich im ersten Jahrhundert v. Chr. mithilfe von Aufzeichnungen durchführte, die Aristoteles zu verschiedenen Zeitpunkten verfasst hatte. Aristoteles ist der erste (bekannte) griechische Philosoph, der sich mit dem Begriff des Unendlichen und seinen möglichen Erscheinungsformen ausführlich befasste. Vorhergehende Philosophen verwendeten diesen Bergriff zwar häufig in ihren Reden, allerdings ohne sich der Mühe zu unterziehen, zu erklären, was genau sie mit Unendlichkeit meinten.

Aristoteles unterscheidet zwischen einer Unendlichkeit als Wachstumsprozess oder Teilung ohne Ende (Unendlichkeit als Möglichkeit) und einer Unendlichkeit als Ganzes, das wirklich unbegrenzt ist (Unendlichkeit als vollzogene Handlung). Der Begriff der potenziellen Unendlichkeit beschreibt die Möglichkeit, immer weiter fortzuschreiten, ohne dass es in einer endlosen Rekursion ein letztes Element gibt. Aristoteles weigerte sich, die Unendlichkeit als tatsächlich (aktual) vorhanden zu akzeptieren. Er lehnte die physikalische Existenz des Unendlichen ab, erkannte die mathematische aber gleichwohl an. Aristoteles stellte fest, dass die Vorgänge in der Welt, so wie wir sie kennen, Grenzen besitzen und dass die Unendlichkeiten, die uns bekannt sind, wie die unendliche Teilbarkeit des Raums und die unendliche Folge von Zahlen, potenziell sind. Ein iterativer Prozess ohne Ende wie die Erzeugung natürlicher Zahlen durch das Hinzufügen einer Einheit an die jeweils letzte Zahl ist eine potenzielle Unendlichkeit, denn sobald man den Vorgang stoppt, ist die erzeugte Menge eine endliche Anzahl von Objekten. Es findet sich keine Zahl, durch deren Addition sich eine Unendlichkeit herstellen ließe, weil tatsächlich keine unendliche Zahl existiert.

Aristoteles zufolge können wir uns die natürlichen Zahlen nicht als ein Ganzes vorstellen. Sie sind allerdings potenziell unendlich, weil wir eine immer noch höhere endliche Menge finden können. Seine Unterscheidung zwischen aktualer Unendlichkeit und potenzieller Unendlichkeit hat eine Debatte hervorgerufen, die sich durch die gesamte Geschichte der Philosophie und der Mathematik hindurchzieht.

VOLTAIRE UND DAS UNENDLICHE

Der französische Schriftsteller und Denker François-Marie Arouet (1694–1778), besser bekannt als Voltaire, zählt zu den bedeutendsten Vertretern der Aufklärung, einer Epoche, die durch den Glauben an die menschliche Vernunft, die Wissenschaft und den Respekt vor der Menschenwürde geprägt war.

Voltaire unterschied zwei Arten von Unendlichkeit, eine unendliche Dauer und einen unendlichen Raum, und fragte sich, ob sich der Mensch als endliches Wesen eine genaue Vorstellung der Unendlichkeit machen könne. Er beschrieb sie als „immerfort sich bewegend, ohne je voranzukommen, als immerfort zählend, ohne je abzurechnen, als immerfort teilend, ohne je das letzte Teil zu erreichen."

Voltaire zufolge ist es unmöglich, dass es keine Unendlichkeit gibt, da erwiesenermaßen schon unendlich viel Zeit verflossen sei. Der Anfang des Seins sei absurd, da sich aus dem Nichts nichts entwickeln könne. Daraus lasse sich auf eine unendliche Dauer schließen. Voltaire notierte: „Ich unterscheide zwischen zwei Ewigkeiten, eine vor mir und eine hinter mir. Wenn ich allerdings darüber nachdenke, scheint es mir lächerlich zu sein. Ich bemerke, dass es töricht war, diese Worte zu benutzen, eine Ewigkeit ist vergangen, und ich betrete unterdessen eine neue Ewigkeit. Denn in dem Augenblick, in dem ich dies sage, dauert die Ewigkeit fort und die Zeit fließt weiter. Ich würde dies nicht anhalten können. Dauer lässt sich nicht teilen. Die Unendlichkeit des Fortdauernden besteht genau in dem Moment weiter, in dem ich sage, es sei vergangen. Für mich beginnt und endet die Zeit, aber die Dauer ist unendlich."

Voltaire erwägt auch die Unendlichkeit des Raums, allerdings nicht ohne zuvor den Begriff des Raums zu hinterfragen: Ist er ein Sein oder ein Nichts? Niemand wage es, ihn als „Nichts" zu bezeichnen, und es wisse auch niemand, wie er zu definieren sei, dass er aber existiere, das sei bekannt. „Unser Geist kann weder die Natur dieses Raums noch sein Ende erfassen. Wir nennen ihn unermesslich, weil wir ihn nicht messen können."

Voltaire vertrat die Auffassung, dass die Schwierigkeit des Menschen, die Unendlichkeit der Zeit zu verstehen, darin liege, dass die menschliche Natur endlich sei.

DER INTUITIONISMUS

Ende des neunzehnten Jahrhunderts entstand infolge verschiedener Paradoxa und Entdeckungen über die Unendlichkeit ein großes Interesse hinsichtlich der philosophischen und logischen Grundlagen in der Mathematik. Der Intuitionismus hinterfragt und verwirft einen Teil der Wahrheiten, die der klassischen Logik inhärent sind, und zählt damit zu den sogenannten nichtklassischen Logiken.

Der niederländische Mathematiker Luitzen Brouwer (1881–1966), der den Intuitionismus begründete, formulierte, dass die Logik nicht der Mathematik vorausgehe, sondern auf ihr beruhe. Innerhalb der Brouwerschen Konzeption bestehen Objekte und mathematische Axiome nur in dem Maße, wie sie gedacht wurden, das heißt, sie existieren nur, indem sie der menschliche Geist, die Intuition, erzeugt. Aufgrund dieses Dogmas stehen große Teile der klassischen Mathematik im Widerspruch zum Intuitionismus, weil dadurch alles infrage gestellt wird, was nicht geistig konstruierbar ist. Besonders deutlich wird dies am Beispiel des Unendlichen.

Der Intuitionismus verwirft die Vorstellung der Unendlichkeit in Form gleichzeitig existierender abgeschlossener Mengen von Objekten oder Räumen (Aktual-Unendliches). Die Idee einer potenziellen Unendlichkeit des Universums, also die Möglichkeit, Objekte unbegrenzt hervorzubringen, steht jedoch im Einklang mit der intuitionistischen Theorie. Der mathematische Intuitionismus versucht daher die Probleme, die die Existenz des Unendlichen für die Mathematik verursachen, über den Begriff der potenziellen Unendlichkeit zu lösen. Die grundlegende These der mathematischen Intuition basiert auf der Annahme, dass die Mathematik ausschließlich aus einer Menge von Gegenständen besteht, die ein Mathematiker durch seine Intuition konstruiert hat und auf denen dann andere aufbauen, um ein klares, präzises und funktionales System zu schaffen.

Da der Intuitionismus nur mathematische Objekte zulässt, die gedanklich konstruiert sind, wird die Existenz einer tatsächlichen (aktualen) Unendlichkeit verworfen und stattdessen der Begriff der potenziellen (möglichen) Unendlichkeit verwendet, weil man jeder Menge ein weiteres Element hinzufügen kann.

k_3 = hf(x_{i-1} + h/2, y_{i-1} + k_2^{(i-1)}/2)
Δy_i = ∫_{x_i}^{x_{i+1}} y'dx
∫_{x_k}^{x_{k+1}} f(x,y)dx = ∫_{x_k}^{x_{k+1}} y'dx

DAS DAO

Der Daoismus (Taoismus), der zu den vielfältigen Formen chinesischer Philosophie zählt, geht auf seinen Begründer Laotse (4. oder 5. Jh. v. Chr.) zurück. Er ist der Verfasser des *Dàodéjīng* (Tao te king), eines grundlegenden Werks der chinesischen Kultur, das sämtliche politischen, religiösen und philosophischen Kreise des Ostens durchdrang.

Das *Dàodéjīng* ist eine Sammlung von Aphorismen, die aus zwei Büchern mit 37 bzw. 44 Kapiteln besteht, in denen Laotse seine Weisheit auf einfache und verständliche Weise zum Ausdruck bringt. Er betont die Natürlichkeit und Spontaneität des Menschen und reflektiert den mystischen Aspekt der chinesischen Tradition ebenso wie die Bedeutung der Natur und die freie Bewegung des Geistes.

Der Daoismus wird durch drei Kräfte bestimmt: eine passive, das Yin, eine aktive, das Yang und eine versöhnende, das Dao (Tao). Die ersten beiden sind zwei gegensätzliche, jedoch komplementäre Prinzipien, die absolut voneinander abhängen und eine Einheit bilden. Das Dao ist eine stärkere, schöpferische, unendliche, unbestimmbare und chaotische Kraft, die aus der Einheit aller Wesen und Arten besteht. Für den Daoismus gibt es nur eine Wahrheit: Das Dao ist unendlich und daher ist auch die Natur unendlich, sodass sich das Universum unendlich lang in einem Kreislauf von Werden und Vergehen manifestiert.

Laotse beschrieb das Dao als ein Naturgesetz des Kosmos, durch das jeder Mensch die Grenzen seines Lebens überschreiten und Unsterblichkeit erreichen könne, wobei er nicht die unsterbliche Seele im westlichen Sinne meinte, sondern die Kontrolle über den Verfall des Körpers. Daoisten deuten „Unsterblichkeit" als Wandel und Läuterung des Ich in der Einheit mit der umgebenden Natur, und deshalb galten Menschen, die in Einklang mit der Natur lebten, als unsterblich. Manche interpretieren den Daoismus aus diesem Grund nicht nur als Verehrung der Natur als höchstes Prinzip, sondern betrachten seine Anhänger als eine Art Vorläufer der Umweltbewegung.

Der Daoismus hatte großen Einfluss auf andere Religionen, vor allem auf den chinesischen Buddhismus in seiner Ausprägung als Chan-Buddhismus, der im Westen in seiner japanischen Form als Zen-Buddhismus bekannt ist.

SCHOPENHAUER UND DER WILLE

Der Philosoph Arthur Schopenhauer (1788–1860) wandte sich vom Deutschen Idealismus ab und hatte großen Einfluss auf die moderne deutsche Literatur von Thomas Mann bis hin zu Thomas Bernhard. Er gilt als Hauptvertreter des sogenannten metaphysischen Pessimismus, der eine Reihe von Philosophen anregte, vor allem aber Friedrich Nietzsche. Sein Hauptwerk *Die Welt als Wille und Vorstellung* ist die Synthese all seiner Gedanken und zeugt von der Vielfalt der ihn prägenden Lehren und Philosophien, die von Plato und Kant bis hin zum Buddhismus und Hinduismus reichen.

Die Wirklichkeit aller Dinge wird für Schopenhauer durch ein metaphysisches Prinzip verkörpert, das er als Willen bezeichnet. Der Wille ist eine irrationale Kraft, die die gesamte Natur und das Universum mit allen darin enthaltenen Dingen und Wesen umfasst. Diese Gesamtheit der Natur einschließlich der Naturkräfte, der Beweggründe unseres Handelns sowie unserer Triebe wird durch den Willen zum Ausdruck gebracht.

Schopenhauers Pessimismus beruht auf seiner Vorstellung eines unendlichen, einzigartigen und unteilbaren Willens. Der Mensch, der sich im Sinne der Individuation dieses Willens bewusst ist, ist zum Leiden verurteilt. Schopenhauer zufolge schwankt das Leben ewig zwischen Wunsch und Langeweile.

Der Wille ist ein unendliches Streben, ein unendlicher Antrieb, der niemals zur Zufriedenheit oder zu einem Zustand innerer Ruhe führt. Glück ist nichts anderes als ein Augenblick ohne Verlangen. Verlangen beschreibt den Zustand des Bedürfnisses und des Mangels und damit eine Form von Schmerz. Glück ist die Abwesenheit von Schmerz, die Erfüllung eines Bedürfnisses, was allerdings nur von kurzer Dauer ist, ehe sich ein Gefühl der Langeweile einstellt: Die Wünsche entstehen aufs Neue, und so kann der Zyklus wieder beginnen und sich in alle Ewigkeit fortsetzen.

1809 begann Schopenhauer an der Göttinger Universität ein Studium der Medizin, das er aber nach wenigen Semestern wieder aufgab: Seine Leidenschaft für Plato und Kant veranlassten ihn, sich ganz der Philosophie, der klassischen Philologie und der Geschichte zuzuwenden.

DIE EWIGE WIEDERKEHR DES GLEICHEN

Die ewige Wiederkehr des Gleichen ist eine philosophische Lehre, die die Weltgeschichte ebenso wie die individuelle Entwicklung als Prozess versteht, der sich wiederholt. Die Ereignisse bei einer ewigen Wiederkunft folgen wie bei einem linearen Verlauf der Zeit den Regeln der Kausalität. Es gibt einen Anfang und ein Ende der Zeit, ein Prinzip, das sich immer wieder neu manifestiert. Anders aber als bei einem zyklischen Verlauf der Zeit existieren weder Zyklen noch entstehen neue Kombinationen anderer Möglichkeiten, sondern dieselben Handlungen ereignen sich immer wieder in derselben Abfolge wie zuvor, ohne dass sich irgendeine Möglichkeit der Variation ergibt.

Diese Vorstellung geht zurück auf einen hinduistischen Gedanken, der von den Griechen aufgenommen wurde, insbesondere von Heraklit und den Pythagoreern. Der deutsche Philosoph Friedrich Nietzsche (1844–1900) beschäftigte sich erneut mit dieser Doktrin und formulierte in seinem Werk *Die fröhlichen Wissenschaften,* dass sich nicht nur die Ereignisse wiederholen würden, sondern auch die Gedanken, Gefühle und Ideen. Dieser Ansatz wurde später in *Also sprach Zarathustra* fortgeführt.

In seinem Buch *Die fröhlichen Wissenschaften* beschreibt Nietzsche die Lehre von der ewigen Wiederkehr des Gleichen folgendermaßen:

„Wie, wenn dir eines Tages oder Nachts, ein Dämon in deine einsamste Einsamkeit nachschliche und dir sagte: ‚Dieses Leben, wie du es jetzt lebst und gelebt hast, wirst du noch einmal und noch unzählige Male leben müssen; und es wird nichts Neues daran sein, sondern jeder Schmerz und jede Lust und jeder Gedanke und Seufzer und alles unsäglich Kleine und Große deines Lebens muss dir wiederkommen, und Alles in der selben Reihe und Folge'."

Nietzsche zufolge, erschrecken uns diese Möglichkeiten vielleicht, weil wir ein Leben ohne die gebotene Intensität führen. Eine andere Interpretation ist allerdings auch denkbar. Nietzsche stellt die ewige Wiederkehr als einen Lebensentwurf dar: Das Leben sollte so intensiv und vollkommen sein, dass man nichts daran ändern möchte. Dann wäre es eine ethische Lehre, und es gäbe keinen Grund für ein Bedauern, da man die ewige Wiederkehr dessen ersehne, was man liebe und schätze.

Friedrich Nietzsche, der von Schopenhauers Denken und Wagners Musik beeinflusst war, zeichnete sich durch seine radikale Religionskritik aus.

الله

SYMBOLE

DER ENDLOSKNOTEN IM TIBETISCHEN BUDDHISMUS

Der endlose Knoten ist ein im tibetischen Buddhismus verwendetes Symbol, das auch als „mystischer Drache“ bezeichnet wird und für die unendliche Weisheit und das Mitgefühl Buddhas für alle Lebewesen steht.

Es handelt sich um einen symmetrischen, ausgewogenen und formschönen Knoten ohne Anfang und Ende, der die Ewigkeit und die Einheit symbolisiert. Das Motiv findet sich auf vielen Darstellungen in der chinesischen Kunst als eines der acht Glückssymbole und versinnbildlicht die Unendlichkeit und ein langes Leben. Es weist eine gewisse Ähnlichkeit zum traditionellen keltischen Knoten auf, allerdings kommt dieses Muster mit seinen sich überkreuzenden geschlossenen geometrischen Linien auch in vielen anderen Kulturkreisen vor, sodass es nahezu universellen Charakter besitzt.

Der Knoten erinnert Buddhisten daran, dass alles im Universum miteinander verknüpft ist und dass zukünftige Ereignisse bereits in der Gegenwart angelegt sind. Er wurde darüber hinaus häufig als Ausdruck wechselseitiger Abhängigkeiten gedeutet, etwa bei Begriffspaaren wie Weisheit und Mitleid, religiöser Lehre und weltlichen Angelegenheiten sowie Ruhe und Bewegung.

In der tibetischen Tradition ist der endlose Knoten ein Symbol für den unaufhörlichen Wandel der Erscheinungen, erinnert doch das Netzwerk aus Linien des Knotens an die Weise, wie alle Phänomene miteinander verwoben sind in einem geschlossenen Kreis von Ursache und Wirkung, kurz, dem Karma. Er stellt zudem die Einheit von Weisheit und Methode dar. Im tantrischen Buddhismus symbolisiert er die Verbindung von weiblicher und männlicher Energie und drückt durch diese harmonische Verbindung unendliche Liebe und unendliches Leben aus.

Der tibetische Knoten ist eines der acht Glückssymbole. Da er weder Anfang noch Ende besitzt, steht er für die unendliche Weisheit Buddhas.

MANDALAS

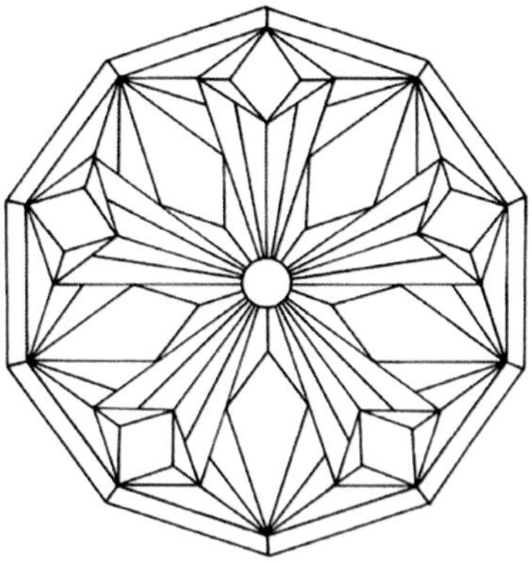

Das Wort „Mandala“ kommt aus dem Sanskrit und bedeutet „heiliger oder magischer Kreis“. Ein Mandala ist eine konzentrische und achsen- sowie punktsymmetrische Figur. Mandalas wurden wegen ihrer mystischen und symbolischen Bedeutung sowohl in der buddhistischen bildenden Kunst als auch Architektur verwendet. Es gibt zum Beispiel Tempel, wie den in Borobudur auf Java, die ein Mandala als Grundriss besitzen, der zumeist quadratisch und in acht jeweils einer Gottheit geweihten Abschnitte eingeteilt ist.

Im mittelalterlichen Europa und in anderen Kulturen und Zivilisationen finden sich dem Mandala ähnliche meditativ-symbolische Darstellungen. Infolge des Interesses an östlichen Religionen und philosophischen Strömungen hat das Mandala im Laufe des letzten Jahrzehnts einen großen Einfluss auf die westliche Welt ausgeübt. Die Universalität dieser Figuren beruht vermutlich auf der Tatsache, dass konzentrische Formen die Idee der Vollkommenheit assoziieren lassen und der Kreis den ewig wiederkehrenden Zyklus der Natur symbolisiert.

Dieser „Kreis“ stellt zudem die Einheit des Einzelnen mit dem Kosmos dar, aber auch die Lauterkeit und Ganzheitlichkeit. Das Mandala entsteht im Mittelpunkt und entwickelt sich von da nach außen und lässt sich unendlich fortsetzen und ausdehnen. Die Tatsache, dass das Mandala geschlossen ist, macht es zum Sinnbild eines sicheren Orts, da die es umgebende Linie eine schützende Barriere bildet.

Mandalas sind im Laufe der Zeit zu einem Gegenstand der Meditation und des Gebets geworden, dienten aber auch zur Diagnose bei psychischen Störungen. Es war das Verdienst des Psychiaters C.G. Jung (1875–1961), das Interesse an Mandalas im Westen zu befördern. Er fand heraus, dass sie sich aufgrund ihrer Eigenschaften in der Psychotherapie einsetzen ließen, da seine Patienten durch das Zeichnen von Mandalas begannen, Ordnung in ihr inneres Chaos zu bringen. Heute werden sie vor allem benutzt, um Stress und Ängste abzubauen, und Fachleute aus dem Erziehungswesen stimmen darin überein, dass die Beschäftigung mit Mandalas das Einfühlungsvermögen und die Kreativität fördern kann und sich mit ihnen Gedanken und Gefühle ausdrücken ließen, die vielleicht auf andere Weise niemals artikuliert würden. Üblicherweise werden Mandalas zunächst im Zentrum ausgemalt, das für den Einzelnen steht, um dann von dort nach außen, dem Unendlichen, fortzuschreiten. Allerdings ist auch der umgekehrte Weg möglich, also vom Gesamten, dem Abstrakten, zum Besonderen, dem Ich.

C.G. Jung führte die Mandalas im Westen ein. Jung zufolge lässt sich mit ihnen das eigene Ich bewusst machen und die eigene Situation analysieren.

DAS LABYRINTH

Ein Labyrinth ist ein System von Wegen und Kreuzungen mit einer ausgeklügelten und komplexen Struktur, deren Variationsmöglichkeiten unendlich ist, insbesondere im Fall des sogenannten Rhizomlabyrinths, das unendlich viele Verästelungen aufweist. Dieser Typ Labyrinth hat weder ein Zentrum noch eine Peripherie, auch keinen Ausgang, und jeder Gang ist mit jedem verbunden.

Labyrinthe werden hinsichtlich ihres Ausgangs und Zentrums in zwei Gruppen eingeteilt. Die erste umfasst die sogenannten klassischen oder einwegigen (univialen) Labyrinthe. Ein Labyrinth dieses Typs besitzt einen Pfad, der den gesamten Innenraum ausfüllt, um das Zentrum zu erreichen, das heißt, dass es keine alternativen Wege gibt und auch keine Gabelungen, und es hat einen Ausgang, der zugleich auch der Eingang ist. Da man nur einem Umgang folgen kann, kann man sich auch nicht verirren. Die zweite Gruppe von Labyrinthen sind Irrgärten, Labyrinthe mit Wahlmöglichkeiten zwischen alternativen Pfaden, zu denen auch Sackgassen gehören.

Die ältesten Darstellungen von Labyrinthen sind quadratisch oder rechteckig und die frühesten finden sich auf der Rückseite eines Tontäfelchens aus Pylos und in Gräbern aus dem alten Ägypten. Kreisförmige Labyrinthe tauchen im späten siebten Jahrhundert v. Chr. in Italien zur Etruskerzeit auf und später, im dritten Jahrhundert v. Chr., wurden sie auf kretischen Münzen abgebildet, die eine Karte des mythischen kretischen Labyrinths zeigen, das von Dädalus als Gefängnis für den Minotaurus gebaut wurde.

Heutigen Vermutungen zufolge beruht der Mythos des Labyrinths auf dem Palast von Knossos. Eine dermaßen anspruchsvolle Konstruktion wie die des Palasts, der viele Räume enthielt und über alle damals bekannten technischen Entwicklungen verfügte, zum Beispiel ein Kanalisationssystem, musste den Achäern komplex erscheinen. Diese These wird gestützt durch Zeichnungen, die man im Palast entdeckt hat, auf denen Doppeläxte zu sehen sind, griechisch „labrys", nach denen das Labyrinth benannt worden sein könnte.

Der um 1700 v. Chr. auf Kreta errichtete Architekturkomplex des Palasts von Knossos mit seinen vielen Teilen und verwinkelten sowie verwirrenden Gängen bildete der Sage nach das als Höhle des Minotaurus beschriebene Labyrinth.

DER AZTEKISCHE SONNENSTEIN

Der Sonnenstein, der von enormer Bedeutung für die Mythologie der Azteken ist, zählt zu den beeindruckendsten Ikonen des mexikanischen Volks. Er wurde im späten achtzehnten Jahrhundert in Mexiko-Stadt während der Bauarbeiten an der neuen Kathedrale auf dem heutigen Zócalo-Platz entdeckt. Der genaue ursprüngliche Standort des Steins lässt sich nicht mehr ermitteln, aber er hat sich mit Sicherheit auf dem Hauptplatz von Tenochtitlan befunden, wo der Große Tempel (Templo Mayor) zusammen mit den Hauptkultstätten und den Palästen der Aztekenherrscher stand. Der runde aus Basalt gefertigte Stein mit einem Durchmesser von 3,6 Meter und einem Gewicht von 24 Tonnen ist ein einzigartiges Kunstwerk, das von großer Meisterschaft zeugt.

Der Sonnenstein, der oft auch als „Azteken-Kalender“ bezeichnet wird, war möglicherweise kein Kalender, sondern ein Erinnerungsstein anlässlich eines alle zweiundfünfzig Jahre abgehaltenen rituellen Fests, die Zeremonie des Neuen Feuers. Als Datum der Feier ist auf dem Stein das Jahr 1479 eingraviert.

Die auf dem monumentalen Stein abgebildeten Elemente weisen alle einen Bezug zur Zeit auf. Sie sind in fünf konzentrischen Kreisen um eine zentrale Abbildung mit dem Gesicht des Sonnengottes Tonatiuh angeordnet, das mit Jade verziert ist und eine herausgestreckte Zunge in Form eines Opfermessers zeigt. Der erste Kreis darüber stellt die vier Sonnen oder vergangenen Weltzeitalter dar, die in rechteckigen Rahmen zu beiden Seiten der zentralen fünften Sonne, dem aktuellen Weltzeitalter, angebracht sind. Der nächste Kreis besteht aus den zwanzig Tageszeichen, die einem Monat entsprechen. (Der Kalender hatte 18 Monate zu je 20 Tagen sowie fünf „nemontemi“ oder „unglückliche“ Tage.) Der darauf folgende Kreis enthält die vier Himmelsrichtungen sowie die Strahlen der Sonne.

Den äußeren Kreis bilden zwei Feuerschlangen mit weit geöffneten Rachen. Man vermutet, dass es sich um den Sonnengott Tonatiuh und den Feuergott Xiuhtecuhtli handelt, die hier den nächtlichen Sternenhimmel und die Sonne symbolisieren. Möglicherweise wird aber auch die Milchstraße versinnbildlicht, die Galaxis, die unser Sonnensystem umfasst. Die Milchstraße war für die Azteken die größtmögliche Ausdehnungskraft, die sich ein Mensch vorstellen konnte.

Die Azteken beherrschten vom vierzehnten bis zum sechzehnten Jahrhundert Zentral- und Südmexiko und schufen ein Reich, das durch seine hervorragende Organisation gekennzeichnet war. Um 1325 gründeten sie ihre Hauptstadt Tenochtitlan, das heutige Mexiko-Stadt.

DER OUROBOROS

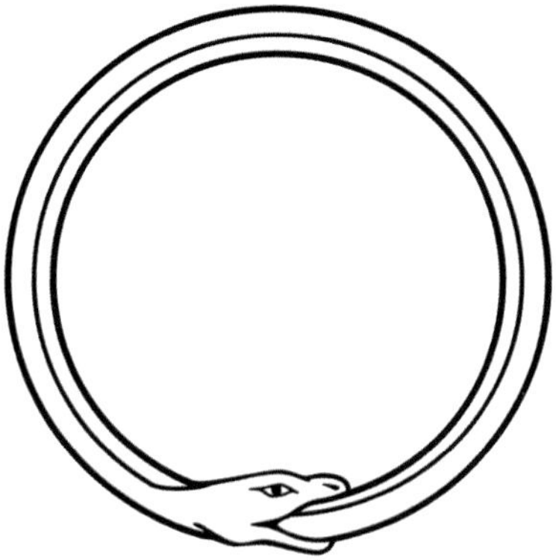

Ouroboros (auch Uroboros) leitet sich von griechisch „ourá", „Schwanz", und „bora", „verzehrend", ab. Es ist ein uraltes Symbol, das eine Schlange zeigt, die sich in den eigenen Schwanz beißt und so einen Kreis bildet (manchmal auch mit zwei Schlangen oder einem Drachen dargestellt). In einigen frühen Abbildungen findet sich die griechische Inschrift *ἕν τὸ πᾶν* („hen to pan"), „alles ist eins".

Der Ouroboros steht für die ewige Wiederkunft und andere Vorstellungen, in denen Zyklen eine Rolle spielen, die stets aufs Neue beginnen, sobald sie beendet sind – Zerstörung, die zugleich Schöpfung ist. Allgemeiner gefasst, versinnbildlicht er die Zeit und die Kontinuität des Lebens. Die Abbildung eines Kreises in Form eines Tierkörpers ist eine Metapher für eine zyklische Wiederholung, die die Ewigkeit symbolisiert.

Unterschiedliche Religionen und Kulturkreise haben den Ouroboros verwendet, um den ewigen Kosmos anzudeuten, in dem sich alles wandelt, um stets zu seinem Ursprung zurückzukehren. Die frühesten Darstellungen dieses Symbols reichen zurück bis ins alte Ägypten und in die griechische Antike. Ein Ouroboros, den man an den Wänden der Grabkammer in der Unas-Pyramide zwischen Hieroglyphen entdeckt hat, datiert zurück bis 2300 v. Chr. Er kommt auch in der nordischen Mythologie vor, verkörpert durch die Midgardschlange, die so groß wird, dass sie die gesamte Welt umspannen kann, indem sie ihren Schwanz zwischen ihre Zähne nimmt. In der Alchemie drückt der Ouroboros die Einheit aller materiellen und geistigen Dinge aus, die niemals verloren gehen, sondern ihre Form in einem ewigen Kreislauf von Werden und Vergehen verändern, was den Ouroboros zu einem Sinnbild der Unendlichkeit macht. Der Ouroboros kann schließlich gemäß einer christlichen Interpretation auch als die zwei Dimensionen der Welt gedeutet werden (eine innerhalb des Kreises und eine außerhalb). Die Schlange, die im Christentum, für den „Versucher" steht, trennt ein Äußeres, einen Bereich ohne Sünde, von einem Inneren ab, das das Reich des Teufels umfängt.

Die traditionelle Darstellung des Ouroboros in den unterschiedlichen Kulturkreisen zeigt eine Schlange oder einen Drachen, die sich in ihren eigenen Schwanz beißen und so einen Kreis bilden.

DIE BORROMÄISCHEN RINGE

Die Borromäischen Ringe sind drei miteinander verbundene Ringe, die eine besondere Eigenschaft mit symbolischer Bedeutung besitzen: Wenn man einen der drei Ringe löst, dann fallen auch die beiden anderen auseinander, während sie zu dritt untrennbar sind. Diese Figur, die sich nicht mit ebenen Ringen konstruieren lässt, wurde auch in dreieckiger Form benutzt.

Ihren Namen haben die Ringe nach der berühmten Familie der Borromeo. Das Familienwappen des Mailänder Adelsgeschlechts zeigt auf einem blauen Feld drei rotbesteinte Ringe, die die Allianz mit den Familien der Visconti und Sforza symbolisieren.

Lange aber bevor die Borromäischen Ringe im fünfzehnten Jahrhundert auf Wappenschilden auftauchten, existierten sie bereits im zweiten Jahrhundert n. Chr. in der buddhistischen Kunst Afghanistans oder im siebten Jahrhundert als Valknut (Wotansknoten) auf gotländischen Bildsteinen.

Die Borromäischen Ringe sind in verschiedenen Zusammenhängen als Sinnbild für Stärke und Einheit eingesetzt worden, insbesondere in der Kunst und der Religion. Während des Mittelalters wurden sie im Christentum zur Erklärung und Veranschaulichung des Mysteriums der Heiligen Dreieinigkeit verwendet, also des Dogmas, dass Gott Vater, Sohn und Heiliger Geist eine Wesens-Einheit bilden. Sie dienten ähnlich der keltischen Triskele auch als Symbol für die Einheit der Ritter der Tafelrunde in den Artussagen.

Die Ringe symbolisieren die drei Mailänder Adelsgeschlechter der Visconti, Sforza und Borromeo, die infolge wechselseitiger Heiraten durch ein untrennbares Band miteinander verwoben waren.

DAS HORUSAUGE

Um 2700 v. Chr. führten die alten Ägypter das erste System mit Stammbrüchen ein, Brüchen mit dem Zähler 1 und den natürlichen Zahlen als Nenner, um Volumina und Flächen in der Landwirtschaft zu berechnen. Diese Brüche wurden mithilfe einer eigenen hieroglyphischen Notation des Horusauges dargestellt.

Der Mythologie zufolge wollte Horus Rache nehmen, weil sein Vater, der Gott Osiris, vom eigenen Bruder Seth umgebracht worden war. Horus forderte daher seinen Onkel zum Kampf heraus. Es entbrannte ein grausames Ringen zwischen ihnen, bei dem Seth Horus ein Auge ausriss, das er in sechs Teile zerschnitt und über ganz Ägypten verstreute. Die Versammlung der Götter beauftragte daraufhin Thot, den Gott der Schreiber und des Rechnens, die einzelnen Teile des Auges einzusammeln und es wieder zusammenzusetzen.

Die Teile, die Thot fand, entsprachen den Brüchen 1/2, 1/4, 1/8, 1/16, 1/32 und 1/ 64, deren Summe jedoch kein Ganzes ergab, sondern nur 63/64.

Der Bruch, der fehlte, um das Auge vollständig wiederherzustellen, ist auf verschiedene Weise gedeutet worden. Einige meinen, Horus habe ihn im Kampf gegen Seth schlichtweg eingebüßt, andere hingegen nehmen an, das fehlende 1/64 stehe für die Magie, die Thot verwandte, um das Auge heilen zu können.

Die interessanteste Theorie verknüpft allerdings das fehlende 1/64 mit der Suche nach der Unendlichkeit. Warum soll die Suche nach dem fehlenden Teil des Ganzen nicht fortgesetzt werden, indem die Brüche weiter halbiert werden? Wenn man die von Thot begonnene Reihe so fortführt, dass jeder Bruch die Hälfte des vorhergehenden ist, dann wird das Ergebnis zweifellos eine unendliche Summe sein. Möglicherweise ist diese Erkenntnis die eigentliche Bedeutung der Geschichte vom fehlenden Teil des Horusauges.

Die alten Ägypter rechneten, indem sie Stammbrüche (Zähler 1) wie 1/2, 1/3 oder 1/4 benutzten. Um einen Bruch mit einem anderen Zähler als 1 auszudrücken, schrieben die Ägypter ihn als Summe verschiedener Stammbrüche, weshalb die Summen von Stammbrüchen auch als „Ägyptische Brüche“ bekannt sind.

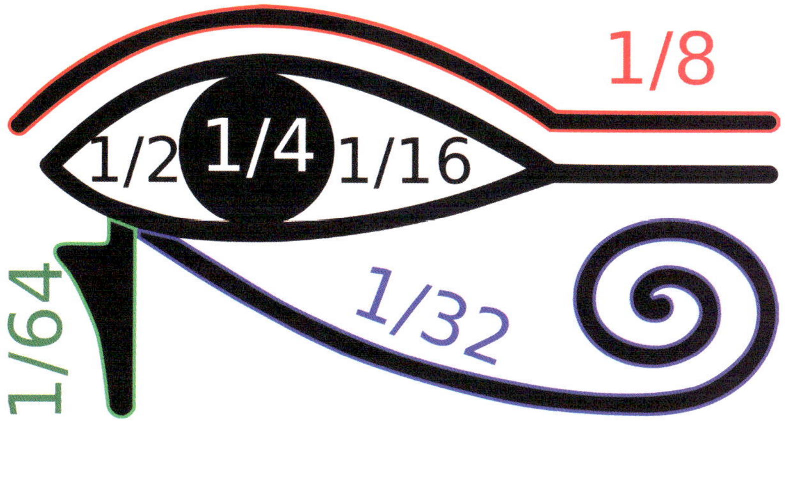
1/8
1/2
1/4
1/16
1/64
1/32

DIE KELTISCHE TRISKELE

Ein allen keltischen Völkern gemeinsames Element war die Triskele, ein heiliges Symbol, das den Druiden vorbehalten war, die sich vornehmlich als Priester des keltischen Glaubens verstanden, aber auch viele andere Funktionen ausübten, etwa als Hüter der Gesetze, Naturforscher und Lehrer.

Das Wort „Triskele" kommt aus dem Griechischen und bedeutet „dreibeinig". Das Symbol besteht aus einem äußeren Kreis, der die Welt und das Unendliche darstellt, in dem sich drei Spiralen mit jeweils zwei Windungen befinden, die drei Kreise bilden. Diese Spiralen haben alle ihren Ursprung in einem Punkt und jede steht für einen der Teile, aus denen sich das Universum zusammensetzt. Die Zahl Drei hatte für die Kelten einen ganz besonderen Stellenwert, da sie Vollkommenheit und Ausgewogenheit symbolisiert.

Die Bedeutung der Triskele ist nicht vollständig geklärt. Allgemein wird sie mit Sonnenkulten in Verbindung gebracht, mit Anfang und Ende, mit ewigem Werden und Vergehen, sie gilt aber auch als Symbol für Bewegung und Veränderung und als Sinnbild für die drei Urkräfte der Schöpfung.

Im Laufe der Zeit wurde die Triskele auch in anderen Zusammenhängen, etwa zur Darstellung der Heiligen Dreieinigkeit, benutzt, nachdem das Christentum die keltischen Gebiete erreicht hatte, wo die Triskele bereits zuvor auf die dreigestaltige Einheit von Göttern in der keltischen Mythologie bezogen worden war. Diese Trias findet sich auch in der Interpretation der Triskele als Symbol der Ausgeglichenheit von Seele, Körper und Geist, die durch die drei Spiralen zum Ausdruck gebracht wird, die sich mit dem äußeren Kreis verbinden und so die Beziehung des Seins mit allen Elementen versinnbildlichen.

Andere Kulturen wie die chinesische, hinduistische und jüdische benutzen ähnliche Symbole wie die Triskele, und auch die Zahl Drei und ihre Vielfachen gelten als Manifestation des Göttlichen.

DER ISLAM UND DAS UNENDLICHE

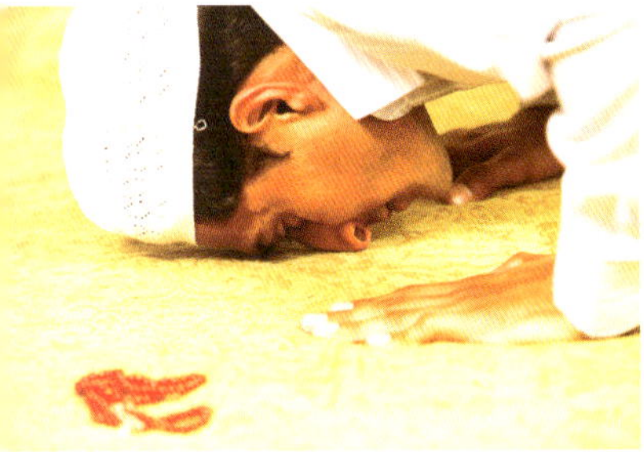

Wenn man verstehen möchte, welche Bedeutung Allah für Muslime hat, dann ist es unumgänglich, sich eine möglichst genaue Vorstellung des Begriffs der Unendlichkeit im Islam zu verschaffen.

Jede Darstellung der „Grundlagen des Glaubens“ (Usul-ud-Din) im Islam beginnt mit einem Abschnitt über „Tançîh“, die Makellosigkeit Allahs. Es wird darin das undefinierbare Wesen Allahs betont, seine Unbegreiflichkeit und sein Zustand als Herausforderung für unsere Erkenntnis. Gleich zu Beginn wird der Leser mit der Unendlichkeit konfrontiert, sie ist die Antwort, die der Mensch sich gibt, um das Geheimnis seiner Unruhe und Rastlosigkeit zu erklären. Die Unermesslichkeit Allahs – ebenso wie die Güte und Schönheit all dessen, was wir lieben – ist mit einem Unbehangen verbunden, das die Ahnung der Unendlichkeit bewirkt.

Eines der Wörter, die auf die Unendlichkeit verweisen, ist „al-kull“, das Ganze. Das Ganze ist notwendig dem Unendlichen gleich: „ganz“ impliziert, dass nichts außerhalb des Ganzen liegt, es also nichts außerhalb dessen gibt, was benannt wurde. Diese Ahnung trifft auch für den Begriff der Unendlichkeit zu, des Unvollendeten und in keiner Weise Begrenzten. Jede Begrenzung ist eine Verneinung des Unendlichen und alles, was außerhalb ist, wäre eine Begrenzung, und so wäre das, was wir Unendlichkeit nennen, nicht länger unendlich und auch nicht unbegrenzt. Diese Anschauung folgt der Vorstellung der Muslime, die sie von Allah besitzen, außerhalb dessen nichts ist, weil er alles umfasst.

Es ist daher nichts außerhalb des Unendlichen, das notwendig das Ganze ist. Infolgedessen ist es auch absurd, von einer Vielzahl von Unendlichkeiten zu reden oder einem unendlichen Ding, zum Beispiel dem Raum, der Zeit oder einem ähnlichen Begriff. Jedes spezifische, also festgelegte Ding kann nicht gleichzeitig das Gegenteil sein und daher auch nicht „alles“: Es ist begrenzt durch seine Beschaffenheit und bleibt, was es ist, und kann auch nichts anderes sein. Was wir in der Welt wahrnehmen, sind ausschließlich genau definierte Dinge, die deshalb nicht Allah sind: Er stellt eine Herausforderung für unser Erkenntnisvermögen dar.

Der Islam (und die islamische Zeitrechnung) beginnt 622 n. Chr. mit dem Auszug Mohammeds von Mekka nach Medina (Saudi-Arabien). Schätzungen zufolge bekennen sich derzeit rund anderthalb Milliarden Menschen zum Islam.

HEH, GOTT DER EWIGKEIT

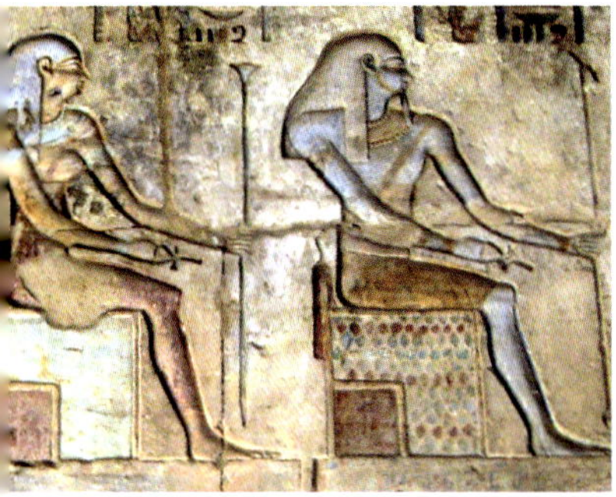

In der ägyptischen Mythologie ist die Achtheit (Ogdoade) eine Gruppe von Urgötterpaaren, die eine untrennbare Einheit bilden. Sie handeln zusammen und sind die kosmologische Verkörperung des Urwassers, aus dem die Welt erschaffen wurde. Das erste Paar ist Nun und Naunet, „das Urgewässer", das zweite Heh und Hehet, „der unendliche Raum" oder „die Unbegrenztheit", das dritte Kuk und Kauket, „die Urfinsternis", und das vierte schließlich Niu und Nenet, „die Leere", wobei letzteres Paar manchmal auch ersetzt wird durch Tenem und Tenemu, „die Weglosigkeit", oder später durch Amun und Amaunet, „die Verborgenheit".

Heh bedeutet „Unendlichkeit". Zusammen mit seiner Gemahlin war er die göttliche Personifikation des räumlich wie auch zeitlich Unendlichen. Die männlichen Gottheiten der Achtheit wurden als froschköpfige Menschen dargestellt, die weiblichen als schlangenköpfige. Zumeist wird Heh in männlicher Gestalt kniend auf dem Symbol für Gold mit einer Palmrippe in jeder Hand (oder auch nur in einer Hand) gezeigt und manchmal noch mit einer Palmrippe auf dem Haupt, da die Palme für die Ägypter ein langes Leben symbolisiert. Bei Darstellungen dieser Art findet sich unten an jeder Palmrippe ein Ring, der die Unendlichkeit versinnbildlicht, und oft auch noch ein Anch-Zeichen, das an Hehs Arm hängt.

Als Hieroglyphe steht die Figur von Heh für die Zahl eine Million, was in der ägyptischen Mathematik nahezu der Unendlichkeit gleichkam. Diese Gottheit galt daher als „Gott der Millionen Jahre", das symbolische Maß der Unendlichkeit.

Die Pharaonen verehrten Heh während ihres irdischen Daseins und hofften, dass der Gott der Unendlichkeit ihnen die Möglichkeit ewigen Lebens gewähren würde.

DER LIMBUS

In der Tradition der katholischen Kirche war der Limbus (Vorhölle) eine Zwischenwelt, in der sich die Seelen der Gerechten befanden, die vor der Auferstehung Jesu Christi gestorben waren (Limbus der Gerechten und Patriarchen oder „limbus patrum"). Der Limbus ist aber auch der Ort, wo sich diejenigen aufhalten, die jung sterben, ohne jemals irgendeine persönliche Sünde begangen zu haben, aber nicht durch die Taufe von der Erbsünde befreit, und daher dazu bestimmt sind, in alle Ewigkeit ohne Qualen und im Zustand der Glückseligkeit dort zu verbringen (Limbus der Kinder oder „limbus puerorum"). Die Gerechten konnten dem Limbus entkommen, als Christus in die Hölle hinabstieg, die Kinder allerdings blieben dazu verdammt, dort auf ewig zuzubringen und niemals das Angesicht Gottes schauen zu können.

Diese Vorstellung kam im Mittelalter unter katholischen Gelehrten auf, als zu Beginn des 11. Jahrhunderts zum ersten Mal die Auffassung formuliert wurde, wonach gestorbene Kinder am Rand der Hölle ausharren mussten, wenn auch auf einem höheren Niveau, damit sie das Höllenfeuer nicht erreichen konnte.

Diese These wurde aber niemals unter einem strikt theologischen Gesichtspunkt definiert, und so war der Limbus auch niemals offizielle Lehre der katholischen Kirche. Dieses Denkmodell entstand als Lösung für das Problem der mittelalterlichen Theologen, das sich aus dem Dilemma ergab, dass prinzipiell jeder, der starb, ohne die Taufe empfangen zu haben, die die Erbsünde ebenso wie alle begangenen Sünden auslöscht, zur Hölle fahren musste. Der Gedanke, dass unschuldige Kinder genauso wie die Patriarchen oder rechtschaffene Menschen, die vor Christus gelebt hatten, ihr Schicksal mit den für alle Ewigkeiten Verdammten teilen sollten, war nicht nur unerträglich, sondern auch schwierig zu erklären angesichts der gepredigten Barmherzigkeit Gottes. Nach dem Zweiten Vatikanischen Konzil wurde der Begriff des Limbus abgeschafft, und nun wird laut dem aktuellen Weltkatechismus das Schicksal der ungetauften Kinder dem unendlichen Erbarmen Gottes anvertraut.

Es gibt eine ganze Reihe literarischer Werke, in denen der Limbus beschrieben wird, beispielsweise auch in der Göttlichen Komödie *des berühmten Dichters Dante Alighieri, der ihn als den ersten Höllenkreis darstellt, der von tugendhaften Heiden und Philosophen der Antike bewohnt wird.*

KARMA: JEDER ERNTET, WAS ER SÄT

Karma wird allgemein als ein kosmisches Gesetz von Ursache und Wirkung betrachtet. Das aus dem Sanskrit stammende Wort „Karma“ bedeutet „Tat“ und „Wirken“ und beschreibt Handlungen als etwas, das den gesamten Kreislauf von Ursache und Wirkung erzeugt, der als Samsara bezeichnet wird. Karma, eine unermessliche, transzendente, unsichtbare Kraft, die aus den Handlungen von Einzelnen entsteht, ist ein zentraler Begriff in den Lehren des Buddhismus, Hinduismus, Jainismus und anderen Religionen indischen Ursprungs. Auch wenn es in den einzelnen Religionen unterschiedliche Auffassungen des Begriffs gibt, so haben sie dennoch eine gemeinsame Grundlage.

Karma erklärt menschliche Umstände als Reaktion auf gute oder schlechte Taten, die in einer mehr oder weniger unmittelbaren Vergangenheit ausgeführt wurden. Im Hinduismus wird die entsprechende Reaktion durch einen Gott namens Yama bewirkt, während diese Reaktion im Buddhismus und Jainismus, die keine lenkenden Götter kennen, als Naturgesetz aufgefasst wird.

Dieser Lehre gemäß hat jeder Einzelne die Freiheit, zwischen Gut und Böse zu wählen, muss aber die Folgen seiner Handlungen tragen. Im Hinduismus ebenso wie im Buddhismus wird das Karma nicht allein durch körperliche Handlungen geschaffen, sondern durch insgesamt drei Faktoren, nämlich Taten, Worte und Gedanken.

Das Verhalten des Einzelnen hat dem Karma-Gesetz zufolge zwangsläufig Einfluss auf folgende Leben, weil ein einziges Menschenleben nicht ausreicht, um die gesamten Wirkungen der Handlungen zu erfahren: „Verdienste“ für all das Gute und „Vergeltung“ für all das Böse, das verursacht wurde. Im Buddhismus gibt es weder unverdiente Freuden noch unberechtigte Bestrafung, weil alles einer universellen Gerechtigkeit überantwortet ist. Für Hindus nimmt die individuelle Wesenheit eines Menschen im Laufe ihrer Existenz mehrfach eine materielle Gestalt an. In Abhängigkeit von Verdiensten, oder Ermangelung derselben, wird die Seele in einer hohen, mittleren oder niedrigen Existenz wiedergeboren, wobei das menschliche Leben Phasen höchst himmlischer bis zutiefst höllischer Abschnitte durchläuft. Die Überwindung dieses fortdauernden Prozesses (Samsara) kann nur dann gelingen, wenn man überhaupt kein Karma mehr erzeugt.

Dem Karma-Gesetz zufolge beruhen gegenwärtige und zukünftige Ereignisse auf unseren Handlungen, seien sie nun gut oder schlecht, sodass der Einzelne für sein Leben selbst die Verantwortung trägt.

DER PHÖNIX

Der Phönix ist ein mythischer Vogel, der, nachdem er verbrannt ist, aus seiner Asche wiederersteht. Dem Mythos zufolge war er fast so groß wie ein Adler, besaß glühend rote, orange und gelbe Federn und hatte einen äußerst kräftigen Schnabel sowie starke Krallen. Aus den archaischen Kulturen im Mittelmeerraum werden verschiedene Versionen dieses Mythos überliefert. Erstmalig erwähnt wird er von den alten Ägyptern, die ihn als Benu verehrten, während die Griechen ihn als Phönix kannten. In der altägyptischen Mythologie wird er im Gegensatz zu anderen Kulturen nicht als Greifvogel oder tropischer Vogel dargestellt, sondern in Form eines Kranichs oder Reihers abgebildet.

In einigen Versionen ersteht dieser einzigartige Vogel von unvergleichlicher Schönheit alle tausend Jahre aus seiner Asche, anderen zufolge alle fünfhundert Jahre, aber alle Fassungen stimmen darin überein, dass er von Flammen verzehrt wird. Wenn der Phönix sein Ende nahen fühlt, sammelt er Zweige aus Sandel- und Zedernholz, aus Weihrauch, Kardamom und anderen Hölzern sowie Pflanzen und baut in der Krone einer Palme ein riesiges Nest. Anschließend streckt er sich in die Höhe, breitet sein glänzendes Gefieder aus, lässt die Sonnenstrahlen das Nest entzünden und verbrennt mit einem Gesang von seltener Schönheit, bis alles zu wohlriechender Asche zerfallen ist. Dann taucht ein Ei aus den Überresten auf, das von der Sonne ausgebrütet wird. Nach drei Tagen bricht die Schale auf und derselbe Phönix schlüpft heraus.

Das heidnische Symbol wurde auch in die christliche Mythologie übernommen. In dieser Fassung entsteht der Phönix im Garten Eden unter dem Baum der Erkenntnis. Als Adam und Eva aus dem Paradies vertrieben werden, fällt ein Funke vom Flammenschwert eines Engels in das Nest des Vogels und setzt es in Brand. Der Phönix war das einzige Tier, das sich der Versuchung widersetzte und wegen seiner Treue wurde ihm Unsterblichkeit gewährt. Seitdem kann er immer aufs Neue aus seiner Asche erstehen.

Dieses mythologische Wesen ist ein Symbol für spirituelle und physische Wiedergeburt sowie für Reinheit und Unsterblichkeit. Die Griechen gaben ihm den Namen Phoenicopteros *(„rote Schwingen"), der in der Zoologie als wissenschaftliche Bezeichnung für eine Gattung von Flamingos verwendet wird, zu der beispielsweise der Rosaflamingo gehört (*Phoenicopterus roseus*).*

DER JUNGBRUNNEN

Der Jungbrunnen ist eine mythische Quelle, die für Unsterblichkeit und ewige Jugend steht und seit Tausenden Jahren in den Mythologien vieler Kulturen vorkommt. Der Legende nach soll die Quelle im Paradies entsprungen sein und alle heilen und verjüngen, die daraus trinken oder darin baden.

Der Standort dieser Quelle war seit der Antike sehr umstritten. Das erste Mal wird sie von Herodot erwähnt, der sie irgendwo unter der Erde in Äthiopien ansiedelte. Die Griechen der Antike glaubten, dass die Äthiopier und insgesamt die Einwohner Nordafrikas sehr alt wurden, und Herodots Bericht versuchte wohl, dieses Phänomen zu erklären.

Weitere Geschichten über die Quelle erschienen im *Alexanderroman*, den bis zur Renaissance viele lasen, die die Quelle aufspüren wollten, wohl in der Hoffnung, im Buch genaue Hinweise über deren Lage zu finden. Die östlichen Fassungen dieses Mythos sprachen vom „Wasser des Lebens“, einer geheimnisvollen Quelle, die man nur entdecken konnte, wenn man das „Land der Finsternis“ durchquerte, eine sagenumwobene Region im Kaukasus, die als die Heimat von Ungeheuern und bösen Geistern galt. Die arabische Version über Leben und Taten Alexanders des Großen war während und nach der maurischen Herrschaft in Spanien sehr beliebt, und auch die Konquistadoren, die sich zur Eroberung Amerikas aufmachten, haben diese Erzählungen gekannt.

Ähnliche Geschichten von geheimnisumwitterten Wunderquellen waren unter den karibischen Ureinwohnern weit verbreitet und befeuerten den Mythos vom Jungbrunnen während der spanischen Kolonisation. Stammesangehörige berichteten immer wieder von den heilenden Wirkungen, die von einer Quelle im Lande Bimini ausgingen. Diese Legende wurde im Laufe des sechzehnten Jahrhunderts immer populärer und ist wohl auch dem spanischen Konquistador Juan Ponce de León nicht verborgen geblieben. Einer etwas zweifelhaften Darstellung zufolge soll dem Spanier 1513 die Entdeckung Floridas angeblich nur deshalb gelungen sein, weil er auf der besessenen Suche nach der Quelle der ewigen Jugend unzählige Erkundungsfahrten unternahm.

Seit Tausenden von Jahren träumt die Menschheit von einer Quelle der ewigen Jugend mit Elixieren, die alle Krankheiten heilen und Unsterblichkeit bewirken.

ABBILDUNGSVERZEICHNIS

Mit freundlicher Genehmigung von Dreamstime.com: S. 10, © Solar-seven; S. 11, © Philcold; S. 150, © Kts; S. 24, Universe spiral © Martin Bangemann; S. 29, Space Telescope © Xneo; S. 46, Human being asking Universe... © Cluc; S. 49, The future of science © Ioana Davies; S. 78, High speed laboratory centrifuge © Horia Vlad Bogdan; S. 79, Centrifuge © David888lee; S. 87, Peas isolated on White © Nailia Schwarz; S. 110, Inside a 3D Sierpinski sponge fractal object © G00b; S. 114, Vector background © Faustpr; S. 123, Möbius Strip © Martin Green; S. 127, © Eternity; S. 129, Nautilus Shell © Kuleczka; S. 147, Number 0 Background © Spaceheater; S. 179, Snow Flake © Pureguitarfury; S. 188, Silver DNA spiral © Ordogz; S. 190, © Oneo2; S. 193, Pen © Svit; S. 209, QR Code © Alesaggio; S. 216, Connect mind © Kts; S. 226, Stairs to papal apartments © Mirek Hejnicki; S. 239, DSLR Camera Spiral Twirl © Vlue; S. 261, Universe - Jupiter and a starfield © Cobalt88; S. 278, Manuscripts in Latin © Piccia Neri; S. 291, Endless knot symbol © Charon; S. 293, Mandala blue blackground © Youichi; S. 295, Labyrinth © Angelo Gilardelli.

Mit freundlicher Genehmigung von Flickr.com: S. 38, © woto; S. 52, Cesium atomic clock © mightyohm; S. 92, HeLa S3 © opiado; S. 94, At the beach © Boomer Depp; S. 102, Milnesium tardigradum - Dr. William R Miller © SaguaroNPS; S. 103, Minibiotus intermedius - Dr. William Miller © SaguaroNPS; S. 144, John Wallis © tonyntone; S. 157, © Claus Rebler; S. 162, L'Hôpital, illustrations from the book Historia Universal by César Cantù © Flickr/El Bibliomata; S. 175, © gadl; S. 186, © jurvetson; S. 186, Atmos © NeitherFanboy; S. 187, Atmos clock © Wm/Rama; S. 204, Rubik's Cube © Bramus!; S. 204, Rubik's Cube Collection © Scarygami; S. 205, Rubik's Cube © Cubmundo; S. 213, Weltzeituhr, Alexanderplatz, Berlin © kai hecker; S. 246, Roman Opalka © scalleja; S. 254, *Self Obliteration Part II* (1967) by Yayoi Kusama © Chicago Art Department; S. 254, *Infinity Room* by Yayoi Kusama © Cea.; S. 255, *Passing Winter* (2005) by Yayoi Kusama © Marshall Astor; S. 285, Statue of Lao Tzu in Quanzhou © tom@hk|æ1¯ç±3tomhk; S. 286, The Colours of the Soul © h.koppdelaney; S. 302, Eye Of Horus © Nerdcoresteve; S. 305, Trisquel calado de Castromao © FreeCat; S. 307, sheikh lotfollah mosque © seier + seier; S. 316, The bennu bird © wm/Jeff Dahl; S. 316, *Bilderbuch für Kinder* (1790-1830) by Friedrich Justin Bertuch; S. 318, *The Garden of Earthly Delights* (c. 1490-1510) by Hieronymus Bosch; S. 318, *Youth washing himself at a fountain* (c. 510-500 a. C.) © wm/Jastrow.

Mit freundlicher Genehmigung von Shutterstock.com: S. 13, © edobric; S. 32, © optimarc; S. 33, © PSD photography; S. 36, © holbox; S. 37, © vilainecrevette; S. 39, © Ella Hanochi; S. 44, © Mike Heywood; S. 47, © red-feniks; S. 64, © pashabo; S. 66, © Tyler Olson; S. 67, © Vit Kovalcik; S. 69, © pixelparticle; S. 76, © EastVillage Images; S. 77, © Alexander Raths; S. 80, Berillium atom structure on the blue background © baldyrgan; S. 81, Illustration of an atom © MrJafari; S. 83, © Abstract background of a destruction brick wall © Rashevskyi Viacheslav; S. 93, HeLa (cervical cancer) cells in culture © Loren Rodgers; S. 95, Large Blue Surfing Wave Breaks in the Ocean © EpicStockMedia; S. 97, © DerLuminator; S. 99, Silhouette of a pipe with smoke © Sergey Panychev; S. 101, A pair of hands holding the Earth with the moon in the background © Shane Kennedy; S. 104, Optical prism refracting a ray of white light © Andrea Danti; S. 104, Color circle isolated with clipping path © Dario Sabljak; S. 105, Colorful tika powders on Indian market © Aleksandar Todorovic; S. 113, Abstract number concept © Pixel 4 Images; S. 116, © IrinaK; S. 117, Vintage photo, circa 1900 of a chimp typ © ChipPix; S. 124, Full Frame Neatly Coiled White Rope © diak; S. 125, 3D paper roll on a black background © Umberto Shtanzman; S. 130, Sunflower seed pattern © sarah2; S. 134, Very long corridor in a hotel © ID1974; S. 134, Door of a very important person © Wilm Ihlenfeld; S. 141, 3D rendered Molecule © Lorelyn Medina; S. 148, Two dice © Sergey Mironov; S. 149, Flipping a coin © Alexey Stiop; S. 150, Plastic toy bricks © Alexey Rozhanovsky; S. 151, Color building blocks as background © atm2003; S. 153, Code numbers © 1xpert; S. 173, Elegant abstract fractal background © Dragonfly22; S. 176, Steampunk engine and boiler © Paul Fleet; S. 177, 3D render of Escher's inspired stairs © Fotocrisis; S. 189, Original micro-photo of living dividing cells © Dimarion; S. 190, Monitor background © Taiga; S. 191, Tech Cubes © Michelangelus; S. 195, Light Bulbs © balein; S. 207, Nanobots © Andrea Danti; S. 217, World Wide Web concept © cybrain; S. 220, F18 Super Hornet forms a Vapor Cone (PG Singularity) © Mike V. Shuman; S. 221, Breaking the barrier © Karl R. Martin; S. 225, Illusion of reality © XYZ; S. 229, A long endless music-sheet © Menna; S. 233, Fantasy Sleep Composition © Bruce Rolff; S. 237, Egyptian mummy © Studio 37; S. 238, Infinity image of LCD monitor © pryzmat; S. 244, Highway © Photosmart; S. 245, Railroad tracks parallel transport © apichart boonsin; S. 247, Random numbers © marekuliasz; S. 249, Infinite © nito; S. 260, © Iryna1; S. 312, © Magicinfoto; S. 260, Paris - Le Pantheon © Marco Cannizzarro; S. 262, Solar System © Morphart Creations Inc.; S. 263, Diagram of the planets in the Solar System © Jurgen Ziewe; S. 272, Running athlete at the stadium © Vladimir Wrangel; S. 279 Field of numbers © GrandeDuc; S. 281, Infinity time © Liseykina; S. 283, Mathematics background © Vasilius; S. 289, Man and the time © robodread; S. 311, Woman in dead tree © Elena Ray; S. 312, Fragment of Ancient Tibetan tangka © Zzvet; S. 312, Chiang Nai, Thailand © magicinfoto; S. 313, Tibetan Mandala © Nadina; S. 315, Phoenix through a red sky © Ellerslie; S. 317, Havasu river © Galyna Andrushko.

Weitere Abbildungen: S. 12, Albert Einstein in Vienna, 1921 © Ferdinand Schmutzer; S. 12, © hardballtimes.com; S. 14, © lifewithheadinjury.wordpress.com; S. 16, © Alexis Monnerot-Dumaine; S. 17, © its authors; S. 17, The 4 paths to a number 4 © Wm/R. A. Nonenmacher; S. 18, © simplefire.wordpress.com; S. 18, © HowStuffWorks; S. 19, © Ævar Arnfjörð´ Bjarmason; S. 20, From the book *Oliver Heaviside: Sage in Solitude* by Paul J. Nahin; S. 20, © shade @ wiki.nl.; S. 20, © de.wikipedia.org; S. 21, © agri Erdogdu; S. 22, © jones.math.unibas.ch; S. 22, © its authors; S. 22, © jones.math.unibas.ch; S. 23, Cornu spiral © wm/Inductiveload; S. 25, Wikimedia Commons; S. 26, © wm/Think Tank; S. 26, Copernican Universe, Thomas Digges; S. 26, Olbers' Paradox © 2011 Northwestern College; S. 27, Olbers' Paradox © wp/Wolfmankurd; S. 28, © NASA; S. 28, © wm/Brews Ohare; S. 30, Portrait of William Pepperrell © John Smybert; S. 30, Map of the siege of Louisbourg in 1745 © its authors; S. 31, View of the English landing on the island of Cape Breton © F. Stephen; S. 32, Detail of *Triumph of St Thomas* (c. 1365) by Andrea Bonaiuto © Zenodot Verlagsgesellschaft mbH; S. 34, KO-Kobar oscillation © wm/Bamse; S. 34, © wm/Harry Mustoe-Playfair; S. 35, © wp/TriTertButoxy/Sandbox; S. 36, Illustration of the ecosystem of *Posidonia oceanica* © its authors; S. 36, Fruit of *Posidonia oceanica* © wm/Tigerente; S. 38, © wm/Luca Antonelli; S. 40, From the book *The Pictorial Atlas of the Universe* by Kevin Krisciunas and Bill Yenne; S. 40, From the magazine *Astrophysical Journal* by J. H.Taylor & Cordes; S. 40, Rotation curve for Milky Way © wm/Brews Ohare; S. 41, A Roadmap to the Milky Way © NASA/JPL-Caltech/R. Hurt (SSC/Caltech); S. 42, © Archives of SIBA; S. 42, From *Popular Science Monthly*, vol. 33; S. 43, © www.spoki.lv; S. 44, © wm/Anynobody; S. 44, © wm/Xerxes314; S. 45, Illustration of Stellar Explosion of SN 2006gy © NASA/CXC/M. Weiss; S. 46, Hubble Ultra Deep Field Image Reveals Galaxies Galore © NASA, ESA, S. Beckwith (STScI) and the HUDF Team; S. 48, P.A.M. Dirac at the blackboard © its authors; S. 48, Dirac sea for a massive particle © wm/Incnis Mrsi; S. 50, *Principia Mathematica* by Isaac Newton; S. 51, Sir Isaac Newton, Sir Godfrey Kneller; S. 52, Illustration of space-time curvature © wp/Johnstone; S. 53, © Dahotsky; S. 54, Eukaryotes and some examples of their diversity © various authors, compiled by Vojtech. dostal; S. 54, © wm/Franciscosp2; S. 55, © Polyhedron; S. 56, © wp/XaosBits; S. 57, © wp/Wikimol; S. 58, Max Planck (c. 1930) © its authors; S. 59, Stars Spring up Out of the Darkness © NASA/JPL-Caltech; S. 60, © KIPAC/SLAC/M. Alvárez, T. Abel and J. Wise; S. 61, Kruskal diagram for an eternal black hole © wm/TimothyRias; S. 62, Bust of Edmond Halley at the Museum of the Royal Greenwich Observatory, London © wm/Kdkeller; S. 63, Comet P/Halley as taken March 8 © W. Liller, Easter Island, part of the International Halley Watch (IHW); S. 64, Otto Stern and Lise Meitner © wm/GFHund; S. 64, © sxc.hu/ Thomas Picard; S. 65, © sxc.hu/ Jeff Hire; S. 68, © NASA; S. 68, Heisenberg gamma ray microscope © wm/Radeksonic; S. 70, Chemical structure of DNA © Madeleine Price Ball; S. 71, An overview of the structure of DNA © wm/Michael Ströck; S. 72, A Lorentzian wormhole © wm/Allen McCloud; S. 73, Black Hole Grabs Starry Snack © NASA/JPL-Caltech; S. 74, © wp/Lunch; S. 75, © sxc.hu/Brad Harrison; S. 76, A molecular model of the bacterial cytoplasm © Adrian H. Elcock; S. 78, Tabletop centrifuge © wm/Magnus Manske; S. 82, © sxc.hu/John Nyberg; S. 82, © wm/DeepKling; S. 84, Hydrogen atom © Wm/Bensaccount; S. 85, Semi-classical electron orbits with principle quantum number n= 5 © wm/Meter Kuiper; S. 86, © sxc.hu/vancity197; S. 86, © wp/Tocharianne; S. 86, © wm/Magnus Manske; S. 88, Hubble finds dark matter ring in galaxy cluster © NASA, ESA, M.J. Jee and H. Ford; S. 88, © PD-USGOV-NASA; S. 89, Cosmos 3D dark matter map © NASA/ESA/Richard Massey; S. 90, From the book *Evidence as to Man's Place in Nature* by Thomas H. Huxley; S. 90, A Venerable Orang-outang from *The Hornet*; S. 91, Charles Robert Darwin © John Maler Collier; S. 92, HeLa cells stained with Hoechst 33258 stain © wp/TenOfAllTrades; S. 94, A particle motion in an ocean wave © wp/Vargklo; S. 94, Surface wave parameters © wm/Luis Fernández Garcia; S. 96, Combustion of methane in dioxygen © Christophe Dang Ngoc Chan; S. 98, Carbon cycle-simple diagram © wm/FischX; S. 98, AIRS Map of Carbon Monoxide Draped on Globe © NASA/JPL; S. 100, *Gaea* (1875) by Anselm Feuerbach; S. 104, Light wave © wp/Heron; S. 108, Portrait of Gottfried Leibniz © Christoph Bernhard Francke; S. 109, © piratesandrevolutionaries.blogspot.com.es; S. 109, Secant line of a function © wikimatematica/Jpvillegas; S. 110, Hollow Menger Sponge fassade from behind © wm/Daniel Schwen; S. 111, Menger Sponge after four iterations © wm/Niabot; S. 111, Development row from the Menger Sponge © wm/Niabot; S. 112, © casio-schulrechner.de; S. 112, © es.wikipedia.org; S. 112, © de.wikipedia.org; S. 115, Full Color Theorem © wm/XalD; S. 115, Full Color Theorem © wm/Inductiveload; S. 116, Émile Borel, deputy for Aveyron © Agence Mundial; S. 116, © de.wikipedia.org; S. 118, Example of the set semantics of Term logic © wm/Dhanyavaada; S. 118, © de.wikipedia.org; S. 118, Sets - subset A of B © wm/Ed g2s; S. 119, Venn diagrams © Tilman Piesk; S. 120, Woodcut from *De Divina Proportione* by Luca Pacioli; S. 120, © artofraz.com; S. 121, Greek letter phi © wm/Dcoetzee; S. 121, From the book *Libri tres de occulta philosophia* by Heinrich Cornelius Agrippa; S. 122, August Ferdinand Möbius © Adolf Neumann; S. 123, Möbius Strip © wm/David Benbennick; S. 124, Archimedean spiral and parameters © wm/Kmhkmh; S. 126, *Self Portrait* by Albrecht Dürer; S. 126, Cut nautilus shell © wm/Onofrio Scaduto; S. 126, Approximate and true Golden Spirals © wp/Cyp; S.126, its authors; S. 128, © its authors; S. 128, Logarithmic spiral © wm/Kaboldy; S. 130, Hindu lattice © wp/Bilious; S. 130, Bust of Bertel Thorvaldsen at Thorvaldsen Museum © Stefano Bolognini; S. 131, A tiling with Fibonacci number sized squares © wp/Herbee; S. 132, Location map of the UK © wm/NordNordWest; S. 133, Partial view of the Mandelbrot set © wm/Wolfgang Beyer © wm/Wolfgang Beyer; S. 134, David Hilbert © its authors; S. 135, The first six steps of David Hilbert's space-filling curve © Zbigniew Fiedorowicz; S. 136, © its authors; S. 137, Povray rendering of Gabriel's Horn © wm/RokerHRO; S. 138, Rhumb-line spiraling towards the north pole © Alvesgaspar; S. 139, Distinction between loxodrome and orthodrome © wm/McSush; S. 140, Amedeo Avogadro © C. Sentier; S. 142, A Gosper Island, fifth iteration © wm/Inductiveload; S. 144, Bernoulli's Lemniscate © wp/rdrs; S. 144, Track left by a point with the constant variation of parameter *t* © wm/Framars90; S. 144, Bernoulli's Lemniscate © wm/Zorgit; S. 145, Bernoulli's Lemniscate © wm/Zorgit; S. 146, The hyperbola © Daleh; S. 152 © de.wikipedia.org; S. 154, Euclid of Megara © wm/ Justus van Gent; S. 154, Detail of a scene in the bowl of the letter P © its authors; S. 155, *Oxyrhynchus papyrus* (P.Oxy. I 29) showing fragment of Euclid's *Elements*; S. 156, X axis: *n*-th Mersenne prime number. Y axis: number of digits © wm/Sabbut; S. 158, Partial solution of the "Squaring the circle" task © Audriusa; S. 158, Dimensions required for squaring a unit circle © wm/Alexei Kouprianov; S. 159, © morgueFile/veggiegretz; S. 160, A portrait of Pierre de Fermat © its authors; S. 160 © agawebs.com; S. 161, © *Diophantus*, with notes by Pierre de Fermat; S. 162, © es.wikipedia.org; S. 162, © ca.wikipedia.org; S. 163, © Bibliothèque Nationale de France; S. 164, Fermat spiral © wm/Sanbec; S. 165, Colored spiral painted on the sidewalk © sxc.hu/alexiares; S. 165, Pattern of florets in a sunflower following Vogles model © R. Morris; S. 166, © morgueFile/clarita; S. 166, Simple example of a Markov chain © wp/Fcady2007; S. 166, Graph of a Markov chain © wm/Joxemai4; S. 167, Game of Snakes & Ladders © Jain Miniature; S. 168, Uniform tiling of hyperbolic plane, x3x7o © Anton Sherwood; S. 168, Many parallel lines through the same point © wm/Jean Cristophe BENOIST; S. 169, sxc.hu/Lkay; S. 170, *The number of the Beast* (c. 1805) by William Blake; S. 170, Numbers 666 engraved on granite headstone © Karin Hildebrand Lau; S. 170, © upload.wikimedia.org; S. 171, *The Destruction of Leviathan* (1865) by Gustave Doré; S. 172, Newton-Fraktal der 3 © wm/LutzL; S. 174, King Otto IV of Brandenburg © Meister des Codex Manesse; S. 178, Koch snowflake © wm/Solkoll; S. 178, A Koch snowflake is the union of infinitely many regions whose boundary is triangle © Chas zzz brown; S. 179, Koch Curve © wm/Solkoll; S. 182, © web.mit.edu; S. 183, © wm/Minzinho; S. 184, © jouleunlimited.com; S. 185, © sxc.hu/MsDotty; S. 188, *The Fountain of Youth* (1546) by Lucas Cranach the Elder; S. 190, Infinity © Kakaopor; S. 192, International Space Station Imagery © nasaimages.org; S. 194, © centennialbulb/Dick Jones; S. 196, Silvered Dewar calorimeter © S. Szpak & S. A. Mosier-Boss; S. 197, Cold fusion electrolysis © wp/Pbroks13; S. 198, Illustration of a wind turbine © wm/norro; S. 199, From the book *Wind Energy in America: A History* by Robert W. Righter; S. 200, Overall view of the LHC © CERN; S. 200, Real CMS proton-proton collision events in which 4 high energy muons (red lines) are observed © CERN; S. 201, View of the CMS Detector before closure © CERN; S. 202, © YERT; S. 203, © YERT; S. 204, © freepixels.com; S. 206, TEM (a, b, and c) © wm/Nandiyanto; S. 206, 3D model of a en:C60 molecule © wm/Michael Ströck; S. 208, qrcode © wp/Brdall; S. 210, © Infinitec; S. 211, © Infinitec; S. 212, Celsium clock © wm/Zubro; S. 214, Pluripotent, embryonic stem cells originate as inner mass cells within a blastocyst © wp/Mike Jones; S. 215, From the book *Follow the Money. The Politics of Embryonic Stem Cell Research* by Nissim Benvenisty; S. 216, Isaac Asimov © Rowena Morrill; S. 218, Crystalline structure of graphene © wm/AlexanderAIUS © wm/AlexanderAIUS; S. 218, The Morph Concept © research.nokia.com; S. 218, Graphit-Gitter © Anton (rp) 2004; S. 219, © morgueFile/danielito; S. 220, F/A-18 Hornet Hornet breaks the sound barrier © Ensign John Gay (U.S. Navy); S. 220, A sound barrier chart © wm/Pbroks13; S. 227, Stairs at the exit of the Vatican Museums © Eigenes Foto; S. 228, Richard Wagner © wp/Franz Seraph Hanfstaengl; S. 228, Leitmotif of Siegfried by Richard Wagner; S. 230, Self-portrait of Andrea Pozzo at Il Gesù Church, Rome © wm/Grentidez; S. 231, Jesuit Church Vienna (Andrea Pozzo, 1703) © wm/Alberto Fernández Fernández; S. 232, *Eureka: A Prose Poem* by Edgar Allan Poe © Putnam; S. 234, Métronome gradué à battements muets Étienne Loulié (v.1637-1702) © wm/Hautbois; S. 235, Maëlzel Metronome © Myself; S. 236, Anders Beer Wilse © Edvard Munch; S. 238 © cakitches.com; S. 240, Count Giacomo Leopardi © A. Ferrazzi; S. 241, *Infinito: Secondo manoscritto autografo* © Vissio, Archivio comunale; S. 241, *The wanderer above the sea of fog* (1818) by Caspar David Friedrich © wm/Cybershot800i; S. 242 From the book *The Seaman's Secrets* by John Davis; S. 243, A modern nautical compass rose © wp/Mysid; S. 248, Jorge Luis Borges © its authors; S. 250, *Portrait of Niccolò Paganini* (1836) by John Whittle; S. 251, *Niccolò Paganini* (1831) by Richard James Lane; S. 252, Solomon's knot configuration © its authors; S. 253, Aquileia basiliek © wp/Pvt Pauline; S. 254, Installation at the Yayoi Kusama Special Exhibition © wm/Samuel Mark Thompson; S. 258, Anaximander, detail of *The School of Athens* (1510-1511) by Rafaello Sanzio; S. 258, Anaximander's models of the universe © Dirk L. Couprie; S. 259, Anaximander's lost map of the world © wm/Bibi Saint-Pol; S. 259, Anaximander's models of the universe © wm/Bibi Saint-Pol; S. 260, © its authors; S. 262, © its authors; S. 264, Immanuel Kant © its authors; S. 266, © Sven Geier; S. 266, WMAP satellite artist depiction © NASA/WMAP Science Team; S. 267, © its authors; S. 268, Blaise Pascal (1623-1672) © wm/Janmad; S. 268, © sxc.hu/ugaldew; S. 269, Pascaline © wm/David Monniaux; S. 270, © its authors; S. 270, Pain pathway in *Traité de l'homme* (1664) by René Descartes; S. 271, © its authors; S. 272, © its authors; S. 272, How Achilles catches the tortoise © wm/Richard-59; S. 273, Reproduction of an engraving published in *Diogenis Laertii De Vitis* by Marcus Meibomius; S. 274, From the book *10.000 Meisterwerke der Malerei* by The Yorck Project; S. 274, *Reading Homer* (1885) by Lawrence Alma-Tadema; S. 275, Hermes-type bust of Epicurus © Eric Gaba; S. 276, Phrenologie © Friedrich Eduard Bilz; S. 276, © its authors; S. 277, Baruch de Spinoza © its authors; S. 280, Portrait of François-Marie Arouet, *Voltaire* © Catherine Lusurier; S. 280, *Diccionario Filosófico* by Voltaire; S. 282, © its authors; S. 284, Lao Tse © Widodo; S. 284, From the book *The Secret of the Golden Flower*; S. 284, Chinese character for the word tao © its authors; S. 286, Arthur Schopenhauer © its authors; S. 287, From the book *10.000 Meisterwerke der Malerei* by The Yorck Project; S. 288, *Synosius* (1478) © wm/Carlos adanero; S. 288, F. Nietzsche © its authors; S. 290, Endless knot © wm/AnonMoos; S. 290, Tibetan endless knot © wp/Rickjpelleg; S. 292, Mandala © its authors; S. 292, © its authors; S. 293, Reverse of a clay tablet from Pylos © wm/Marsyas; S. 294, © Nordisk familjebok; S. 296, Scan of gold pendant replica of Aztec calendar stone © wp/Isis; S. 297, © Antonio de León y Gama; S. 298, Ouroboros symbol © wm/AnonMoos; S. 299, Ouroboros © wm/Nergal; S. 300, Borromean Cross © Christoph Sommer; S. 300, Borromean rings configuration © wm/AnonMoos; S. 301, The Borromean rings © wm/Jim.belk; S. 302, Horus presents the breath of life to the Pharaoh © sxc.hu/Nicole_N; S. 303, Eye of Horus © wm/Jeff Dahl; S. 303, Eye of Horus © wm/Benoît Stella; S. 304, Wheeled form of a Triskelion or Triple Spiral symbol © wm/AnonMoos; S. 304, A Guarda, Galicia © wm/Froaringus; S. 306, Muslim religion praying © omenraja; S. 306, Qur'an © sxc.hu/sumeja; S. 306, © wm/Nevit Filmen; S. 308, Heh and Hehet © wm/JMCC1; S. 309, An aspect of Heh © wm/Jeff Dahl; S. 310, *Christ in Limbo* by a follower of Hieronymus Bosch; S. 310, *Dante meets the four bards* (1857) and *Dante meets the unbaptised* (1857) by Gustave Doré.

wp = wikipedia | wm = wikimedia